计算机类创新融合精品教材

"互联网＋"教育改革新理念教材

Linux 系统管理项目教程 （CentOS 9）

主　审 ◎ 冯雪丽

主　编 ◎ 杨秋红　丛雪燕　于　雪

湖南大学出版社

·长沙·

图书在版编目（ＣＩＰ）数据

Linux 系统管理项目教程 ：CentOS 9 / 杨秋红，丛
雪燕，于雪主编. -- 长沙：湖南大学出版社，2024.
12. -- ISBN 978-7-5667-3950-6

Ⅰ. TP316. 85

中国国家版本馆 CIP 数据核字第 2024CC5556 号

Linux 系统管理项目教程 （CentOS 9）

Linux XITONG GUANLI XIANGMU JIAOCHENG（CentOS 9）

主　　编：杨秋红　丛雪燕　于　雪
责任编辑：胡戈特
印　　装：涿州汇美亿浓印刷有限公司
开　　本：889 mm×1194 mm　1/16　　　印　　张：14.5　　　字　　数：460 千字
版　　次：2024 年 12 月第 1 版　　　　　印　　次：2024 年 12 月第 1 次印刷
书　　号：ISBN 978-7-5667-3950-6
定　　价：49.80 元

出 版 人：李文邦
出版发行：湖南大学出版社
社　　址：湖南·长沙·岳麓山　　　　　邮　　编：410082
电　　话：0731-88822559（营销部）　88821174（编辑室）　　　88821006（出版部）
传　　真：0731-88822264（总编室）
网　　址：http：//press. hnu. edu. cn
电子邮箱：xiaoshulianwenhua@ 163. com

Linux，全称 GNU/Linux，是一种可供免费使用和自由传播的类 UNIX 操作系统，其内核由林纳斯·托瓦兹（Linus Torvalds）于 1991 年 10 月 5 日首次发布，它主要受到 MINIX 和 UNIX 思想的启发，是一个基于 POSIX（可移植操作系统接口）的支持多用户、多任务、多线程和多 CPU 的操作系统。它支持 32 位和 64 位硬件，能运行主要的 UNIX 工具软件、应用程序和网络协议。

党的二十大报告指出，教育、科技、人才是全面建设社会主义现代化国家的基础性、战略性支撑。必须坚持科技是第一生产力、人才是第一资源、创新是第一动力，深入实施科教兴国战略、人才强国战略、创新驱动发展战略，开辟发展新领域新赛道，不断塑造发展新动能新优势。

全书共 10 个项目，包括安装与配置 Linux 操作系统、Linux 操作系统常用命令、管理 Linux 服务器的用户和组、文本管理、配置网络功能、文件系统和磁盘管理、配置与管理防火墙和 SELinux、配置与管理代理服务器、编写 shell 脚本、使用 gcc 和 make 调试程序等。

本书特色如下：

①实践导向：本书以实践为导向，重在演示如何在 CentOS 9 系统上解决实际问题和执行任务。提供大量实用示例，以及配套的实践指导和测试场景。

②系统全面：本书涵盖了从系统入门基础到高级管理的所有主题，包括操作系统理论、文件系统、权限管理、网络配置、系统安全、性能优化等方面。对于每个主题，我们都提供了详细的教程和实践指导。

③深度解析：本书深入解析了 Linux 系统的运作机制和各部分间的相互关系，帮助读者更深入地理解 Linux 系统的底层结构和设计原理。

④创新教学方式：本书通过清晰的图解、代码示例和详细的注解，使复杂的概念和技术变得易于理解。

本书可作为人工智能技术等相关专业的教材，也可作为 Linux 系统管理和网络管理人员的自学用书。

本书在编写过程中，参考和借鉴了不少 CentOS 9 相关的文献资料、网络资源和研究成果，在此向相关作者一并表示真诚的感谢！由于编者水平有限，书中难免有疏漏之处，敬请各位读者在使用本书时批评指正。

编　者

2024 年 8 月

目 录

目　录

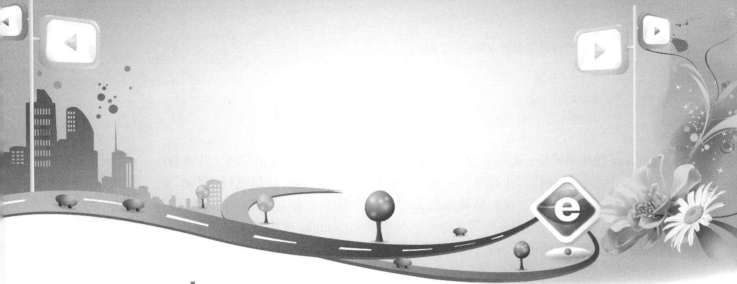

项目一 安装与配置 Linux 操作系统

项目概述

本项目旨在为初学者提供关于 Linux 操作系统的入门和应用知识。Linux 作为一种强大的开源操作系统，具有广泛的应用领域，包括服务器管理、嵌入式系统、云计算等。通过本项目，学生将深入了解 Linux 的基本概念、特点，如何在实际环境中安装、配置以及应用 Linux 操作系统。

学习目标

知识目标

①了解 Linux 操作系统的发展历史，包括其起源和演变过程。

②能够辨别不同版本的 Linux 发行版，了解它们的特点和应用场景。

③熟悉 CentOS Stream 9 系统的安装过程，包括系统准备、分区设置等步骤。

④了解不同的 VMware 虚拟机备份方法，包括手动复制、导出为 OVF 模板、克隆和类似物理机备份的方法。

能力目标

①掌握 Linux 操作系统的安装，特别是针对 CentOS Stream 9 的安装。

②能够熟练进行手动复制虚拟机磁盘文件的操作。

③具备分析和解决 Linux 系统中常见问题的能力。

思政目标

①培养学生对 Linux 操作系统的学习兴趣和积极态度。

②提高学生对操作系统领域的认识和理解，培养其综合运用知识解决实际问题的能力。

③培养学生独立探索、分析和解决问题的能力。

④提升学生的团队协作和沟通表达能力。

任务一 认识 Linux

Linux 操作系统是一套可以免费使用和自由传播的类 UNIX 操作系统，其性能稳定，自 20 世纪 90 年代诞生以来，受到了用户们的广泛欢迎，应用领域不断扩大，既包括传统服务器领域，又包括新兴的云计算、大数据、人工智能等前沿科技领域，影响力长期雄踞操作系统领域榜首。本章将介绍 Linux 操作系统的发展历史、发行版和主要应用领域等内容，以使读者熟悉 Linux 操作系统的相关背景知识及安装和使用方法。

认识 Linux

知识之窗

国产操作系统

典型的国产操作系统包括深度（Deepin）、红旗 Linux（Red Flag Linux）、银河麒麟（Kylin）、中标麒麟（NeoKylin）、起点操作系统（StartOS）、中兴新支点（NewStart）、华为鸿蒙（Harmony OS）等。

一、Linux 操作系统的发展历史

Linux 操作系统由林纳斯·托瓦兹（Linus Torvalds）发明，并在众多网络上松散的"黑客"团队的帮助下得以发展和完善。在介绍 Linux 操作系统的发展历史之前，我们先介绍一些与 Linux 诞生和发展密不可分的因素。

（一）UNIX 操作系统的发展历史

UNIX 是一款强大的、支持多用户/多任务的操作系统，它支持多种处理器架构，属于分时操作系统。操作系统（operating system，OS）的概念始于 20 世纪 50 年代。当时的操作系统主要是批处理操作系统，没有配备鼠标、键盘等设备，典型的输入设备是卡片机。系统运行批处理程序，通过卡片机读取卡纸上的数据，然后将处理结果输出。20 世纪 60 年代初，分时操作系统出现，与批处理操作系统不同，它支持用户交互，还允许多个用户从不同的终端同时操作主机。

1965 年，美国贝尔实验室（Bell Laboratory）、麻省理工学院（Massachusetts Institute of Technology，MIT）、通用电气公司（General Electric Company，GEC）共同参与研发 MULTiplexed 信息与计算系统（MULTiplexed Information and Computing System，MULTICS）。这是一个安装在大型主机上的分时操作系统，研发的目的是让大型主机同时支持 300 个以上的终端访问。MULTICS 在当时非常新颖，然而项目进展并不顺利。因进度缓慢、资金短缺，贝尔实验室选择退出该项目，最终 MULTICS 并没有取得很好的市场反响。MULTICS 项目最重要的成就是培养了很多优秀的人才，如肯·汤普森（Ken Thompson）、丹尼斯·里奇（Dennls Ritchie）、道格拉斯·麦克罗伊（Douglas Mcllroy）等。

1969 年 8 月，肯·汤普森为了移植一款名为"太空旅游"的游戏，想要开发一个小的操作系统。他在一台闲置的 PDP-7 上用汇编语言写出了一组内核程序、一些内核工具程序以及一个小的文件系统。他的同事将其称为 Unics（该系统就是 UNIX 的原型）。因为汇编语言对硬件具有依赖性，Unics 只能应用于特定硬件上。如果想将其安装到不同的机器上，就需要重新编写汇编语言代码。为了提高其可移植性，肯·汤普森与丹尼斯·里奇合作，试图改用高级程序设计语言来编写 Unics。他们先后尝试过基本的组合编程语言（basic combined programming language，BCPL）、Pascal 等语言，但是编译出来的内核性能都不是很好。

1973 年，丹尼斯·里奇在 B 语言的基础上，发明了 C 语言，因此他被人们称为"C 语言之父"。肯·汤普森与丹尼斯·里奇合作，用 C 语言重新改写 UNIX 的内核，并在改写过程中增加了许多新特征。例如，道格拉斯·麦克罗伊（Douglas Mcuroy）提出的"管道"的概念被引入 UNIX。经 C 语言改写后的 UNIX，可移植性非常好。理论上，只要获得 UNIX 的源码，针对特定主机的特性加以修改，就可以将其移植到对应的主机上。

由于 UNIX 的高度可移植性和强大的性能，加上当时并没有版权的纠纷，因此很多商业公司开始了 UNIX 操作系统的开发，研发了许多重要的 UNIX 分支。

1977 年，美国加利福尼亚大学伯克利分校的比尔·乔伊（Bill Joy）通过移植 UNIX，开发了伯克利软件套件（Berkeley software distribution，BSD）。比尔·乔伊是美国 Sun 公司（Sun Microsystems）的创始人。Sun 公司基于 BSD 内核进行了商业版本 UNIX 的开发。BSD 是 UNIX 中非常重要的一个分支，FreeBSD 就是由 BSD 改版而来的，苹果的 Mac OS X 也是从 BSD 发展而来的。

1979 年，美国电话电报公司（AT&T）推出了 System V 第 7 版 UNIX，开始支持 X86 架构的个人计算机（personal computer，PC）平台。贝尔实验室当时还属于 AT&T。AT&T 出于商业考虑，在第 7 版 System V 中特别提到了"不能对学生提供源码"的严格限制。

1984 年，因为 AT&T 规定"不能对学生提供源码"，安德鲁·坦尼鲍姆（Andrew Tanenbaum）老师以教学为目的，编写了与 UNIX 兼容的 MINIX。1989 年，安德鲁·坦尼鲍姆将 MINIX 系统移植到 X86 架构的 PC 平台。1990 年，Linux 的创始人林纳斯·托瓦兹首次接触 MINIX 系统，并立志开发一个比 MINIX 性能更好的操作系统。

（二）GNU 计划和 GPL 许可证

Linux 的诞生离不开 UNIX 操作系统和 MINIX 操作系统，而 Linux 的发展离不开 GNU 计划（GNU project）。

GNU 计划开始于 1984 年，其创始人是理查德·斯托曼（Richard Stallman）。"GNU"是"GNU's Not UNIX"的首字母缩写词，"GNU"的发音为 g'noo。GNU 计划的目的是开发一款自由、开放的类 UNIX 操作系统。类 UNIX 操作系统中用于资源分配和硬件管理的程序称为"内核"，GNU 的内核称为"Hurd"。Hurd 的开发工作始于 1990 年，但是至今仍未成熟。GNU 计划的典型产品包括 GCC、Emacs、Bash Shell 等，这些都在 Linux 中被广泛使用。

1985 年，理查德·斯托曼创立了自由软件基金会（Free Softuare Foundation，FSF）为 GNU 提供技术、法律以及财政支持。尽管 GNU 计划大部分时候依靠个人自愿无偿贡献，但 FSF 有时还是会聘请程序员帮助编写。当 GNU 计划开始逐渐获得成功时，一些商业公司开始介入开发并提供技术支持。其中非常著名的就是之后被 Red Hat 兼并的 Cygnus Solutions 公司。

为了避免 GNU 开发的自由软件被其他人用作专利软件，GNU 通用公共许可证（general public license，GPL）于 1985 年被提出。GPL 试图保证用户共享和修改自由软件的自由，适用于大多数 FSF 的软件。GNU 计划一共提出了 3 个许可证条款：GNU GPL、GNU 较宽松公共许可证（GNU lesser general public license，GNU LGPL）、GNU 自由文档许可证（GNU free documentation license，GNUFDL）。

FSF 中的"F"的意思是"自由"而不是"免费"，所以只要在保证用户充分自由（可以获取源码，可以修改或者重新发布）的前提下，完全可以收费。例如，Red Hat Enterprise Linux 是一款商业产品，但是它的源码是公开的。CentOS 就是在 Red Hat Enterprise Linux 的源码上，进行重新修改而形成的一个 Linux 发行版。

典型的开源许可证

　　开源许可证（open source license）种类繁多，其中最有影响力的主要包括 GNU 系列、BSD 系列、Apache 系列、MIT 系列等。不同类型的开源许可证对用户权利的保护范围是不一样的，用户需要根据自己的需求谨慎选择。

（三）Linux 操作系统的诞生和发展

　　1991 年年底，林纳斯·托瓦兹公开了 0.02 版本的 Linux 内核源码，迅速吸引了一些"黑客"关注，这些"黑客"的加入使它很快就具有了许多吸引人的特性。1993 年，Linux1.0 发布。1994 年，Linux 的第一个商业发行版 Slackware Linux 问世。1996 年，美国国家标准与技术研究院（National Institute of Standards and Technology，NIST）确认 Linux1.2.13 符合 POSIX 标准。同年，Linux2.0 发布，并将 Linux 的标志确定为企鹅。

知识之窗

Linux 命名之争

　　自由软件社区内对 Linux 操作系统的命名存在一定的争议。FSF 的创立者理查德·斯托曼及其支持者认为，Linux 操作系统既包括 Linux 内核，也包括 GNU 项目的大量软件，因此应当使用 GNU/Linux 这一名称。Linux 社区中的成员则认为使用 Linux 命名更好。

二、Linux 操作系统的发行版

　　根据上下文语境不同，Linux 存在两种含义：Linux 内核（Linux kernel）和 Linux 发行版（Linux distribution）。

（一）Linux 内核与发行版

　　Linux 内核一般特指前文所提及的、由林纳斯·托瓦兹发明的 Linux。Linux 是全球最有影响力的开源项目之一。读者可以访问 Linux 官方网站免费获取 Linux 内核源码和其他资讯，并可以在 GPL 许可证的框架内自由使用。截至 2022 年 10 月 6 日，官方公开的 Linux 内核最新版本为 6.0，最新的稳定版本（Latest stable kernel）为 5.19.14。目前可在官方获取到的最新 Linux 内核代码文件为 100 MB 的压缩包。

　　Linux 发行版由 Linux 内核以及大量基于 Linux 的应用软件和工具软件整合而成。目前已有超过 500 个 Linux 发行版，还有近 500 个正在开发中。典型的 Linux 发行版包括 Linux 内核、GNU 工具和库、附加软件、文档、窗口系统、窗口管理器和桌面环境、软件包管理系统等。不同的发行版由不同的团队维护，由于定位不同，各个发行版通常具有各自的特点，可以满足不同类型用户的需求。

　　大多数 Linux 发行版包含的软件都是免费的开源软件。各个发行版中集成的软件种类和版本通常并不完全相同。大多数软件包可以在存储库中在线获得，这些存储库通常分布在世界各地。除了一些核心组件外，只有极少数软件是由 Linux 发行版的维护人员从头编写的。Linux 发行版通常也可能包括一些源码不公开的专有软件，例如某些设备驱动程序所需的二进制代码。

（二）图形用户界面概述

Linux 发行版通常为用户提供了图形用户界面（graphical user interface，GUI）。需要注意的是，Linux 操作系统本身并没有 GUI。Linux 发行版的 GUI 解决方案通常基于 X Window System 实现。GUI 的引入，拓宽了 Linux 的应用场景，降低了初学者使用 Linux 操作系统的难度。而诸如排版、制图、多媒体等典型的桌面应用，更是离不开 GUI 的支持。

1. X Window System

X Window System 由麻省理工学院（MIT）于 1984 年提出，它是 UNIX 及类 UNIX 系统最流行的窗口系统之一，是一款跨网络与跨操作系统的窗口系统，可用于几乎所有的现代操作系统。需要注意的是，X Window System 与微软公司的 Windows 操作系统是不同的。后者是一种 GUI 的操作系统，图形环境与内核紧密结合，可直接访问 Windows 内核；而前者只是 Linux 操作系统上的一个可选组件。

X Window System 采用服务器/客户端（C/S）架构，能够通过网络进行 GUI 的存取。X Window System 结构如图 1-1 所示，它由 X 服务器（X Server）、X 客户端（X Client）2 个部分组成。X Client 和 X Server 并不一定位于同一台计算机，两者基于 X 协议（X Protocol）进行通信。

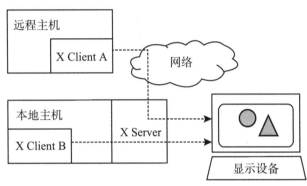

图 1-1 X Window System 结构

有一定计算机网络基础的读者，可能会对图 1-1 中 X Server 和 X Client 所处的位置产生疑惑：X Client 竟然出现在远程主机中。在读者接触到的大多数 C/S 架构中，两者的位置应该是反过来的。注意，这里的 X Server 和 X Client 是根据图像渲染的职责来区分的。X Server 管理本地主机的大部分硬件（例如键盘、鼠标、显示器），接收用户输入并进行最终显示结果的渲染工作。X Server 收到用户输入后，将请求数据发送给相应 X Client。X Client 通过调用具体的应用来处理数据，产生结果后再将结果返回给 X Server。X Server 维护一个独立的显示控制器，通过响应 X Client 的请求，在其所管理的显示设备上，完成建立窗口、绘制图形和文字等操作。

X Window System 基于 X Protocol 完成服务器和客户端之间的通信。1987 年在 MIT 发布了 X Protocol 的第 11 版。该版协议较为完善，且被广泛应用，因此，后来 X Window System 也被称为 X11。早期 Linux 所使用的 X Window System 的核心都是由 XFree86 计划所提供的，因此许多资料习惯将 X Window System 与 XFree86 两个概念混用。XFree86 计划始于 1992 年，主要维护 X11R6（第 11 版第 6 次发行），包括对新硬件的支持以及新增功能等。X11R6 的维护工作后来由 Xorg 基金会接手。

2. KDE 和 GNOME

X Window System 提供了一个建立窗口的标准，具体的窗口形式由窗口管理器（window manager）决定。窗口管理器是 X Window System 的组成部分，它用来控制窗口的外观，并提供用户与窗口交互的方法。我们可以将窗口管理器看作一类特殊的 X Client 程序，其功能通过向 X Server 发送命令来实现。

对于具有 GUI 的操作系统的用户来说，仅有窗口管理器提供的功能是不够的。为此，开发人员在其基础上，增加了各种功能和应用程序（如会话程序、面板、登录管理器、桌面程序等），提供更完善的图形用户环境，也就是桌面环境（desktop environment）。

KDE 和 GNOME 是最常见的 Linux 桌面环境。KDE（K desktop environment），即 K 桌面环境，

由德国人 Matthias Ettrich 于 1996 年 10 月创建。KDE 中使用的 Qt 链接库早期并未采用开源协议，这限制了其应用，但也推动了 GNU 网络对象模型环境（GNU network object model environment，GNOME）的诞生。需要说明的是，目前 KDE 已经支持 GNU GPL、GNU LGPL 和 Commercial 等不同类型的授权协议。

GNOME 是 GNU 计划的正式桌面环境，也是开放源码运动的一个重要组成部分。GNOME 计划于 1997 年 8 月由米格尔·德·伊卡萨（Miguel de Icaza）和费德里科·梅纳（Federico Mena）发起，目的是取代 KDE。GNOME、KDE 都有自己的窗口管理器，GNOME 曾经使用 Metacity 作为其窗口管理器，2011 年，GNOME3 发表后，默认的窗口管理器被替换成 Mutter。KDE 使用的是 K Win，也有一些单独的窗口管理器，如 FVWM、IceWM 等。CentOS 默认提供 GNOME 与 KDE。Red Hat 默认采用 GNOME。用户可以根据自己的喜好安装并配置不同类型的桌面环境。

（三）典型 Linux 发行版

Linux 发行版类别众多，其中比较有影响力的发行版可以分为两大主流阵营：一是以 Red Hat 为首的阵营，典型的产品包括 RHEL、Fedora、CentOS、CentOS Stream 及它们的衍生品；二是以 Ubuntu 为首的阵营，典型的产品包括 Debian、Ubuntu 以及它们的衍生品。本小节先介绍后者。

1. Debian

Debian 凭借着惊人的软件数量、高度集成的软件包、良好的安全性等特性成为 Linux 领域的佼佼者。著名的 Ubuntu 操作系统就是从 Debian 发展而来的。目前大多数国产的 Linux 发行版都是基于 Debian 或 Ubuntu 发展而来的。

Debian 的发行版及其软件源有 4 个分支：旧的稳定（OldStable）分支、稳定（Stable）分支、测试（Testing）分支、不稳定（Unstable）分支等。所有开发代号均出自皮克斯动画工作室（Pixar）的电影《玩具总动员》。Debian 操作系统目前采用 Linux 内核或者 FreeBSD 内核。同时，让 Debian 支持其他内核的工作也正在进行，最主要的工作就是设计 Hurd。Hurd 是由 GNU 项目所设计的自由软件。

2. Ubuntu

Ubuntu 是由南非人马克·沙特尔沃斯（Mark Shuttleworth）创办的。Ubuntu 这一名称来自非洲南部祖鲁语或豪萨语的"Ubuntu"一词，意思是"人性""我的存在是因为大家的存在"，这是一种非洲的传统价值观。Ubuntu 的第一个正式版本于 2004 年 10 月正式推出。

Ubuntu 是基于 Debian 发行版发展而来的。早期的 Ubuntu 采用 GNOME 桌面环境。而从 11.04 版本起，Ubuntu 发行版放弃了 GNOME 桌面环境，改用 Unity。Ubuntu 早已超越桌面操作系统的范畴，成为世界领先的开源操作系统，广泛应用于 PC、智能物联网、容器、服务器和云端上。Ubuntu 拥有庞大的社区力量，用户可以方便地从社区获得帮助。

Ubuntu 更新速度快，Ubuntu 社区承诺每 6 个月发布一版本，以提供最新、最强大的软件。新版本的发布时间通常在每年的 4 月和 10 月（Ubuntu 6.06 LTS 除外）。Ubuntu 版本编号以"年份的最后一（两）位 . 发布月份"的格式命名。Ubuntu 的第一个版本就称为 4.10（2004.10）。除了代号之外，每个 Ubuntu 版本在开发之初还设有一开发代号。Ubuntu 开发代号比较有意思，格式为"形容词+动物名称"，且形容词和动物名称的第一个字母要一致。例如，Ubuntu 9.04 发布于 2019 年 4 月，其开发代号是 Disco Dingo。Ubuntu 官方一般每两年会发布一个长期支持（long term support，LTS）版本。LTS 版本提供的软件包可以得到更长时间的支持，稳定性和可持续性更好。例如，2022 年 4 月发布的 Ubuntu22.04 就是 LTS 版本。目前已经诞生了大量基于 Ubuntu 的 Linux 发行版，典型的包括 Elementary OS、Linux Mint、Ubuntu Ultimate Edition 等。

三、Red Hat 系列产品介绍

Red Hat（红帽）公司是 Linux 领域最成功的商业企业之一。下面对 Red Hat 系列代表产品进行介绍。

（一）Red Hat Linux

Red Hat Linux 是 Red Hat 早期版本使用的名称。Red Hat Linux 1.0 发布于 1994 年 11 月。1995 年，Red Hat（红帽）公司正式成立。Red Hat 公司是一家开源解决方案供应商，也是标准普尔 500 指数成员，总部位于美国北卡罗来纳州的罗利市。Red Hat 公司将开源社区项目产品化，使普通企业客户更容易使用开源创新技术。1999 年 8 月，Red Hat 公司上市，实现了华尔街历史上的第八大首日涨幅。

2003 年 4 月，Red Hat Linux 9.0 发布后，Red Hat 公司将全部力量集中在服务器版，也就是 Red Hat Enterprise Linux 版的开发上。2004 年 4 月 30 日，Red Hat 公司正式停止对 Red Hat Linux 9.0 的支持，标志着 Red Hat Linux 的正式完结。原本的桌面版 Red Hat Linux 发行套件则与来自开源社区的 Fedora 计划合并，成为 Fedora Core（第 7 版起，改为 Fedora）。

（二）Fedora Linux

Fedora Linux 由 Fedora 社区开发、Red Hat 公司赞助，目标是创建一套新颖、多功能且自由（开放源代码）的操作系统。Fedora 是商业化的 Red Hat Enterprise Linux 发行版的上游源码。Fedora 被 Red Hat 公司定位为新技术的测试平台，许多新的技术都会在 Fedora 中检验，为 Red Hat Enterprise Linux 的发布奠定基础。

Fedora Core 1 发布于 2003 年末，定位于桌面用户。最早 Fedora Linux 社区的目标是为 Red Hat Linux 制作并发布第三方的软件包。当 Red Hat Linux 停止发行后，Fedora 社区便集成到 Red Hat 赞助的 Fedora Project，目标是开发出由社区支持的操作系统。Red Hat Enterprise Linux 则取代 Red Hat Linux 成为官方支持的系统版本。

Fedora 大约每 6 个月发布新版本。Fedora Core 1 发布于 2003 年 11 月，前 6 版都采用 Fedora Core 命名，第 7 版起开始使用 Fedora。Fedora 7 发布于 2007 年 5 月。2021 年 11 月正式推出 Fedora 35。Fedora Project 每个版本的维护，通常会持续到其下下个版本发布后一个月，也就是每个版本大约维护 13 个月。Fedora 的版本更新频繁，性能和稳定性得不到保证，因此，一般在服务器上不推荐采用 Fedora Core。

（三）Red Hat Enterprise Linux

Red HatEnterprise Linux，缩写为 RHEL。RHEL 是由 Red Hat 公司提供收费技术支持和更新的 Linux 发行版。Red Hat 现在主要做服务器版的 Linux 开发，在版本上注重性能和稳定性，以及对硬件的支持。由于企业版操作系统的开发周期较长，注重性能、稳定性和服务器端软件支持，因此版本更新相对较缓慢。RHEL 是从其他版本中更改过来的，并没有第 1 版。RHEL 2.1 基于 Red Hat Linux 7.2 开发，发布于 2002 年 3 月 23 日。由于 Red Hat Linux 停止发行，RHEL 4 开始基于 Fedora Core（已经更名为 Fedora）进行开发。2005 年 2 月开始发布的 RHEL 4 基于 Fedora Core 3 开发。2019 年 5 月 7 日，RHEL 8 发布（基于 Fedora 28）。RHEL 又分为 AS、ES、WS 等分支。AS 是 Advanced Server 的简称；ES 是 Enterprise Server 的简称，是 AS 的精简版本；WS 是 Workstation Server 的简称，是 ES 的进一步简化的版本。

Red Hat 的 Fedora Linux 和 Enterprise Linux 都需要遵循 GNU 协议，即需要发布自己的源码。关于免费的 Fedora Linux，我们既可以下载编译后的 ISO 镜像，也可以下载软件包源码。关于收费的 Red Hat Enteiprlse Linux 系列，我们可以获得 AS/ES/WS 系列的软件包源码 ISO 文件，但由于其是一款商业产品，我们需要购买正式授权方可使用编译后 ISO 镜像。

（四）CentOS

社区企业操作系统（community enterprise operating system，CentOS）作为基于 RHEL 源码的社区重新发布版，在 Linux 发行版中有相当大的影响力，特别适合需要相对稳定的开发环境且无商业支持需求的开发者。

Red Hat 发布 Red Hat 9.0 后，全面转向 RHEL 的开发。RHEL 要求用户购买正式授权，它的二进制代码不再允许免费下载。然而，由于 RHEL 依然需要遵循 GNU 协议，即需要发布自己的源码，这些文件可以被自由地下载、修改代码、重新编译和使用，从而诞生了众多的 RHEL 的副本，CentOS 是其中表现最为突出的一员。在某种意义上，CentOS 可以认为是 RHEL 的免费版本。CentOS 移除了不能自由使用的 RHEL 商标和一些闭源软件。使用 CentOS，可以获得与 RHEL 相同的性能和体验感。许多要求高度稳定性的服务器以 CentOS 替代商业版的 RHEL 使用。

CentOS 已经被 Red Hat 公司彻底改变了原有的发展方向。2014 年年初，Red Hat 和 CentOS 社区宣布将开始合作，将 CentOS 打造成全方位整合开源社区资源的稳定社区发行版。2020 年 12 月 8 日，CentOS 社区在官方博客发布"CentOS Project shifts focus to CentOS Stream"和关于该问题的维基百科说明。该博文的发布标志着 CentOS Linux 版本的终结，同时大幅缩短了 CentOS Linux 8 的支持和维护时间。官方网站的下载页显示，CentOS Linux 8 的支持和维护时间已经变更为至 2021 年 12 月 31 日截止（原计划 2029 年截止）。CentOS Linux 从 2020 年 12 月以后不会再有 CentOS Linux 9 及之后的版本，仅有 CentOS Stream 版本。

（五）CentOS Stream

作为 CentOS 的替代，CentOS Stream 不再是 RHEL 原生代码的重新编译版。传统的"Fedora→RHEL→CentOS"路径已经成为历史，取而代之的将是"Fedora→CentOS Stream→RHEL"。CentOS Stream 是一个持续交付的发行版，位于 Fedora Linux 之后、RHEL 之前。Red Hat 已经将工作重点从重建 RHEL 的 CentOS Linux 转移到 CentOS Stream，后者将在当前 RHEL 发布之前进行跟踪。为了实现 CentOS Stream 的稳定性，CentOS Stream 的每个主要版本都从一个稳定的 Fedora Linux 发展而来。CentOS Stream 9 从 Fedora 34 的分支发展而来，RHEL 9 的不同子版本，将从 CentOS Stream 9 发展而来。随着更新的软件包通过测试并满足稳定性标准，它们将被合并到 CentOS Stream 9 以及每日构建的 RHEL 9 中。发布到 CentOS Stream 9 的更新与发布到 RHEL 9 子版本的更新是相同的。CentOS Stream 9 现在的形态就是将来 RHEL 9 的样子。

四、Linux 操作系统的主要应用领域

（一）传统企业级服务器领域

常见的服务器类型包括万维网（world wide web，WWW）服务器、数据库服务器、负载均衡服务器、邮件服务器、域名系统（domain name system，DNS）服务器、代理服务器等。Linux 因其具备稳定、开源、安全、高效、免费等特点，被广泛应用于各类传统企业级服务器中。Linux 在为企业提供具有高稳定性和高可靠性的业务支撑的同时，还有效降低了企业运营成本，避免了出现商业软件的版权纠纷问题。

（二）智能手机、平板电脑、上网本等移动终端

随着移动通信技术的发展，移动终端进入智能化时代。智能手机、平板电脑、上网本等移动终端随处可见。大家对 Android（安卓）系统肯定不会陌生，它就是一种基于 Linux 的操作系统，目前已广泛应用于各类移动终端。2019 年，华为正式推出 HarmonyOS（鸿蒙）系统，该系统一经问世便受到产业界高度关注，充分反映出大家对优秀国产操作系统的期盼。

（三）物联网、车联网等应用场景

Linux 操作系统在嵌入式应用的领域里广受欢迎。Linux 操作系统开放源码、功能强大、可靠、稳定性强，它支持各类微处理体系结构、硬件设备和通信协议。Linux 操作系统在传统 Linux 内核基础上，经过裁减，就可以移植到嵌入式系统上运行。经过多年的发展，Linux 操作系统已经成功地跻身于主流嵌入式开发平台。

很多开源组织和商业公司对 Linux 进行了一番改造，使其更符合嵌入式系统或物联网应用的需求，例如改为实时操作系统。Brillo 是一种联网底层操作系统，它源于 Android，是对 Android 底层的细化，得到了 Android 的全部支持，例如蓝牙、Wi-Fi 等技术，并且能耗很低，安全性很高，任何设备制造商都可以直接使用。

在车联网方面，Linux Foundation 联合英特尔（Intel）、丰田（Toyota）、三星（SAMSUNG）、英伟达（NVIDA）等十多家合作伙伴，推出了汽车端的开源车联网系统——Automotive Grade Linux，简称 AGL。作为由 Linux Foundation 牵头的开源项目，AGL 旨在为车联网提供坚实的开源基础，AGL 提供的第一批开源程序包括主屏、仪表盘、空调系统等，未来 AGL 会提供并更新车联网中更多部件的开源系统。

（四）面向日常办公、休闲娱乐等的桌面应用场景

个人桌面操作系统主要面向日常办公和休闲娱乐等场景。绝大多数 Linux 发行版都可以满足这类需求。Windows 平台中常见的软件在 Linux 环境下都有替代品，许多知名软件本身就提供了针对 Linux 平台的版本，例如浏览器（如 Firefox 等）、办公软件（如 OpenOffice、WPS for Linux 等）、即时通信工具（如 QQ for Linux 等）、软件开发工具（如 Eclipse、Vlsual Studio Code 等）等。尽管如此，Linux 在桌面应用场景中的市场占有份额仍然远远不及 Windows 操作系统。其中的问题可能不在于 Linux 桌面系统产品本身，而在于用户的使用理念、操作习惯和应用技能，以及曾经在 Windows 操作系统上开发的软件的移植问题。

知识之窗

> **WINE**
>
> WINE（Wine is Not an Emulator）是一个能够在多种 POSIX-compliant 操作系统（如 Linux、Mac OS X 及 BSD 等）上运行 Windows 应用的兼容层。WINE 可以工作在绝大多数的 UNIX 版本之上。借助 WINE，用户可以在非 Windows 操作系统中运行 Windows 程序。

（五）云计算、区块链、大数据、深度学习等应用场景

随着云计算、区块链、大数据、深度学习等技术迅速发展，作为一个开源平台，Linux 有着独特的核心优势。据 Linux 基金会研究，超过 86% 的企业已经使用 Linux 操作系统进行云计算、大数据平台的构建，目前，Linux 已开始取代 UNIX 成为极受青睐的云计算、大数据平台操作系统。

课内思考

为什么 Linux 在操作系统领域变得如此重要？它相对于其他操作系统的优势是什么？

任务二　安装 Linux 操作系统

一、CentOS Stream 9 安装案例概述

本案例将以 CentOS Stream 9 为例，介绍 Linux 发行版的安装和使用。CentOS 官网免费提供 CentOS Stream 9 镜像文件，绝大多数用户适合选择包含 "x86_64" 字样的版本，例如编者下载的镜像文件名称为 CentOS-Stream-9-latest-x86_64-dvdl. iso。镜像文件大小超过 8 GB。下载时间与网速有关，请耐心等待。部分用户的硬盘或者 U 盘如果采用 FAT/FAT32 格式的文件系统，可能无法存放这么大的文件，此时通过修改格式为 NTFS 可以解决这一问题。Linux 初学者若遇到此类问题，建议寻找专业人士来获取帮助，以免数据丢失。

对于初学者，直接在计算机上安装 Linux 发行版并不可取。不论是单独安装 Linux 发行版还是安装 Linux 和 Windows 双操作系统，都不建议初学者尝试；否则，操作稍有不当，就可能导致硬盘上的数据丢失。通过虚拟机安装和使用 Linux 发行版是最为常见的解决方案之一。虚拟机是指通过软件模拟的、具有完整硬件系统功能的、运行在一个完全隔离环境中的完整计算机系统。典型的虚拟机软件有 VM Workstation 和 VirtualBox。Windows 用户也可以使用微软（Microsoft）公司提供的 Hyper-V。

本案例中，编者将以 VM Woricstation 为基础，演示 CentOS Stream 9 的安装过程。在 VirtualBox 和 Hyper-V 中安装 CentOS Stream 9 的过程基本类似，有兴趣的读者可以自行尝试。完成 CentOS Stream 9 的安装后，我们将简要介绍其 GUI。需要注意的是，对于 Linux 用户，使用 GUI 的机会极其有限，因此这部分内容并不是学习的重点，之后的章节中也将不再涉及 GUI 相关内容。此外，我们还将介绍 VM Workstation 提供的快照功能。初学者容易遇到各类问题，快照有助于快速备份和恢复。

课内思考

在安装 CentOS Stream 9 时，为什么分区设置是一个关键步骤？你认为合理的分区设置有哪些考虑因素？

二、CentOS Stream 9 的安装和使用案例详解

1. 安装准备

首先，创建 VM Workstation 虚拟机。关于 VM Workstation 的安装、虚拟机的创建和配置方法，在此不做详细介绍。然后，在 VM Workstation 主界面左侧的列表中，选择刚才创建的虚拟机，并在界面右侧中，单击"编辑虚拟机设置"按钮，打开"虚拟机设置"对话框，执行效果如图 1-2 所示。图 1-2 中显示编者为该虚拟机分配的内存是 4 GB，编者宿主机内存是 8 GB。读者应当在内存允许的情况下尽可能为虚拟机分配更大内存。过多为虚拟机分配内存会降低宿主机性能，读者应当综合考虑。图 1-2 中显示编者为该虚拟机分配的硬盘空间为 20 GB，但实际上 20 GB 并不够用。建议读者在宿主机硬盘空间允许的情况下尽量设置一个更大的空间（至少 40 GB），否则后期可能出现硬盘空间不够的情况，需要自行清理多余文件，而这需要丰富的经验。VM Workstation 默认动态分配空间，即使设置一个很大的硬盘空间值也不会在一开始就真正占用指定大小的空间。

图 1-2　选择安装镜像文件

在"虚拟机设置"对话框的硬件列表中，选择"CD/DVD（IDE）"，然后在右侧的"连接"选项组中选择"使用 ISO 映像文件"，单击"浏览"按钮，选择之前下载的 CentOS Stream 9 安装镜像文件，最后单击"确定"按钮保存设置。至此，虚拟机配置完成。

2. 安装过程

接下来我们开启虚拟机。单击菜单栏上绿色的三角形按钮，虚拟机启动后，屏幕显示 GRUB 菜单，并默认选中第 1 项，执行效果如图 1-3 所示。

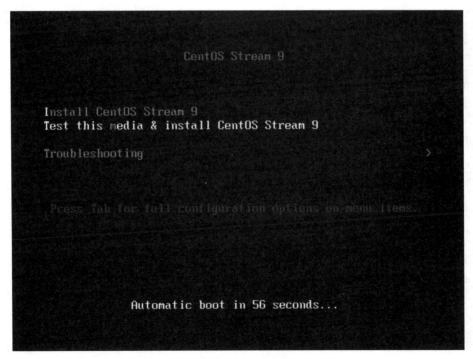

图 1-3　GRUB 菜单

此时，编者选择默认的第 1 项，按"Enter"键后，进入语言选择界面，执行效果如图 1-4 所示。读者如果选择图 1-3 中第 2 项，计算机将直接加载 CentOS Stream 9 系统，并不需要用户进行过多设置。试用时的运行效果与安装后再启动 CentOS Stream 9 的效果基本类似，有兴趣的读者可以自行尝试。

图 1-4　选择语言

在左侧的列表中选择"中文"，然后在右侧的列表中选择"简体中文（中国）"，单击"继续"按钮，系统将显示"安装信息摘要"界面。执行效果如图 1-5 所示。在该界面的最下面，显示一条带感叹号的提示信息，"请先完成带有此图标标记的内容再进行下一步"。

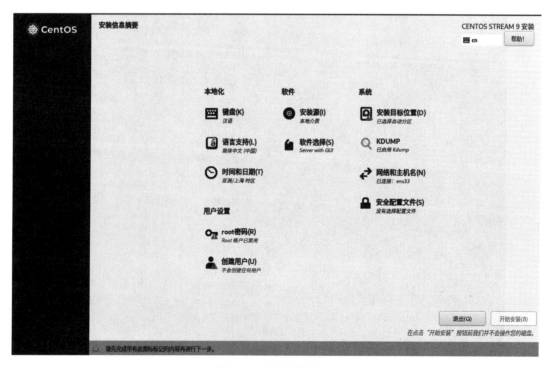

图 1-5　安装信息摘要

首先，在图 1-5 所示界面中，单击"root 密码（R）"，进入"ROOT 密码"界面，并为 root 用户设置密码。编者习惯使用 SSH 登录，因此勾选了"允许 root 用户使用密码进行 SSH 登录"，建议读者跟编者的设置保持一致。执行效果如图 1-6 所示。单击左上角的"完成"按钮可以返回到图 1-5 所示界面。

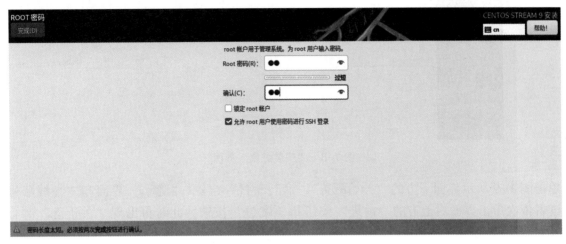

图 1-6 "ROOT 密码"界面

然后，在图 1-5 所示界面中，单击"安装目的地（D）"，进入"安装目标位置"界面，存储配置默认选择"自动"，初学者不需要进行更改。执行效果如图 1-7 所示。单击左上角的"完成"按钮可以返回到图 1-5 所示界面。

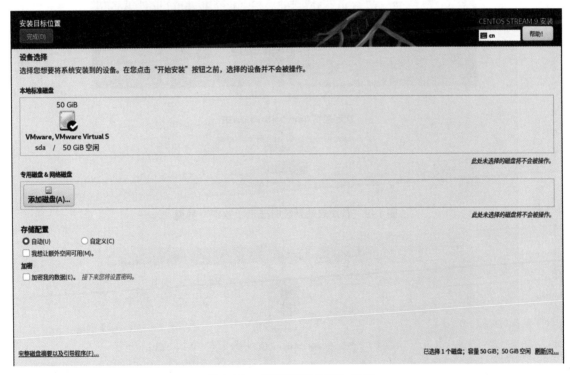

图 1-7 "安装目标位置"界面

完成上述操作后，图 1-5 中的红色提示信息消失，并且界面右下角的"开始安装"按钮变成蓝色。单击"开始安装"按钮，进入"安装进度"界面，执行效果如图 1-8 所示。安装过程耗时较长，大约 20 分钟。安装完成后，图 1-8 界面右下角的"重启系统"按钮将变为蓝色。单击"重启系统"按钮启动系统。

首次启动系统，将显示"欢迎"界面，执行效果如图 1-9 所示。

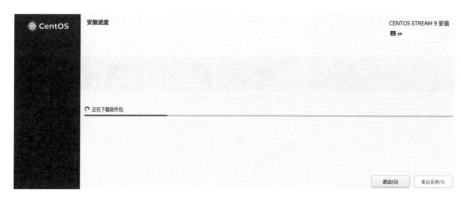

图 1-8　"安装进度"界面

单击图 1-9 所示界面下方的"开始配置"按钮，将依次显示"隐私"界面和"在线账号"界面。读者依次单击界面右上方的"前进"按钮和"跳过"按钮，此时将出现"关于您"界面，执行效果如图 1-10 所示。

图 1-9　首次启动系统时显示"欢迎"界面

图 1-10　"关于您"界面

读者在图 1-10 所示界面中的"全名"后面的文本框中输入内容,下方"用户名"后面的文本框中将自动填充同样的内容。本书后续实例中经常要用到用户名"zp",并且许多路径和变量都与用户名"zp"直接相关。为避免犯错,建议读者与编者保持一致,也使用"zp"作为用户名。如果读者坚持要使用其他用户名,建议尽量设置一个简单的用户名,并且确保在英文半角状态下输入。设置完用户名后,单击界面右上角的"前进"按钮,进入"设置密码"界面,如图 1-11 所示。

图 1-11　"设置密码"界面

　　设置密码后,单击界面右上角的"前进"按钮,进入"配置完成"界面,执行效果如图 1-12所示。

图 1-12　"配置完成"界面

　　单击"开始使用 CentOS Stream"按钮,显示"开始导览"界面,执行效果如图 1-13 所示。

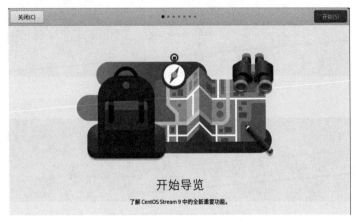

图 1-13　"开始导览"界面

3. 界面简介

读者可以直接单击"开始导览"界面左上角的"关闭"按钮，完成系统安装过程，再正常启动系统。执行效果如图 1-14 所示。

单击图 1-14 所示界面左上角的"活动"按钮，可以查找需要启动的应用程序。执行效果如图 1-15 所示。

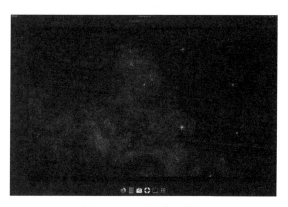

图 1-14　系统正常启动完成界面　　　　　　　图 1-15　"活动"界面

读者也可以在界面正上方的搜索框中输入内容，查找所需要的应用程序。界面下方显示了常用的应用程序列表。读者将鼠标指针停留在各个按钮上，可以查看相应的提示信息。单击列表右侧的九宫格按钮，可以显示更多内容。执行效果如图 1-16 所示。系统基本设置、网络设置、开关机等相关功能入口主要位于界面的右上角。界面右上角依次是输入法、网络设置、声音、开关机等相关功能图标。单击右上角的图标（以声音图标为例），可以显示更详细的选项。执行效果如图 1-17 所示。

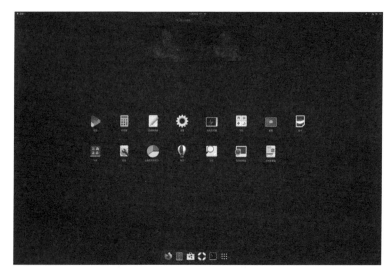

图 1-16　显示更多内容

图 1-17　右上角的菜单内容

4. 创建快照

安装完成后，建议读者做好备份。VM Workstation 提供了一种称为"快照"的轻量级备份工具。读者可以依次单击"虚拟机（M）"→"快照（N）"→"拍摄快照（T)..."使用该工具，如图 1-18 所示。

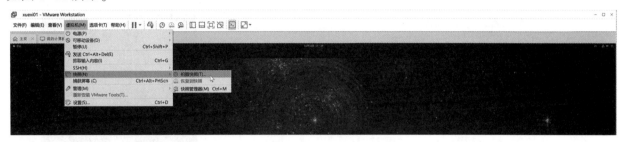

图 1-18 拍摄快照

执行效果如图 1-19 所示。读者可以对快照进行命名，并添加描述信息，以方便管理决照。

读者可以不定期创建和维护快照。后续如因操作不当损坏系统，可以使用特定的快照进行快速恢复。

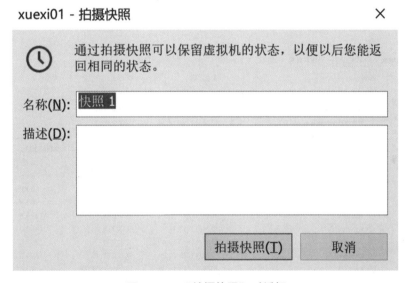

图 1-19 "拍摄快照"对话框

任务三　VMware 虚拟机的备份

一、手动复制虚拟机磁盘文件

使用 VMware Workstation 复制文件就是一个可行的方案，我们可以通过复制存放虚拟机磁盘文件和配置文件的文件夹的方式来达成备份目的。

步骤 1：打开 VMware Workstation，在主界面左侧的虚拟机列表中找到自己想要备份的虚拟机，鼠标选中它并将鼠标停留在该虚拟机名称上，会发现一个悬浮窗，里面显示了此虚拟机的文件位置，如图 1-20 所示。

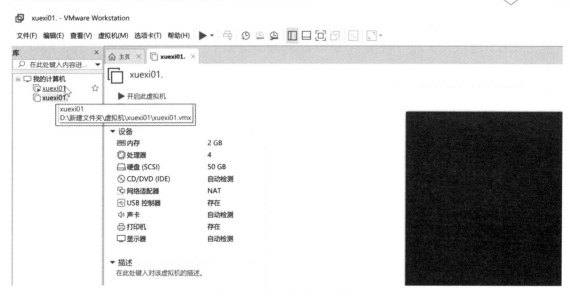

图 1-20　找到备份的虚拟机

步骤 2：找到该文件夹位置，将整个文件夹复制到指定的位置即可完成虚拟机备份任务，如图 1-21 所示。

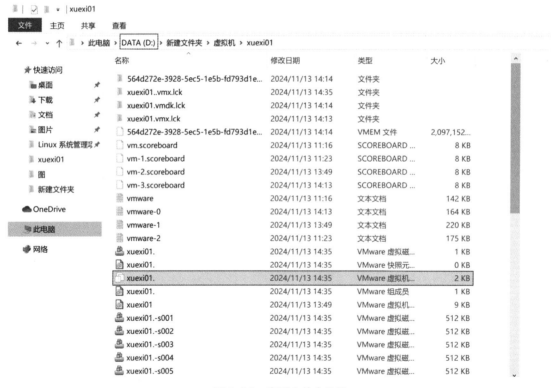

图 1-21　找到文件夹位置

二、将虚拟机导出为 OVF 模板

导出为 OVF 模板也是一个比较常用的 VMware Workstation 备份虚拟机方法。

步骤 1：打开 VMware Workstation，在左侧列表中选中自己想要备份的虚拟机，然后单击左上角的"文件（F）"→"导出为 OVF（E）..."，如图 1-22 所示。

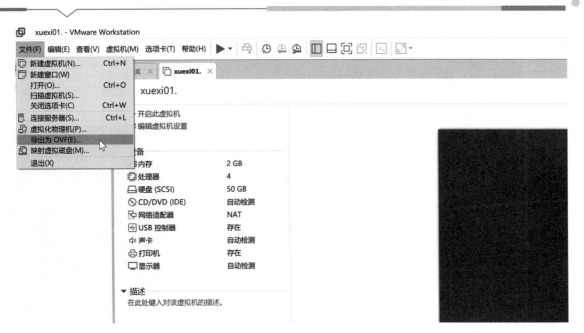

图 1-22　打开 VMware Workstation

步骤 2：在弹出窗口中选择一个目标位置，然后单击"保存"，如图 1-23 所示。

图 1-23　单击"保存"

步骤 3：等待 VMware Workstation 导出虚拟机完成之后，在目标位置将找到 3 个文件，分别是：清单文件 .mf，虚拟机完整规范文件 .ovf，虚拟机磁盘文件 .vmdk。

三、克隆虚拟机

克隆其实也是属于备份的一种类型，在 VMware Workstation 也是如此。

步骤 1：打开 VMware Workstation，在左侧列表中选中自己想要备份的虚拟机，点击"虚拟机（M）"→"管理（M）"→"克隆（C）..."然后在弹出窗口中点击"下一步"，如图 1-24 所示。

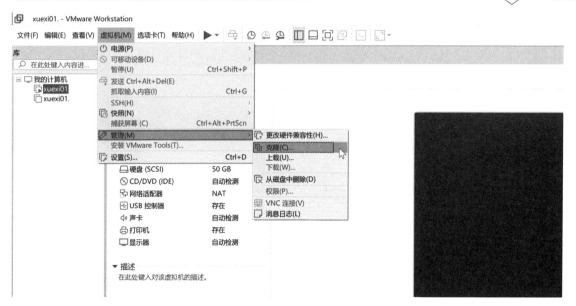

图 1-24　打开 VMware Workstation

步骤 2：指定一个克隆源，可以选择"虚拟机中的当前状态（C）"或者"现有快照（仅限关闭的虚拟机）（S）"，然后单击"下一步"，如图 1-25 所示。

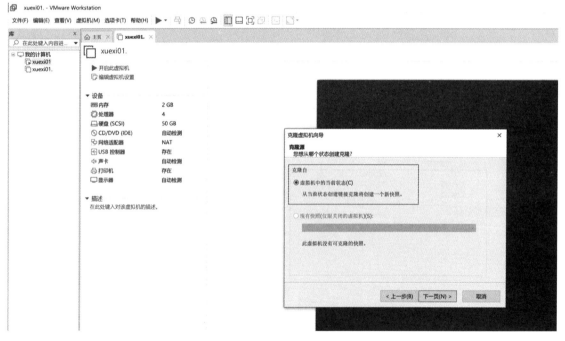

图 1-25　指定一个克隆源

步骤 3：指定克隆类型，可以选择"创建链接克隆（L）"或者"创建完整克隆（F）"，然后单击"下一步"，如图 1-26 所示。

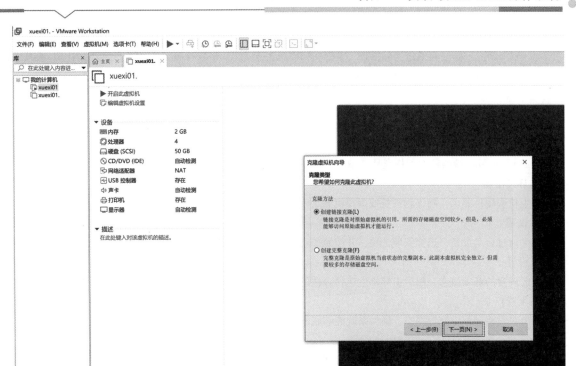

图 1-26 指定克隆类型

步骤 4：填写克隆任务的名称和存储路径，然后点击"完成"即可开始执行克隆任务。

课内思考

在备份虚拟机时，手动复制和克隆分别适用于什么样的场景？有何优缺点？

_____

_____

四、像物理机一样备份虚拟机

通过在 VMware Workstation 虚拟机的来宾操作系统（OS）上安装备份代理，可以将其作为物理计算机进行备份。这意味着用户可以从备份中排除不重要的应用程序和数据，以减少大小，并在用户只需要一些特定文件时执行选择性文件还原任务。

通过这种方式，还可以将一台虚拟机或物理机上的全部数据迁移到另一台，例如，VMware 转 Hyper-V 或 Hyper-V 转 VMware。

项目实训

教师评语			成绩	
	教师签字	日期		
学生姓名		学号		
实训名称	Linux 发行版安装与基本界面环境熟悉			
实训准备	（1）提前准备好具有虚拟化支持的物理机或虚拟机环境 （2）下载并准备选定 Linux 发行版的安装镜像文件			

实训目标	学生将通过实际操作，掌握在物理机上安装 Linux 发行版（CentOS Stream、RHEL 或其他最新版），并熟悉基本的界面环境
实训步骤	

步骤一：Linux 发行版的安装

1. 介绍：

简要介绍 Linux 发行版的种类，特别是 CentOS Stream、RHEL 或其他选择的发行版

2. 安装环境准备：

指导学生检查硬件要求，确保物理机或虚拟机满足安装条件

3. 安装过程：

指导学生通过启动设备，选择安装选项，并按照提示完成发行版的安装过程

4. 分区设置：

解释分区设置的基本概念，然后引导学生选择合适的分区方案

5. 网络配置：

指导学生在安装过程中配置网络，确保系统能够联网

6. 用户账户：

指导学生创建至少一个用户账户，讲解账户管理的重要性

步骤二：基本界面环境熟悉

1. 登录系统：

指导学生登录新安装的 Linux 系统，介绍登录凭证的重要性

2. 图形界面和命令行界面：

演示 Linux 系统的图形用户界面（GUI）和命令行界面（CLI），让学生理解两者之间的关系

3. 基本命令：

教授学生一些基本的 Linux 命令，如"ls""cd""mkdir"等，以便他们能够在命令行环境中导航和操作

4. 软件包管理：

介绍使用包管理器安装、更新和删除软件包的方法

5. 系统配置文件：

解释 Linux 系统的基本配置文件，指导学生编辑这些文件以修改系统行为。

实训总结	让学生总结他们在实训中遇到的挑战和解决方案，鼓励提问并进行讨论。强调实际操作的重要性，并鼓励学生在日常学习中继续深入了解和使用 Linux 系统

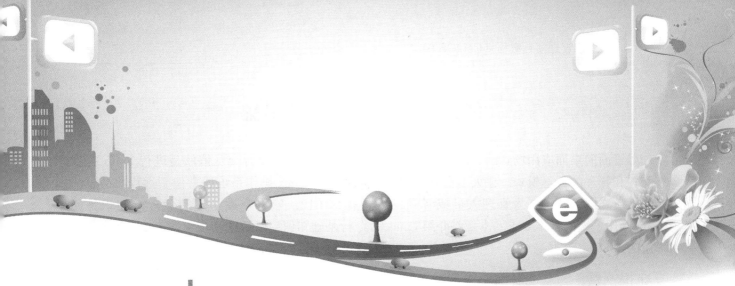

项目二 Linux 操作系统常用命令

项目概述

　　随着信息技术的发展，Linux 操作系统在服务器端和嵌入式系统等领域的应用日益广泛。为提高 IT 从业人员对 Linux 系统的熟练度，本项目旨在通过实操与命令行技能培训，帮助学生深入了解 Linux 操作系统，并掌握关键的命令行技能。

学习目标

知识目标

①了解 Linux 命令行的基本概念，了解 Linux 命令行的基本操作和高级技巧。

②掌握文件和目录操作命令的基本功能和使用方法，理解文件权限和所有者的概念。

③理解系统信息类命令的作用，能够获取关键系统信息。

④了解进程管理类命令，包括进程状态监测、进程状态控制、进程启动与作业控制。

⑤熟悉其他常用命令，如"echo""date""chmod"等。

能力目标

①能够灵活运用 Linux 命令行进行系统管理和日常任务。

②熟练使用文件和目录操作命令进行文件和目录的管理，包括创建、编辑、复制、移动和删除。

③能够通过系统信息类命令获取关键的系统性能和资源使用信息。

④具备使用进程管理类命令监测和控制系统进程的能力。

⑤熟练使用其他常用命令，提高在命令行环境下的工作效率。

思政目标

①培养学生对 Linux 命令行的实际操作兴趣，激发主动学习和探索新命令的动力。

②提高学生对系统细节的关注，培养细致入微的学习与工作态度。

③鼓励学生在实际操作中注重安全性，培养对系统权限和所有权的重视。

④强调团队协作，通过分享实际工作中的经验，促进团队内的知识传递和协作能力的提升。

任务一　Linux 命令行基础

尽管面向桌面应用场景的 Linux 发行版都提供了 GUI，但命令行交互依然是进行 Linux 操作系统配置和管理的首选模式。在大多数真实的应用场景中，Linux 操作系统通常位于远程服务器、嵌入式设备之中，并没有为管理人员或者开发人员提供 GUI。熟练掌握一定的命令行知识是使用 Linux 操作系统的基本要求。本章将介绍 Linux 命令行基础知识，以帮助读者掌握 Linux 命令行的基本用法。

知识之窗

> **"卡脖子"技术**
>
> 《科技日报》曾推出系列文章，报道了制约我国工业发展的 35 项"卡脖子"技术，主要包括光刻机、芯片、操作系统、航空发动机短舱、触觉传感器、真空蒸镀机、手机射频器件、重型燃气轮机、激光雷达、适航标准、核心工业软件、核心算法、航空钢材、铣刀、高端轴承钢、高压柱塞泵、航空设计软件、光刻胶、高压共轨系统、透射式电镜、掘进机主轴承、微球、水下连接器、燃料电池关键材料、高端焊接电源、锂电池隔膜、医学影像设备元器件、超精密抛光工艺、环氧树脂、高强度不锈钢、数据库管理系统、扫描电镜、ICLIP 技术、ITO 靶材、高端电容电阻等。

一、Linux 命令行概述

说到 Linux 命令行，通常会提到 Shell 和 Bash 等相关概念。

（一）什么是 Shell

Shell 接收用户命令，并协助用户完成与系统内核的交互，以完成命令的执行。我们可以从以下 3 个方面来理解 Linux 中 Shell 的功能和含义。

什么是 Shell

（1）Shell 是 Linux 操作系统的用户界面。Shell 提供了用户与系统内核进行交互操作的接口。与目前广泛使用的 GUI 交互方式不同，Shell 提供的是一种命令行交互方式。Shell 本身不是 Linux 内核的一部分，但是它调用了系统内核的大部分功能来执行程序。Shell 支持个性化的用户环境配置，这种配置通常由 Shell 初始化配置文件实现。

（2）Shell 是一个命令解释程序，它能解释用户在命令行界面输入的命令。Shell 拥有自己内建的命令集，它能执行的命令包括内部命令和外部命令。典型的 Shell 解释程序包括 Bourne Shell、C Shell、Kom Shell、POSIX Shell 及 Bourne Again Shell（Bash）等。大多数 Linux 发行版默认使用 Bash 作为 Shell 解释程序。Bash 基于 Bourne Shell，它吸收了 C Shell 和 Kom Shell 的一些特性。Bash 提供了几百个内部命令，尽管这些命令的功能不同，但它们的使用方式和规则是统一的。

（3）Shell 是一种程序设计语言。使用 Shell 语言编写的程序文件称为 Shell 脚本（Shell Script）。Shell 作为一种程序设计语言，有自己完整的语法规则，支持分支结构、循环结构和函数定义等。Shell 脚本中还可以直接调用常用的 Linux 命令，通过编写 Shell 脚本，可以实现更为复杂的管理功能。

（二）Linux 命令行界面

命令行界面是操作 Linux 最常用的人机交互界面。用户既可以通过终端仿真器（terminal emulator）进入命令行界面，也可以将计算机系统配置成启动后默认进入命令行界面，还可以直接使用远程登录的方式进入命令行界面。不同类型 Linux 发行版的命令行界面会略有差别。通过不同方式进入命令行界面后，其界面样式也存在细微差异。

大多数 Linux 发行版中都配置了终端仿真器。这是一种 GUI 环境下的终端窗口（terminal window）应用程序，方便用户使用命令行方式与 Linux 内核进行交互。用户启动终端仿真器时，系统将自动启动一个默认的 Shell 解释程序（通常是 Bash），以解释用户在终端窗口中输入的命令。用户可以看到 Shell 的提示符，在提示符后输入一串字符，Shell 解释程序将对这一串字符进行解释。我们可以使用以下多种方式打开终端仿真器：

（1）单击桌面左上角的"活动"按钮，在进入的界面中浏览/搜索"终端"（或"gnome-terminal）。

（2）在文件系统中查找 gnome-terminal 可执行文件，路径通常是/usr/bin/gnome-terminal。

（3）用户也可以设置键盘快捷键。其中命令设置为"/usr/bin/gnome-terminal"，快捷键建议设置为 Ctrl+Alt+T，因为在 Ubuntu 等操作系统中默认预置该快捷键。

【实例 2-1】查看默认 Shell 解释程序和所有有效的 Shell 解释程序。

在命令行界面中输入"echo $SHELL"，可以查看当前使用的 Shell 解释程序。绝大多数 Linux 发行版默认 Shell 解释程序都是 Bash。文件/etc/shells 中保存了当前系统中有效的 Shell 程序列表，读者可以通过 cat 命令查看该文件内容。执行如下命令：

```
[zp@ localhost ~]$ echo $SHELL
[zp@ localhost ~]$ cat/etc/shells
```

执行效果如图 2-1 所示。

```
[zp@localhost ~]$ echo $SHELL
/bin/bash
[zp@localhost ~]$ cat /etc/shells
/bin/sh
/bin/bash
```

图 2-1　当前系统的 Shell 程序列表

（三）Linux 命令提示符

打开 Linux 命令行界面后，通常会在界面的最后一行显示标准的 Linux 命令提示符。完整的 Linux 命令提示符包括当前用户名、登录的主机名、当前所在的工作目录和提示符。Linux 命令提示符的基本格式如下：

[当前用户名@ 主机名 当前目录] 提示符

【实例 2-2】查看 Linux 操作系统命令提示符。

图 2-2 展示了 CentOS Stream 操作系统命令提示符的典型样式及其变化情况。

```
[zp@localhost ~]$ cd /home/
[zp@localhost home]$
```

图 2-2　Linux 操作系统命令提示符（普通用户）

图 2-2 的第 1 行显示的命令提示符格式为"［zp@ localhost ~］$"。其内容表明：当前用户名为 zp，主机名是 localhost，"~"代表当前登录用户的主目录。需要注意的是，不同用户的主目录通常并不相同。本实例中，"~"表示当前工作目录是用户 zp 的主目录 SP/home/zp。常见的提示符有两个：$ 和#。提示符 $ 表示当前登录用户为普通用户；#表示当前用户为 root 用户。以 root 用户身份登录系统时，完整的命令提示符样式如图 2-3 所示。root 用户具有最高的权限，但使用 root 用户

身份操作存在较大的风险，一旦操作不当容易导致极具破坏性的结果，因此不建议用户频繁以 root 用户身份登录。不同发行版的 Linux 命令提示符并不完全相同。Linux 命令提示符每一部分的样式都可以根据需要进行修改，有兴趣的读者可以自行查阅资料尝试修改。

```
[root@lab ~]# cd..
[root@lab /]#
```

图 2-3　Linux 操作系统命令提示符（root 用户）

用户在命令提示符 $ 或者 # 之后输入 Linux 命令，然后按 "Enter" 键执行该命令。例如，在图 2-2 的第 1 行中，我们输入了命令 "cd/home/"，命令 cd 用于改变 Shell 工作目录，输入的命令表示将工作目录切换成 "home"。用户进行目录切换等操作后，当前工作目录会发生变化，原来显示 "~" 的位置，其内容也随之变成 "home"。与此类似，在图 2-3 中的第 1 行，我们输入了命令 "cd.."，其中 ".." 代表当前目录的父目录，本实例中该父目录为根目录 "/"。

二、Linux 命令行基本操作

（一）Linux 命令语法格式

Linux 命令语法格式如下：

命令 ［选项］［参数］

用户在 Linux 命令提示符之后输入命令、选项和参数，按 "Enter" 键即可执行 Linux 命令。Linux 命令行严格区分字母大小写，命令、选项和参数都是如此。本书后续章节在不产生歧义的情况下，通常也会将选项和参数统称为参数。

命令的语法格式说明中，通常使用 "［ ］" 来标记可选项，选项和参数都是可选项。选项常用于调整命令功能，通过添加不同的选项，可以改变命令执行动作的类型。选项有短选项和长选项两种，短选项之前通常使用连字符 "-"，长选项之前通常使用连字符 "--"。短选项更为简洁，本书后续章节一般采用短选项。Linux 命令中，参数通常是命令的操作对象，多数命令都可使用参数。一般而言，文件、目录、用户和进程等都可以作为参数被命令操作。【实例 2-1】和【实例 2-2】中涉及的几条命令都只包含参数，而没有包含选项。这些参数中，既有变量名，也有文件和文件的路径。

大多数命令都提供了数量众多的选项。用户可以使用帮助功能获取更为详细的命令帮助信息，因此不用记住所有命令的所有选项。各条命令的常用选项或者选项组合并不多。许多命令执行时，甚至可以不使用选项或参数，但此时命令只能执行最基本的功能。本书给出的实例中涉及的选项大多是常用的选项。读者可以根据实例熟悉 Linux 命令常见的选项功能。

【实例 2-3】执行不包含选项和参数的命令。

本实例中，我们以 ls 命令为例，解释 Linux 命令的基本格式。ls 命令用于列出目录中的内容。执行如下命令。

```
[zp@ localhost ~]$ ls
```

执行效果如图 2-4 所示。本实例中，ls 命令后面不包括任何选项或参数。此时列出的是当前目录（本实例中为用户 zp 的主目录）下的内容。

```
[zp@localhost ~]$ ls
公共  模板  视频  图片  文档  下载  音乐  桌面  anaconda3
```

图 2-4　执行不包含选项和参数的命令

【**实例 2-4**】执行包含选项的命令。

执行如下命令：

`[zp@ localhost ~]$ ls-l`

与【实例 2-3】相比，本实例增加了一个"-l"选项，此时返回的结果信息更加详细。执行效果如图 2-5 所示。限于篇幅，这里只给出部分截图。

```
[zp@localhost ~]$ ls -l
总用量  674676
drwxr-xr-x.  2 zp zp        6  3月 26 18:06 公共
drwxr-xr-x.  2 zp zp        6  3月 26 18:06 模板
drwxr-xr-x.  2 zp zp        6  3月 26 18:06 视频
drwxr-xr-x.  2 zp zp        6  3月 26 18:06 图片
drwxr-xr-x.  2 zp zp        6  3月 26 18:06 文档
```

图 2-5　执行包含选项的命令

【**实例 2-5**】执行包含参数的命令。

执行如下命令：

`[zp@ localhost ~]$ ls /dev/`

本实例中，目录"/dev/"被用作 ls 命令的参数。本实例的"/dev/"也可以写成"/dev"。事实上，最后面的那个"/"是使用自动补全功能时自动生成的。关于自动补全，后面会详细介绍。以传入目录名称作为参数，ls 将显示指定目录下的内容。执行效果如图 2-6 所示。

```
[zp@localhost ~]$ ls /dev/
autofs      mapper      tty13  tty44   usbmon2
block       mcelog      tty14  tty45   vcs
bsg         mem         tty15  tty46   vcs1
bus         midi        tty16  tty47   vcs2
cdrom       mqueue      tty17  tty48   vcs3
```

图 2-6　执行包含参数的命令

【**实例 2-6**】执行同时包含参数和选项的命令。

执行如下命令：

`[zp@ localhost ~]$ ls /dev/-l`

执行效果如图 2-7 所示。本实例同时增加了"-l"选项和"/dev/"参数，两者的位置可以交换。交换后的效果如下所示。

`[zp@ localhost ~]$ ls-l /dev/`

需要注意的是，并不是所有的选项和参数都可以交换位置。如果某个参数是某个选项对应的参数，那么该参数通常只能放在该选项之后。

```
[zp@localhost ~]$ ls /dev/ -l
总用量 0
crw-r--r--. 1 root root    10, 235 6月 4 22:24 autofs
drwxr-xr-x. 2 root root        160 6月 4 22:25 block
drwxr-xr-x. 2 root root         80 6月 4 22:24 bsg
drwxr-xr-x. 3 root root         60 6月 4 22:24 bus
lrwxrwxrwx. 1 root root          3 6月 4 22:24 cdrom -> sr0
```

图 2-7　执行同时包含参数和选项的命令

【实例2-7】积累更多的 Linux 命令。

本实例分别执行了 pwd、hostname、uname 三条新命令，针对 uname 命令还演示了携带不同选项时的执行效果，如图2-8所示。pwd 命令用于输出当前的工作目录名称。hostname 命令用于显示或者设置系统主机名。uname 命令用于输出系统信息。

```
[zp@localhost ~]$ pwd
/home/zp
[zp@localhost ~]$ hostname
localhost.localdomain
[zp@localhost ~]$ uname
Linux
[zp@localhost ~]$ uname -r
5.14.0-96.el9.x86_64
[zp@localhost ~]$ uname -n
localhost.locadomain
```

图2-8　使用命令行界面执行 Linux 命令

（二）命令自动补全

Linux 操作系统的 Bash 相当智能化，支持命令和文件名自动补全功能。用户可以通过"Tab"键使用自动补全功能，将输入的部分命令或者文件名快速补充完整。例如，输入命令或者文件名的时候，通常只需要输入该命令或者文件名的前几个字符，然后按"Tab"键，Shell 就可以自动将其补全。当匹配结果只有一个时，按"Tab"键可以自动补全命令。对于存在多个可能匹配结果的情况，连续按两次"Tab"键可查看以指定字符开头的所有相关匹配结果。

【实例2-8】自动补全功能。

以按一次"Tab"键自动补全命令或者文件名为例，首先，在命令行界面中输入"ls/e"，然后按"Tab"键，系统会自动将该命令补全成"ls/etc/"，接下来按"Enter"键，可以执行该命令。

```
[zp@ localhost ~]$ ls /e【Tab】
```

执行效果如图2-9所示。

```
[zp@localhost ~]$ ls /etc/
accountsservice          machine-info
adjtime                  magic
aliases                  mailcap
alsa                     makedumpfile.conf.sample
```

图2-9　自动补全命令

用户还可以进行更复杂的尝试。执行如下命令：首先，在命令行界面中输入"cat/e"，接着按"Tab"键，系统会自动将该命令补全成"cat/etc/"。但是这次，我们不再直接按"Enter"键，而是继续在后面输入"ad"，接着按"Tab"键，系统会自动将该命令补全成"cat/etc/adjtime"，此时按"Enter"键显示的将是文件"/etc/adjtime"的内容。

```
[zp@ localhost ~]$ cat /e【Tab】ad【Tab】
```

执行效果如图2-10所示。

```
[zp@localhost ~]$ cat /etc/adjtime
0.0 0 0.0
UTC
```

图2-10　自动补全命令和参数

【实例2-9】 自动列出候选项。

以按两次"Tab"键自动列出候选项为例，依次执行如下命令：

```
[zp@ localhost ~]$ ls/b【Tab】【Tab】
[zp@ localhost ~]$ ls /bo【Tab】
```

首先，在命令行界面中输入"ls/b"，然后按"Tab"键，系统并没有自动补全命令，而是发出提示音。此时再按"Tab"键，系统将反馈"bin/"和"boot/"两个候选项供选择。我们继续输入一个字符"o"，然后继续按"Tab"键，系统自动将该命令补全成"ls/boot/"。最后按"Enter"键，可以执行该命令。执行效果如图2-11所示。

```
[zp@localhost ~]$ ls /b
bin/ boot/
[zp@localhost ~]$ ls /boot/
config-5.14.0-71.el9.x86_64
config-5.14.0-96.el9.x86_64
efi
```

图 2-11　自动列出候选项

（三）强制中断命令执行

部分命令执行时间较长，例如，许多与网络相关的命令由于网络状况不佳，可能会出现长时间等待被执行的情况。如果想提前终止该命令，此时可以使用"Ctrl+C"组合键强制中断命令执行。

【实例2-10】 强制中断命令执行。

执行如下命令：

```
[zp@ localhost ~]$ ping 127.0.0.1
```

ping 命令是一种比较基础的网络诊断命令。它通过向特定的目的主机发送因特网报文控制协议（internet control message protocol，ICMP）Echo 请求报文，测试目的主机是否可达以了解其有关状态。"127.0.0.1"是本机的环回地址，读者也可以将该地址换成其他有效的域名地址。该命令在默认情况下，将继续执行。用户可以随时通过"Ctrl+C"组合键结束命令的执行过程，执行效果如图2-12所示。

```
[zp@localhost ~]$ ping 127.0.0.1
PING 127.0.0.1 (127.0.0.1) 56(84) 比特的数据.
64 比特, 来自 127.0.0.1: icmp_seq=1 ttl=64 时间=0.050 毫秒
64 比特, 来自 127.0.0.1: icmp_seq=2 ttl=64 时间=0.044 毫秒
64 比特, 来自 127.0.0.1: icmp_seq=3 ttl=64 时间=0.059 毫秒
^C
---127.0.0.1 ping 统计---
已发送 3 个包, 已接收 3 个包, 0% packet loss, time 2073ms
rtt min/avg/max/mdev = 0.044/0.051/0.059/0.006 ms
```

图 2-12　强制中断命令执行

（四）使用 root 权限

Linux 操作系统部分命令的执行需要 root 权限。如果确实需要 root 权限执行某些操作，此时可以使用 su 或 sudo 命令。建议读者使用 sudo 命令，临时获取 root 权限，以便执行一条需要 root 权限的命令。sudo 命令的常用格式如下：

```
sudo cmd_name [其他可选的参数或选项]
```

【实例 2-11】使用 root 权限执行命令。

本实例中，我们试图使用 cat 命令查看/etc/shadow 文件内容。cat 命令可以将指定文件内容写到标准输出，也就是可以查看文件内容。文件/etc/shadow 保存了与密码相关的信息，属于对安全性要求较高的内容，访问者需要有 root 权限才能执行"查看"命令。本实例涉及两条命令：前一条命令直接使用 zp 用户身份查看文件内容，结果提示权限不够；后一条命令前增加了 sudo 命令，用于临时获取 root 权限，结果命令得以成功执行。

执行如下命令。

```
[zp@ localhost ~]$ cat /etc/shadow
[zp@ localhost ~]$ sudo cat /etc/shadow
```

执行效果如图 2-13 所示。

```
[zp@localhost ~]$ cat /etc/shadow
cat: /etc/shadow: 权限不够
[zp@localhost ~]$ sudo cat /etc/shadow
[sudo] zp 的密码：
root:$6$NU.LDVJsPHTK2r.z$ndokwPMFBJ7GRjut1QJFrUaol8QegRIkz95tpRxEeC
```

图 2-13　使用 root 权限执行命令

【实例 2-12】切换到 root 用户身份。

在命令行里执行 su 命令可以切换到 root 用户身份。执行 su 命令后会提示输入密码。因为 root 用户拥有最高的系统控制权，稍有不慎就可能完全破坏 Linux 操作系统，所以在实际使用中，不建议直接使用 root 用户身份。如果已经切换成功，建议使用 exit 命令退出。部分操作系统（例如 Ubuntu）为了安全起见，甚至默认不启用 root 用户身份，此时执行本实例命令将不会成功。执行效果如图 2-14 所示。

```
[zp@localhost ~]$ su
密码：
[root@localhost zp]# exit
exit
```

图 2-14　切换到 root 用户身份

（五）Linux 命令行帮助信息

本小节介绍三种查看命令帮助信息的方法。由于这三种方法的信息来源不同，显示的结果并不完全一致，但任何一种基本上都能满足需要。编者安装时选择的是中文版的操作系统，最后方法显示的提示信息通常也是中文的，因此该方法适合英语基础一般的用户。

1. 使用 man 命令获取帮助信息

man 命令用于查看 Linux 操作系统的手册，是 Linux 中使用最为广泛的帮助方法。一般情况下，手册资源主要位于/usr/share/man 目录下。man 命令的基本格式如下：

```
man 命令名称
```

在命令提示符后输入"man 命令名称"可以显示该命令的帮助信息。man 命令格式化并显示在线的手册页，其内容包括命令语法、各选项的含义以及相关命令等。

【实例 2-13】使用 man 命令获取帮助信息。

在命令行中输入"man sudo"可以获取 sudo 的帮助信息。执行如下命令：

```
[zp@ localhost ~]$ man sudo
```

执行效果如图 2-15 所示。在该界面中，使用键盘上、下方向键可以滚动屏幕，以查看更多内容。输入"q"，可以退出该帮助信息界面，返回到命令行界面。

```
SUDO(8)      BSD System Manager's Manual      SUDO(8)
NAME
    sudo,sudoedit-execute a command as another user

SYNOPSIS
    sudo -h| -k | -K | -v
    sudo -v[-ABknS][-g group][-h host][-p prompt][-u user]
    sudo -l[-ABknS][-g group][-h host][-p prompt][-u user]
        [-u user] [command]
    sudo [-ABbEHnPS][-C num][-D directory][-g group]
        [-h host][-p prompt][-R directory][-r role]
Manual page sudo(8) line 1 (press h for help or q to quit)
```

图 2-15　使用 man 命令获取帮助信息

2. 使用 info 命令获取帮助信息

info 文档是 Linux 操作系统提供的另一种格式的文档。info 命令的基本格式如下：

info 命令名称

【实例 2-14】使用 info 命令获取帮助信息。

在命令行提示符后输入"info uname"可以获取 uname 的帮助信息。执行如下命令：

```
[zp@ localhost ~]$ info uname
```

执行效果如图 2-16 所示。在界面中输入"q"（没有回显）后，可以退回到命令行界面。

```
Next: hostname invocation, Prev: nproc invocation, Up: System co\
ntext
21.4'uname': Print system information
========================================
'uname' prints information about the machine and operating system \
 it is
run on.If no options are given,'uname' acts as if the '-s' opti\
on
were given.  Synopsis:
---Info: (coreutils)uname invocation, 97 lines --Top-------------
welcome to Info version 6.7. Type H for help, h for tutorial.
```

图 2-16　使用 info 命令获取帮助信息

3. 使用--help 选项获取帮助信息

使用--help 选项可以显示命令的使用方法以及命令选项的含义。只要在需要显示帮助信息的命令后面输入--help 选项，就可以看到所查命令的帮助信息了。使用--help 选项的基本格式如下：

命令名称--help

与前两种方法不同，使用--help 选项获取到的帮助信息直接在用户输入的命令的下一行开始显示，并且鼠标光标将停留在新的命令提示符之后。在该界面中，使用鼠标中键（滚轮键）可以上下滚动屏幕，查看更多内容。在中文环境中，使用--help 选项通常可以得到中文内容的帮助信息，但其内容相对也更为简单。

【实例 2-15】使用-help 选项获取帮助信息。

执行如下命令：

```
[zp@ localhost ~]$ ls--help
```

执行效果如图 2-17 所示。

```
[zp@localhost ~]$ ls --help
用法：ls [选项]... [文件]...
列出给定文件（默认为当前目录）的信息。
如果不指定 -cftuvSUX 中任意一个或--sort 选项，则根据字母大小排序。
必选参数对长短选项同时适用。
 -a,--all                  不隐藏任何以 . 开始的项目
 -A,--almost-all           列出除 . 及 .. 以外的任何项目
    --author               与 -l 同时使用时，列出每个文件的作者
 -b,--escape               以 C 风格的转义序列表示不可打印的字符
    --block-size=大小       与 -l 同时使用时，将文件大小以此处给定
                           的大小为
```

图 2-17　使用--help 选项获取帮助信息

（六）历史命令记录

Bash 还具备完善的历史命令记录功能。在用户操作 Linux 操作系统的时候，每一个操作的命令都会被记录到历史命令记录中，因此用户可以通过历史命令记录查看和使用以前操作的命令。为了保持知识结构的完整性，本小节将介绍使用历史命令记录的三类方法，并给出详细的实例。

注意，初学者实在记不住历史命令记录的相关使用方法也没关系，平时用得最多的与历史命令记录相关的快捷键其实还是↑（上方向键）和↓（下方向键）。

1. 使用快捷键方法

Shell 环境提供了许多快捷键，用以搜索历史命令的快捷键如表 2-1 所示。

表 2-1　用于搜索历史命令的快捷键

快捷键	描述
↑（上方向键）	查看上一条命令
↓（下方向键）	查看下一条命令
Ctrl+P	查看历史命令记录中的上一条命令
Ctrl+N	查看历史命令记录中的下一条命令
Ctrl+R	进入反向搜索模式
Alt+>	移动到历史命令记录末尾

【实例 2-16】使用快捷键搜索历史命令。

首先，执行 pwd 和 whoami 两条命令。执行效果如图 2-18 所示。

```
[zp@localhost ~]$ pwd
/home/zp
[zp@localhost ~]$ whoami
zp
```

图 2-18　执行 pwd 和 whoami 两条命令

接下来，通过使用键盘的↑和↓，用户不仅可以快速地查找出这两条命令，还可以查找出之前使用的命令。

注意，对于表 2-1 中的快捷键，学生做到了解即可；即便没有掌握，也不影响对本书后续内容的学习。

2. 使用 history 命令方法

使用 history 命令可以列出所有使用过的命令并为其编号。这些信息被存储在用户主目录的.bash_history 文件中，这个文件默认情况下可以存储 1000 条历史命令记录。Bash 启动的时候会读取~/.bash_history 文件，并将其载入内存中。Bash 退出时也会把内存中的历史命令记录回写到~/.

bash_history 文件中。用户可以直接使用 cat 命令查看该文件内容，也可以使用 history 命令查看历史命令记录，此时每一条命令前面都会标示一个序列号。

history 命令语法格式如下：

history [选项]

【实例 2-17】 查看历史命令记录。

使用不带参数的 history 命令可以查看所有近期命令记录。执行如下命令：

[zp@ localhost ~]$ history

执行效果如图 2-19 所示。

```
[zp@localhost ~]$ history
    1 ifconfig
    2 ssh localhost
    3 python -v
    4 python --version
    5 ls /mnt/hgfs/
    6 ls
```

图 2-19 查看所有的历史命令记录

用户也可以指定查看最近的五条历史命令记录。执行如下命令：

[zp@ localhost ~]$ history 5

【实例 2-18】 清空所有历史命令记录：

使用 "history-c" 会立即清空所有历史命令记录。执行如下命令：

[zp@ localhost ~]$ history-c   #清空所有历史命令记录

[zp@ localhost ~]$ history   #查看所有历史命令记录，此时只有一条记录，即当前命令

执行效果如图 2-20 所示。

```
[zp@localhost ~]$ history-c
[zp@localhost ~]$ history
    1  history
```

图 2-20 清空所有历史命令记录

3. 使用历史命令方法

使用 "! +编号" 可以执行特定编号对应的历史命令，使用 fc 命令可以编辑历史命令。表 2-2 中给出了一些典型的历史命令用法，读者可以在命令行界面中输入实例进行尝试。需要说明的是，该表部分实例，特别是最后几行的实例对历史命令记录的内容存在要求。如果用户的命令列表中没有包含这些命令或者文本，并不一定能得到相应的结果。

表 2-2　历史命令使用实例

使用实例	功能描述
!!	重复执行上一条命令
! 3	执行历史命令记录中的第 3 条命令
! w	执行上一条 w 命令（或执行以 w 开头的历史命令）
fc	编辑并执行上一条历史命令
fc-2	编辑并执行倒数第 2 条历史命令
! -4	执行倒数第 4 条命令
! $	使用前一条命令最后的参数

【实例 2-19】使用历史命令记录。

首先，读者输入若干条命令，这些命令将作为历史命令被记录下来，后续可以直接操作这些命令。执行如下命令：

```
[zp@ localhost ~]$ whoami
[zp@ localhost ~]$ date
[zp@ localhost ~]$ time
[zp@ localhost ~]$ pwd
[zp@ localhost ~]$ uname
```

执行效果如图 2-21 所示。

```
[zp@localhost ~]$  whoami
zp
[zp@localhost ~]$  date
2022年 06月 10日 星期五 04:10:16 EDT
[zp@localhost ~]$  time
real    0m0.000s
user    0m0.000s
sys     0m0.000s
[zp@localhost ~]$  pwd
/home/zp
[zp@localhost ~]$  uname
Linux
```

图 2-21　执行若干条命令

然后，用户可以通过快捷方式直接调用前述历史命令。各条命令的含义请参考表 2-2 的实例进行理解。执行如下命令：

```
[zp@ localhost ~]$ ! !
[zp@ localhost ~]$ ! -2
[zp@ localhost ~]$ ! w
[zp@ localhost ~]$ fc-3
```

执行效果如图 2-22 所示。其中，执行"fc-3"时，将弹出一个命令行编辑器（一般是 Vi/Vim，也可能是其他。例如，部分版本的 Ubuntu 操作系统中使用的是 GNUnano），显示命令"uname"。用户首先在键盘上按"I"键，然后可以在命令编辑界面将"uname"修改为"uname -r"。接下来，用户先按"Esc"键，然后按"Shift+:"组合键，此时在屏幕的左下角将出现"："提示符，读者在该提示符后面输入"wq"，按"Enter"键确认即可，如图 2-23 所示。执行成功后将得到与【实例 2-7】中等价命令的执行效果。

```
[zp@localhost ~]$ !!
uname
Linux
[zp@localhost ~]$ !-2
pwd
/home/zp
[zp@localhost ~]$ !w
whoami
zp
[zp@localhost ~]$ fc -3
uname -r
5.14.0-96.el9.x86_64
```

图 2-22　调用历史命令记录

```
uname -r
~
~
~
:wq
```

图 2-23 命令编辑界面

三、Linux 命令行高级技巧

（一）管道

Shell 可以将两条或者多条命令（程序或者进程）连接到一起。把一条命令的输出作为下一条命令的输入，以这种方式连接两条或者多条命令就形成了管道（pipe）。管道在 Linux 中发挥着重要的作用，通过运用 Shell 的管道机制，可以将多条命令串联到一起完成一个复杂任务。

Linux 管道使用竖线"｜"连接多条命令，该竖线被称为管道符。通过管道机制，可以将某条命令的输出当作另一条命令的输入。管道命令语法紧凑且使用简单。Linux 管道的具体语法格式如下：

命令 1 ｜命令 2 ｜… ｜命令 n

在两条命令之间设置管道时，管道符"｜"左边命令的输出就变成了右边命令的输入。如果第1 条命令向标准输出写入，而第 2 条命令从标准输入读取，那么这两条命令就可以形成一个管道。大部分 Linux 命令都可以用来形成管道。这里需要注意的是，命令 1 必须有正确输出，而命令 2 必须可以处理命令 1 的输出结果，依此类推。

【实例 2-20】 管道使用实例。

本实例通过管道机制将 ls、grep 和 wc-l 三条命令连接起来。grep 用于查找特定内容，tty 是待查找的字符串。wc-l 用于统计行数。执行如下命令：

`[zp@ localhost ~]$ ls /dev/ | grep tty |wc-l`

执行效果如图 2-24 所示。本实例主要实现对/dev/目录下文件名中包括 tty 字样的文件的数量统计。

```
[zp@localhost ~]$ ls /dev/ |grep tty |wc -l
69
```

图 2-24 管道使用实例

（二）重定向

从字面上理解，输入/输出重定向就是改变输入与输出的方向。如果希望将命令的输出结果保存到文件中，或者以文件内容作为命令的参数，就需要用到输入/输出重定向。

一般情况下，我们都是从键盘读取用户输入的数据，然后把数据传入程序中使用，这就是标准的输入方向，也就是从键盘到程序。如果改变了这个方向，数据就从其他地方流入，这就是输入重定向。与此相对，程序中也会产生数据，这些数据一般都是直接呈现到显示器上，这就是标准的输出方向，也就是从程序到显示器。如果改变了这个方向，数据就流向其他地方，这就是输出重定向。

计算机的硬件设备有很多，常见的输入设备有键盘、鼠标、麦克风、手写板等，输出设备有显示器、投影仪、打印机等。但是，在 Linux 中，标准输入设备指的是键盘，标准输出设备指的是显示器。Linux 中一切皆文件，包括标准输入设备（键盘）和标准输出设备（显示器）在内的所有计算机硬件都是文件。为了表示和区分已经打开的文件，Linux 会给每个文件分配一个 ID。这个 ID 整数，被称为文件描述符。表 2-3 列出了 3 个与输入/输出有关的文件描述符。重定向不使用系统的标准输入文件、标准输出文件或标准错误输出文件，而是进行新的指定。重定向有许多类型，如输出重定向、输入重定向、错误重定向等，前两者比较常用。

表 2-3　与输入/输出有关的文件描述符

文件描述符	文件名	类型	硬件
0	stdin	标准输入文件	键盘
1	stdout	标准输出文件	显示器
2	stderr	标准错误输出文件	显示器

1．输出重定向

输出重定向是指命令的执行结果不再输出到显示器上，而是输出到其他地方，一般是输出到文件中。这样做的最大好处就是把命令的执行结果保存起来，当我们需要的时候可以随时查询。Bash支持的输出重定向符号包括 ">" 和 ">>"。

需要说明的是，输出重定向将某一命令执行的结果输出到文件中时，如果其中已经存在相同的内容，则会覆盖它。

命令语法：

[命令] > [文件]

另外一种特殊的输出重定向是输出追加重定向，即将某一命令执行的结果添加到已经存在的文件中。

命令语法：

[命令] >> [文件]

【实例 2-21】输出重定向。

执行如下命令：

```
[zp@ localhost ~]$ ls
[zp@ localhost ~]$ ls>zp01
[zp@ localhost ~]$ ls
[zp@ localhost ~]$ catzp01
```

执行效果如图 2-25 所示。第 1 条 ls 命令查看当前目录下的内容；第 2 条 ls 命令将结果重定向到 zp01 文件中；第 3 条 ls 命令的输出结果表明，当前目录下确实增加了一个名为 zp01 的文件；最后使用 cat 命令查看 zp01 文件的内容。

```
[zp@localhost ~]$ ls
公共 模板 视频 图片 文档 下载 音乐　桌面　anaconda3
[zp@localhost ~]$ ls > zp01
[zp@localhost ~]$ ls
公共 模板 视频 图片 文档 下载 音乐　桌面　anaconda3　zp01
[zp@localhost ~]$ cat zp01
公共
模板
```

图 2-25　输出重定向

继续执行如下命令：

```
[zp@ localhost ~]$ ls /boot/ > zp01
[zp@ localhost ~]$ cat zp01
```

执行效果如图 2-26 所示。第 1 行命令中使用了单个 ">"，此时原来 zp01 的内容被新内容覆盖掉。第 2 行的 cat 命令也验证了这一点。

```
[zp@localhost ~]$ ls /boot/ > zp01
[zp@localhost ~]$ cat zp01
config-5.14.0-71.el9.x86_64
config-5.14.0-96.el9.x86_64
efi
```

图 2-26　输出重定向（覆盖）

继续执行如下命令：

```
[zp@ localhost ~]$ ls >> zp01
```

```
[zp@ localhost ~]$ cat zp01
```

第 1 行命令中使用了 ">>"。此时，当前目录下的文件列表内容将追加到 zp01 的末尾部分，原来的内容依然存在。由于显示的内容太多，这里不方便截图，读者请自行测试。

2. 输入重定向

输入重定向就是改变输入的方向，不再使用键盘作为命令输入的来源，而是使用文件作为命令的输入。

命令语法：

[命令] < [文件]

在该输入重定向命令中，将文件的内容作为命令的输入。

【实例 2-22】输入重定向。

执行如下命令：

```
[zp@ localhost ~]$ wc-l < /etc/passwd
```

执行效果如图 2-27 所示。本实例用于统计 /etc/passwd 文件的行数。由于 /etc/passwd 文件中每一行存放一个用户的数据，因此本实例相当于统计了用户数量。

```
[zp@localhost ~]$ wc -l < /etc/passwd
37
```

图 2-27　输入重定向

课内思考

如果去掉本实例中的重定向符 "<"，结果如何？

另外一种特殊的输入重定向是输入追加重定向。这种输入重定向告诉 Shell，当前标准输入来自命令行的一对分隔符之间的内容。

命令语法：

[命令] << [分隔符]

> [文本内容]

> [分隔符]

【实例 2-23】输入追加重定向。

执行如下命令：

```
[zp@ localhost ~]$ wc-w << EOF
> #这里输入用户自己的内容
```

> EOF

执行效果如图 2-28 所示。注意，本实例中 wc 的选项已改成"-w"，用于统计输入内容中的单词个数。

```
[zp@localhost ~]$ wc -w << EOF
>Bad times make a good man.
>Variety is the spice of life.
>Doubt is the key to knowledge.
>There is no royal road to learning.
>EOF
25
```

图 2-28　输入追加重定向

3. 错误重定向

错误重定向，即将某一条命令执行时出现的错误提示信息输出到指定文件中。

命令语法：

[命令] 2> [文件]

另外一种特殊的错误重定向是错误追加重定向，即将某一命令执行时出现的错误提示信息添加到已经存在的文件中。

命令语法：

[命令] 2>> [文件]

例如，下面这条区块链中常用的命令就是一个很好的关于错误追加重定向的例子。

[zp@ localhostzp]$ geth--datadir .--nodlscover console 2>> geth.log

（三）命令排列

如果希望一次执行多条命令，Shell 允许在不同的命令之间放上特殊的连接字符。命令排列时所使用的连接字符常有";""&&""｜｜"3 种。

（1）使用";"连接。

命令语法：

命令 1；命令 2

使用";"连接时，先执行命令 1，不管命令 1 是否出错，接下来都会执行命令 2。

（2）使用"&&"连接。

命令语法：

命令 1 && 命令 2

使用"&&"连接时，只有当命令 1 运行完毕并返回正确结果时，才能执行命令 2。

（3）使用"｜｜"连接。

命令语法：

命令 1 ｜｜ 命令 2

使用"｜｜"连接时，只有当命令 1 执行不成功（产生非 0 的退出码）时，才能执行命令 2。

【实例 2-24】命令排列综合实例。

本实例中，涉及三条命令的排列。命令 1 和命令 3 均为 pwd，该命令用于显示当前工作目录。这条命令执行成功时屏幕上将输出"/home/zp"。命令 2 为 ls/I_do_not_exlsl/，该命令试图查看一个不存在的目录，执行时会提示"无法访问"。

这三条命令分别使用";""&&""｜｜"进行连接时，将输出不一样的结果。执行如下命令。

#使用";"连接

```
[zp@ localhost ~]$ pwd ; ls /I_do_not_exlst/ ; pwd
```
#使用"&&"连接
```
[zp@ localhost ~]$ pwd && ls /I_do_not_exlst/ && pwd
```
#使用"｜｜"连接
```
[zp@ localhost ~]$ pwd || ls /I_do_not_exlst/ || pwd
```

执行效果如图 2-29 所示。

```
[zp@localhost ~]$ pwd;ls /I_do_not_exist/;pwd
/home/zp
ls: 无法访问 '/I_do_not_exist/': 没有那个文件或目录
/home/zp
[zp@localhost ~]$ pwd && ls /I_do_not_exist/ && pwd
/home/zp
ls: 无法访问 '/I_do_not_exist/': 没有那个文件或目录
[zp@localhost ~]$ pwd || ls /I_do_not_exist/ || pwd
/home/zp
```

图 2-29　命令排列

由运行结果可知：使用"；"连接时，三条命令均被执行，而不管它们是否执行成功；使用"&&"连接时，只有前两条命令被执行，这是因为第 2 条命令执行失败，后面命令直接被忽略；使用"｜｜"连接时，命令 1 被执行成功，后面两条命令都被忽略。关于"&&"和"｜｜"的用法，有 C 语言编程基础的读者可以类比记忆，道理类似。

（四）命令续行

Linux 部分命令的参数较多，并且参数通常比较长，如果直接写在一行，书写起来很长，既不美观也容易遗漏参数。此时可以使用命令续行功能将一行命令拆成多行。Shell 通过续行符（反斜杠"＼"）来实现命令续行功能，反斜杠"＼"在 Shell 中有转义符和命令续行符两种含义。

1. 转义符

转义符用来对特殊字符进行转义。例如，执行如下命令：
```
[zp@ localhost ~]$ echo "\$zp"
```
echo 是 Shell 中常见的输出命令。本实例的输出结果为 $ zp，如图 2-30 所示。

课内思考

如果去掉反斜杠"＼"会报错吗？

_____

_____

执行如下命令：
```
[zp@ localhost ~]$ echo "$ zp"
```
执行效果如图 2-30 所示。此时显示了一行空行。你能猜出原因来吗？

```
[zp@localhost ~]$ echo "\$zp"
$zp
[zp@localhost ~]$ echo "$zp"

[zp@localhost ~]$
```

图 2-30　转义及输出空行

2. 命令续行符

在反斜杠后面按"Enter"键，表示下一行是当前行的续行。例如：

```
./configure--sbin-path=/usr/local/nginx/nginx \
--conf-path=/usr/local/nginx/nginx.conf \
--pid-path=/usr/local/nginx/nginx.pid \
--with-http_ssl_module \
--with-pcre=/usr/local/src/pcre-8.21 \
--with-zlib=/usr/local/src/zlib-1.2.8 \
--with-openssl=/usr/local/src/openssl-1.0.1c
```

【实例 2-25】命令续行实例。

本实例将演示不用"&&"连接的命令"pwd&&cd/etc&&pwd&&cd/boot&&ls"采用命令续行方式实现，视觉效果会更好。执行如下命令：

```
#命令续行
[zp@ localhost ~]$ pwd \
> && cd /etc/ \
> && pwd \
> && cd /boot/ \
> && ls
```

执行效果如图 2-31 所示。

```
[zp@localhost ~]$ pwd \
> && cd /etc/ \
> && pwd \
> && cd /boot/ \
> && ls
/home/zp
/etc
config-5.14.0-71.el9.x86_64
config-5.14.0-96.el9.x86_64
efi
```

图 2-31　命令续行

（五）命令别名

在使用 Linux 操作系统的过程中，会使用到大量命令。某些命令非常长且参数较多，如果这类命令需要经常使用，可能就需要用户重复输入命令、选项和参数，这样既费时费力，也容易出现错误。此时可以使用命令别名功能，以期通过使用比较简单的命令别名来提高工作效率。

1. 查看已定义的别名

使用 alias 命令可以查看已经定义的命令别名。

【实例 2-26】查看已定义的命令别名。

执行如下命令：

```
[zp@ localhost ~]$ alias
```

执行效果如图 2-32 所示。

```
[zp@localhost ~]$ alias
alias egrep='egrep --color=auto'
alias fgrep='fgrep --color=auto'
alias grep='grep --color=auto'
alias l.='ls -d .* --color=auto'
```

图 2-32　查看已定义的命令别名

2. 创建别名

使用 alias 命令可以为命令定义别名。命令语法：

alias [别名] = [需要定义别名的命令]

如果命令中有空格（例如命令与选项或参数之间就存在空格），就需要使用双引号将整条命令进行标识。

3. 使用别名

别名的用法与普通命令的用法基本相同。

4. 取消别名

当用户需要取消别名的定义时，可以使用 unalias 命令。命令语法：

unalias [别名]

【实例 2-27】命令别名综合实例。

本实例将演示别名创建、使用和取消的全过程。执行如下命令：

```
[zp@ localhost ~]$ mkdirtest
[zp@ localhost ~]$ aliaszp="pwd; cd test; pwd"    #创建别名 zp
[zp@ localhost ~]$ zp                             #使用别名 zp
[zp@ localhosttest]$ unalias zp                   #取消别名 zp
[zp@ localhosttest]$ zp                           #使用已经被取消的别名 zp
```

执行效果如图 2-33 所示。

```
[zp@localhost ~]$ mkdis test
[zp@localhost ~]$ alias zp="pwd; cd test; pwd"
[zp@localhost ~]$ zp
/home/zp
/home/zp/test
[zp@localhost test]$ unalias zp
[zp@localhost test]$ zp
bash: zp: command not found...
```

图 2-33　命令别名综合实例

课内思考

本实例中，如果在第 3 行调用 zp 别名之后，再继续调用一次 zp，结果如何？为什么？

_____

_____

_____

_____

_____

任务二　文件目录类命令的熟练使用

一、文件操作命令

接下来，我们需要学习文件创建、查看、复制、链接、移动、删除等操作。为了避免操作不当，破坏系统原有文件，建议读者在自行创建的文件上进行文件操作等相关实践。

（一）创建文件命令 touch（或 Vi/Vim、gedit）

在前面的章节中，我们至少介绍了三种创建文本文件的方法。我们既可以通过输出重定向创建文件，也可以通过输出重定向和输入重定向的组合创建文件，还可以通过 Vi 或者 Vim 等命令行编辑器或者 gedit 等 GUI 程序创建文件。

本小节重点介绍一个与创建文件存在一定关联的命令 touch。

命令功能：

touch 命令既可以用于创建空文件，也可以更改现有文件时间戳。这里所说的更改时间戳意味着更新文件和目录的访问以及修改时间。

命令语法：

touch [选项] [文件]

主要选项：该命令中，主要选项的含义如表 2-4 所示。

表 2-4　touch 命令主要选项的含义

选项	选项含义
-a	只更新访问时间
-m	只更新修改时间
-c	不创建新的文件
-t	使用指定时间，而不是使用当前时间
-r	把指定的文件或目录的日期和时间设置为与参考文件或目录的相应值相同

【实例 2-28】创建空文件。

使用 touch 命令可以根据给定的新文件名，创建空文件。执行如下命令。

```
[zp@ localhost ~]$ touch zp01.txt
[zp@ localhost ~]$ ls-l zp01.txt
[zp@ localhost ~]$ stat zp01.txt
```

执行效果如图 2-34 所示。使用 touch 命令创建空文件的应用场景较为广泛。例如，我们可以用它来创建空文件以用于文件的复制、移动、删除等操作。再如，我们可以用它来创建 README、NEWS、ChangeLog 等空白占位文件，这一操作在 Autotools 等工具中经常会用到。

本实例中，我们使用 stat 命令查看文件更详细的状态信息。本书中，为了降低初学者的学习难度，我们经常会将一些命令的用法放在实例或者综合案例中，供初学者选择性学习。

```
[zp@localhost ~]$ touch zp01.txt
[zp@localhost ~]$ ls -l zp01.txt
-rw-r--r--. 1 zp zp 0  6月 20 10:43 zp01.txt
[zp@localhost ~]$ stat zp01.txt
  文件:zp01.txt
  大小:0      块:0       IO 块:4096      普通空文件
设备: fd00h/64768d    Inode:1242991     硬链接 :1
权限:(0644/-rw-r--r--) Uid: ( 1000/   zp) Gid: ( 1000/
zp)
环境: unconfined_u:object_r:user_home_t:s0
最近访问: 2022-06-20 10:43:52.625151001 -0400
最近更改: 2022-06-20 10:43:52.625151001 -0400
最近改动: 2022-06-20 10:43:52.625151001 -0400
创建时间: 2022-06-20 10:43:52.625151001 -0400
```

图 2-34　创建空文件

【实例 2-29】 更新文件和目录的时间信息。

通过在 touch 命令中使用-m 选项，我们可以使用系统当前时间更新某个已经存在的文件或目录的修改时间。为了看到明显差异，在【实例 2-28】执行完后，请等待一定时间，再执行如下命令：

```
[zp@ localhost ~]$ touch-m zp01.txt
[zp@ localhost ~]$ stat zp01.txt
```

执行效果如图 2-35 所示。通过与图 2-34 对比，我们可以发现"最近更改"和"最近改动"两项发生了变化。

```
[zp@localhost ~]$ touch -m zp01.txt
[zp@localhost ~]$ stat zp01.txt
  文件:zp01.txt
  大小:0          块:0          IO 块:4096          普通空文件
设备: fd00h/64768d    Inode:1242991    硬链接 :1
权限:(0644/-rw-r--r--) Uid: ( 1000/    zp)  Gid: ( 1000/
zp)
环境: unconfined_u:object_r:user_home_t:s0
最近访问:2022-06-20 10:43:52.625151001 -0400
最近更改:2022-06-20 10:48:02.161372133 -0400
最近改动:2022-06-20 10:48:02.161372133 -0400
创建时间:2022-06-20 10:43:52.625151001 -0400
```

图 2-35　更新文件和目录的时间信息

【实例 2-30】 设定文件和目录的时间信息。

默认情况下，touch 命令使用系统当前时间来更新文件和目录的访问及修改时间。假设我们想要将其设定为特定的日期和时间，可以使用-t 选项来实现。

```
[zp@ localhost ~]$ touch-c-t 202811201234 zp01.txt    #指定了年、月、日和时间信息
[zp@ localhost ~]$ stat zp01.txt
```

执行效果如图 2-36 所示。本实例中，我们成功"穿越"到了 2028 年，并留下了访问记录。

```
[zp@localhost ~]$ touch -c -t 202811201234 zp01.txt
[zp@localhost ~]$ stat zp01.txt
  文件:zp01.txt
  大小:0          块:0          IO 块:4096          普通空文件
设备: fd00h/64768d    Inode:1242991    硬链接 :1
权限:(0644/-rw-r--r--) Uid: ( 1000/    zp)  Gid: ( 1000/
zp)
环境: unconfined_u:object_r:user_home_t:s0
最近访问:2028-11-20 12:34:00.000000000 -0500
最近更改:2028-11-20 12:34:00.000000000 -0500
最近改动:2022-06-20 11:04:39.431248876 -0400
创建时间:2022-06-20 10:43:52.625151001 -0400
```

图 2-36　设定文件和目录的时间信息

【实例 2-31】 创建具有特定时间记录信息的文件。

创建新文件 zp02.txt，其时间记录与 zp01.txt 中的部分时间记录相同。执行如下命令。

```
[zp@ localhost ~]$ touch-r zp01.txt zp02.txt
[zp@ localhost ~]$ stat zp02.txt
```

执行效果如图 2-37 所示。zp02.txt 是新创建的文件。通过查看文件的状态信息，并与【实例 2-30】的结果进行对比，可以发现两者时间记录的相同部分和不同部分。

```
[zp@localhost ~]$ touch -r zp01.txt zp02.txt
[zp@localhost ~]$ stat zp02.txt
  文件:zp02.txt
  大小:0          块:0          IO 块:4096          普通空文件
设备: fd00h/64768d    Inode:1242992      硬链接：1
权限:(0644/-rw-r--r--) Uid: ( 1000/   zp) Gid: ( 1000/
 zp)
环境: unconfined_u:object_r:user_home_t:s0
最近访问: 2028-11-20 12:34:00.000000000 -0500
最近更改: 2028-11-20 12:34:00.000000000 -0500
最近改动: 2022-06-20 11:04:55.002387475 -0400
创建时间: 2022-06-20 11:02:32.554119540 -0400
```

图 2-37　创建具有特定时间记息的文件

（二）查看文件内容命令 cat、**more**、**less**、**head**、**tail**

查看（文本）文件内容的命令比较多，典型的命令包括 cat、more、less、head、tail 等。cat 命令在之前的实例与综合案例中已经反复使用过，在此不再赘述。

more 和 less 命令适用于查看篇幅较大的文件。它们可以让用户以分页的形式查看文件内容，方便用户逐页阅读，这是它们与 cat 命令的最大区别之一。用户通常可以通过空格键、"PageDown"键或 "↓" 键向前翻页，也可以通过 "B" 键、"PageUp" 键或 "↑" 键向后翻页。less 命令出现的时间相对更晚，这让它有机会解决了 more 命令遇到的问题，因此业界流传着 "Less is more" 的说法。此外，它们还提供了搜索功能，有兴趣的读者可以自行研究。使用 more 或 less 命分页界面后，可以使用 "Q" 键退出该界面。

head 和 tail 命令分别可以显示文档的开始或者结束部分的几行内容。一般默认显示 10 行，我们也可以指定显示的行数。tail 命令通常用来查看日志文件。由于日志文件更新内容一般追加在文件的末尾，通过使用 tail-fzp. bg 可以即时输出文件更新部分的内容。

【实例 2-32】查看文件内容。

执行如下命令：

```
[zp@ localhost ~]$ man cat more less head tail > bigfile
[zp@ localhost ~]$ wc-l bigfile
```

执行效果如图 2-38 所示。第 1 条命令利用重定向创建一个内容较多的文件。第 2 条命令统计文件行数，所创建的 bigfile 文件内容接近 2500 行。

```
[zp@localhost ~]$ man cat more less head tail > bigfile
troff: <standard input>:860 warning [p 14, 8.2i]: cannot adjust li
ne
[zp@localhost ~]$  wc -l bigfile
2448 bigfile
```

图 2-38　创建实验文件

接下来，我们依次测试上述命令的使用。它们的用法都比较简单，最常用的用法是命令名称后面接指定的文件名。

```
[zp@ localhost ~]$ cat bigfile
[zp@ localhost ~]$ more bigfile
[zp@ localhost ~]$ less bigfile
[zp@ localhost ~]$ head-5 bigfile
[zp@ localhost ~]$ tail-5 bigfile
```

由于 cat、more、less 命令显示内容的篇幅较大，并且完整演示后两条命令还涉及前面提及的其他操作，因此不方便截图。head 和 tail 命令的执行效果如图 2-39 所示。head 和 tail 命令中，我们都使用了 "-5"，用于指定各显示 5 行内容（含空白行）。

```
[zp@localhost ~]$ head -5 bigfile
CAT(1)                    User Commands                    CAT(1)

NAME
 cat - concatenate files and print on the standard output
[zp@localhost ~]$ tail -5 bigfile
        utils/tail>
        or available locally via: info '(coreutils)tail invoca-
        tion'
GNU coreutils 8.32        August 2021                      TAIL(1)
```

图 2-39　使用 head 和 tail 命令查看文件内容

（三）文件复制命令 cp

命令功能：cp 命令用于复制文件或目录。若同时指定两个以上的文件或目录，且最后的目的地是一个已经存在的目录，则它会把前面指定的所有文件或目录复制到这个已存在的目录中。若同时指定两个以上的文件或目录，而目的地并非一个已经存在的目录，则会出现错误提示信息。

命令语法：

cp ［选项］ sourcedest

主要选项：该命令中，主要选项的含义如表 2-5 所示。

表 2-5　cp 命令主要选项的含义

选项	选项含义
-f	覆盖已经存在的目标文件而不给出提示
-i	与-f 选项相反，在覆盖目标文件之前给出提示，要求用户确认是否覆盖，回答 "y" 时目标文件将被覆盖
-p	除复制文件的内容外，还把修改时间和访问权限也复制到新文件中
-r	递归复制目录及其子目录内的所有内容
-1	不复制文件，只生成硬链接文件（HardLinkFile）
-s	只创建符号链接而不复制文件

【实例 2-33】复制文件。

复制文件 zp01.txt 到 zp01。若前面的实例已经完成，当前目录下存在一个名为 zp01.txt 的文件。执行如下命令：

[zp@ localhost ~]$ cp zp01.txt zp01

[zp@ localhost ~]$ ls-l zp01*

执行效果如图 2-40 所示。注意，zp01 的时间是当前系统的时间。那么，这里显示的 zp01.txt 的时间具体又是前面实例中的哪个时间呢？第 2 条命令中的 "＊" 是一种常用的通配符，代表任意长度的字符串。

```
[zp@localhost ~]$ cp zp01.txt zp01
[zp@localhost ~]$ ls -l zp01*
-rw-r--r--. 1 zp zp 0  6月 20 11:14 zp01
-rw-r--r--. 1 zp zp 0 11月 20  2028 zp01. txt
```

图 2-40　文件复制

【实例 2-34】复制文件且保留时间信息。

如果把修改时间等信息也复制到新文件中，此时需要使用-p 选项。执行如下命令：

```
[zp@ localhost ~]$ cp-p zp01.txt zp01p
[zp@ localhost ~]$ ls-1 zp01*
```

执行效果如图 2-41 所示。

```
[zp@localhost ~]$ cp -p zp01.txt zp01p
[zp@localhost ~]$ ls -l zp01*
-rw-r--r--. 1 zp zp 0 6月 20 11:14 zp01
-rw-r--r--. 1 zp zp 0 11月 20  2028 zp01p
-rw-r--r--. 1 zp zp 0 11月 20  2028 zp01.txt
```

图 2-41 文件复制且保留时间信息

【实例 2-35】同时复制多个文件到指定目录。

首先，使用 mkdir 创建目录 zpdir。

然后，将 3 个文件复制到该目录中。

执行如下命令：

```
[zp@ localhost ~]$ mkdir zpdir
[zp@ localhost ~]$ cp zp01 zp01.txt zp01p zpdir/
[zp@ localhost ~]$ ll zpdir/
[zp@ localhost ~]$ cp zp01 zp01.txt zp01p      #错误示例：zp01p 并不是目录
```

执行效果如图 2-42 所示。第 3 行命令中"ll"的功能与"ls-l"的功能基本类似。最后一行命令是一个错误示例

```
[zp@localhost ~]$ mkdir zpdir
[zp@localhost ~]$ cp zp01 zp01.txt zp01p zpdir/
[zp@localhost ~]$ ll zpdir/
总用量 0
-rw-r--r--. 1 zp zp 0 6月 20 11:24 zp01
-rw-r--r--. 1 zp zp 0 6月 20 11:24 zp01p
-rw-r--r--. 1 zp zp 0 6月 20 11:24 zp01.txt
[zp@localhost ~]$ cp zp01 zp01.txt zp01p
cp: 目标 'zp01p' 不是目标
```

图 2-42 同时复制多个文件到指定目录

【实例 2-36】复制目录。

目录是一类特殊的文件，因此许多文件命令也可以用于目录操作，这其中就包括 cp 命令。本实例将演示如何将目录 zpdir 复制到目录 zpdir01。完成【实例 2-35】后，当前目录下存在一个名为 zpdir 的目录。执行如下命令：

```
[zp@ localhost ~]$cp zpdir/ zpdir01      #错误示例：复制目录时没有使用-r 选项
[zp@ localhost ~]$ cp-r zpdir/ zpdir01
[zp@ localhost ~]$ 11 zpdir01/
```

执行效果如图 2-43 所示。注意，第 1 条命令在执行过程中会出现提示。因为复制的是目录，需要使用-r 选项。在图 2-43 中，编者故意将第 2 条命令中的"-r"调整到了最后，结果是一样的。读者可以将本实例第 3 条命令的输出结果与【实例 2-35】的结果进行对比，以比较 zpdir 和 zpdir01 两个目录中的内容。

```
[zp@localhost ~]$ cp zpdir/ zpdiro1
cp:未指定 -r; 略过目录'zpdir/'
[zp@localhost ~]$ cp zpdir/ zpdiro1 -r
[zp@localhost ~]$ ll zpdiro1/
总用量 0
-rw-r--r--. 1 zp zp 0  6月 20 11:37 zp01
-rw-r--r--. 1 zp zp 0  6月 20 11:37 zp01p
-rw-r--r--. 1 zp zp 0  6月 20 11:37 zp01.txt
```

图 2-43　目录复制

【实例 2-37】复制链接文件。

链接文件可以进一步分为硬链接文件和软链接文件两种，后者又称为符号链接文件。软链接与 Windows 操作系统中的快捷方式有点类似，它给文件或目录创建了一个快速的访问路径。硬链接即给源文件的 inode 分配多个文件名，然后我们可以通过任意一个文件名找到源文件的 inode，从而读取到源文件的信息。使用-l 可以创建硬链接文件，使用-s 可以创建软链接文件。执行如下命令：

```
[zp@ localhost ~]$ cp-l zp01.txt linkhard01
[zp@ localhost ~]$ cp-s zp01.txt linksoft01
[zp@ localhost ~]$ ll link*
```

执行效果如图 2-44 所示。细心的读者可以发现，两种链接文件的"ll"命令显示结果存在较大的差异。前者被识别成链接文件（"l"），而后者被识别成普通文件（"-"）。读者可以使用 file 命令进一步查看并比较差异。关于链接文件，后面还会介绍一个新的命令。

```
[zp@localhost ~]$ cp -l zp01.txt linkhard01
[zp@localhost ~]$ cp -s zp01.txt linksoft01
[zp@localhost ~]$ ll link*
lrwxrwxrwx. 1 zp zp 8  6月 21 03:59 linkhard01 -> zp01.txt
-rw-r--r--. 2 zp zp 0 11月 20  2028 linksoft01
```

图 2-44　复制链接文件

（四）文件链接命令 ln

命令功能：使用 ln 命令可以创建链接文件（包括软链接文件和硬链接文件）。

命令语法：

ln [选项] … [-T] TARGETLINK_NAME。

主要选项：该命令中，主要选项的含义如表 2-6 所示。

表 2-6　ln 命令主要选项的含义

选项	选项含义	选项	选项含义
（空）	创建硬链接文件	-s	创建软链接文件

【实例 2-38】创建链接文件。

本实例中，我们将为文件 zp01.txt 分别创建硬链接文件 linkhard02 和软链接文件 linksoft02。执行如下命令：

```
[zp@ localhost ~]$ ls-il zp01.txt
[zp@ localhost ~]$ ln zp01.txt linkhard02
[zp@ localhost ~]$ ls-il linkhard02
[zp@ localhost ~]$ ln-s zp01.txt linksoft02
[zp@ localhost ~]$ ls-il linksoft02
```

执行效果如图 2-45 所示。本实例中，我们在 ls 命令中使用了 -il 的选项，以显示文件的 inode 编号信息。通过对比，读者不难发现 zp01.txt、linkhard02 和 linksoft02 这三个文件 inode 编号的关系。

```
[zp@localhost ~]$ ls -il zp01.txt
1242991 -rw-r--r--. 2 zp zp 0 11月 20 2028 zp01.txt
[zp@localhost ~]$ ln zp01.txt linkhard02
[zp@localhost ~]$ ls -it linkhard02
1242991 -rw-r--r--. 3 zp zp 0 11月 20 2028 linkhard02
[zp@localhost ~]$ ln -s zp01.txt linksoft02
[zp@localhost ~]$ ls -it linksoft02
1410907 lrwxrwxrwx. 1 zp zp 8 6月 21 04:01 linksoft02 -> zp01.txt
```

图 2-45　创建链接文件

【实例 2-39】创建指向目录的链接文件。

创建链接文件 linkyum，指向/etc/yum 目录，然后通过 linkyum 可以直接访问/etc/yum 目录中的内容。执行如下命令：

```
[zp@ localhost ~]$ ls /etc/yum
[zp@ localhost ~]$ ln-s /etc/yum linkyum
[zp@ localhost ~]$ ls-l linkyum
[zp@ localhost ~]$ ls linkyum
[zp@ localhost ~]$ cd linkyum/
[zp@ localhost linkyum]$ pwd
[zp@ localhost linkyum]$ ls
```

执行效果如图 2-46 所示。读者注意比较第 3 条和第 4 条命令的差别。在第 5 条命令中，我们使用创建的链接文件 linkyum 代替/etc/yum 作为 cd 的参数，可以达到切换到/etc/yum 目录的目的。

```
[zp@localhost ~]$ ls /etc/yum
pluginconf.d protected.d vars
[zp@localhost ~]$ ln -s /etc/yum linkyum
[zp@localhost ~]$ ls -l linkyum
lrwxrwxrwx. 1 zp zp 8  6月 21 04:17 linkyum -> /etc/yum
[zp@localhost ~]$ ls linkyum
pluginconf.d protected.d vars
[zp@localhost ~]$ cd linkyum/
[zp@localhost linkyum]$ pwd
/home/zp/linkyum
[zp@localhost linkyum]$ ls
pluginconf.d protected.d vars
```

图 2-46　创建指向目录的链接文件

（五）文件移动命令 mv

命令功能：mv 命令是 move 的简写。用户可以使用 mv 命令将文件或目录移入其他位置，也可以使用 mv 命令将文件或目录重命名。

命令语法：

mv ［选项］［源文件 | 目录］［目标文件 | 目录］

主要选项：该命令中，主要选项的含义如表 2-7 所示。

表 2-7 mv 命令主要选项的含义

选项	选项含义	选项	选项含义
-f	覆盖前不询问	-b	若需覆盖文件，则覆盖前进行备份
-i	覆盖前询问	-v	显示详细的步骤

【实例 2-40】文件重命名。

将 zp01.txt 重命名为 zp01.newname。若已经完成了本章前面的实例，当前目录下存在一个名为 zp01.txt 的文件。执行如下命令：

```
[zp@ localhost ~]$ ls zp01*
[zp@ localhost ~]$ mv zp01.txt zp01.newname
[zp@ localhost ~]$ ls zp01*
```

执行效果如图 2-47 所示。比较第 1 条和第 3 条命令的输出结果，可以发现原来的 zp01.txt 被成功重命名为 zp01.newname。

```
[zp@localhost ~]$ ls zp01*
zp01   zp01p zp01.txt
[zp@localhost ~]$ mv zp01.txt zp01.newname
[zp@localhost ~]$ ls zp01*
zp01   zp01p        zp01.newname
```

图 2-47 使用 mv 实现文件重命名

【实例 2-41】移动文件并重命名文件夹。

若已完成本章前面的实例，当前目录下存在一个名为 zp01.newname 的文件和一个名为 zpdir01 的目录。执行如下命令：

```
[zp@ localhost ~]$ ls zpdir01/
[zp@ localhost ~]$ mv zp01.newname zpdir01/
[zp@ localhost ~]$ ls zp01.newname
[zp@ localhost ~]$ ls zpdir01/
[zp@ localhost ~]$ mv zpdir01 zpdir02
[zp@ localhost ~]$ ls zpdir02/
```

执行效果如图 2-48 所示。第 2 条命令将当前目录下的 zp01.newname 文件移动到 zpdir01 目录。比较第 1 条和第 4 条命令的输出结果，可以发现原来的 zp01.newname 被成功移动到 zpdir01 目录。第 3 条命令也证实当前目录下原有的 zp01.newname 已经不存在（被移走）。第 5 条命令将 zpdir01 目录重命名为 zpdir02。

```
[zp@localhost ~]$ ls zpdir01/
zp01   zp01p  zp01.txt
[zp@localhost ~]$ mv zp01.newname zpdir01/
[zp@localhost ~]$ ls zp01.newname
ls: 无法访问 'zp01.newname': 没有那个文件或目录
[zp@localhost ~]$ ls zpdir01/
zp01  zp01.newname  zp01p  zp01.txt
[zp@localhost ~]$ mv zpdir01 zpdir02
[zp@localhost ~]$ ls zpdir02
zp01  zp01.newname  zp01p  zp01.txt
```

图 2-48 移动文件并重命名文件夹

【实例 2-42】移动文件并提示是否覆盖同名文件。

若已完成本章前面的实例，当前目录和 zpdir02 目录下分别存在一个名为 zp01 的文件，并假定两个 zp01 文件都保存了重要资料，且内容各不相同。如果我们直接执行 mv 命令，将当前目录下的 zp01 文件移动到 zpdir02 目录下，会导致 zpdir02 目录中原有的 zp01 文件丢失。因此，移动文件之前判断目标目录中是否存在同名文件是一个比较好的习惯。这个判断可以通过在 mv 命令中增加-i 实现。之后，一旦遇到同名文件，将提示是否覆盖，此时用户可以输入"n"，放弃移动操作；如果用户输入"y"，将继续移动，有文件。执行如下命令：

```
[zp@ localhost ~]$ ls zp01
[zp@ localhost ~]$ ls zpdir02/zp01
[zp@ localhost ~]$ mv-i zp01 zpdir02/
[zp@ localhost ~]$ mv-i zp01 zpdir02/
```

执行效果如图 2-49 所示。前两条命令证实两个 zp01 文件同时存在于相应位置。后面两条命令相同，它们都将就是否覆盖同名文件给出提示。我们在第 3 条命令提示信息后输入"n"表示放弃移动。此时，两个 zp01 文件仍然存在于各自原来的位置。我们在第 4 条命令提示信息后输入"y"，此时 zpdir02 目录下原有的 zp01 文件将被新移入的 zp01 文件覆盖。

```
[zp@localhost ~]$ ls zp01
zp01
[zp@localhost ~]$ ls zpdir02/zp01
zpdir02/zp01
[zp@localhost ~]$ mv -i zp01 zpdir02/
mv: 是否覆盖'zpdir02/zp01'? n
[zp@localhost ~]$ mv -i zp01 zpdir02/
mv: 是否覆盖'zpdir02/zp01'? y
```

图 2-49 移动文件并提示是否覆盖同名文件

【实例 2-43】覆盖同名文件之前备份。

用户也可以选择在使用 mv 命令覆盖同名文件之前进行简单备份，这一操作可以通过在 mv 命令中增加-b 选项实现。通过在 mv 命令中增加-v 选项，还可以显示 mv 操作的详细信息。若已完成本章前面的实例，当前目录下存在名为 zp01p 和 zp02.txt 的两个文件，在 zpdir02 目录下存在一个 zp01p 文件，但没有 zp02.txt 文件。执行如下命令：

```
[zp@ localhost ~]$ ls zp0*
[zp@ localhost ~]$ ls zpdir02/
[zp@ localhost ~]$ mv-bv zp01p zp02.txt zpdir02/
[zp@ localhost ~]$ ls zp0*
[zp@ localhost ~]$ ls zpdir02/
```

执行效果如图 2-50 所示。前两条命令证实前述各个文件存在于指定位置。第 3 条命令用于将当前目录下的 zp01p 和 zp02.txt 两个文件移动到 zpdir02 目录下。第 3 条命令中使用了-b 和-v 两个选项，前者使得存在同名文件时进行自动备份操作，后者用提示信息详细描述了整个备份过程。第 4

```
[zp@localhost ~]$ ls zp0*
zp01p zp02.txt
[zp@localhost ~]$ ls zpdir02/
zp01  zp01.newname zp01p zp01.txt
[zp@localhost ~]$ mv -bv zp01p zp02.txt zpdir02/
已重命名'zp01p'->'zpdir02/zp01p'(备份:'zpdir02/zp01p~')
已重命名'zp02.txt'-> 'zpdir02/zp02.txt'
[zp@localhost ~]$ ls zp0*
ls: 无法访问 'zp0*': 没有那个文件或目录
[zp@localhost ~]$ ls zpdir02/
zp01 zp01.newname zp01p zp01p~  zp01.txt  zp02.txt
```

图 2-50 覆盖同名文件之前备份

条命令的输出结果证实当前目录下原有的两个文件已经不存在（被移走）。第 5 条命令的输出结果表明 zpdir02 目录下不仅存在移入的文件，还存在一个同名文件的备份文件 zp01p~。

（六）文件删除命令 rm

命令功能：rm 命令用于删除文件或者目录。rm 命令可以删除一个目录下的多个文件或者目录，也可以将某个目录及其下的所有子文件全部删除。

命令语法：

`rm [选项] [文件 | 目录]`

主要选项：该命令中，主要选项的含义如表 2-8 所示。

表 2-8 rm 命令主要选项的含义

选项	选项含义
-i	删除文件或者目录时提示用户
-f	删除文件或者目录时不提示用户
-r	递归地删除目录，包含目录下的文件或者各级目录

【实例 2-44】删除文件之前进行确认。

若已完成本章前面的实例，当前目录的 zpdir02 子目录下存在与编者当前机器中类似的多个文件。执行如下命令：

```
[zp@ localhost ~]$ ls zpdir02/
[zp@ localhost ~]$ rm-i zpdir02/zp01*
[zp@ localhost ~]$ ls zpdir02/
[zp@ localhost ~]$ rm zpdir02/zp02.txt
[zp@ localhost ~]$ ls zpdir02/
```

执行效果如图 2-51 所示。第 1 条命令用于查看 zpdir02 目录下的现有文件列表。第 2 条命令中使用了通配符"*"以匹配所有以 zp01 开头的文件；第 2 条命令中还使用了"-i"选项，以方便用户对是否删除特定文件做出选择。实际执行中，我们对其中 3 个文件输入"y"，而对另外两个文件输入"n"。第 3 条命令的输出结果证实文件删除操作与我们的选择一致。第 4 条命令中没有使用通配符和"-i"选项，该文件将直接被删除。第 5 条命令用于查看文件删除后的结果，我们可以发现 zp02.txt 已经消失。

```
[zp@localhost ~]$ ls zpdir02/
zp01  zp01.newname  zp01p  zp01p~  zp01.txt  zp02.txt
[zp@localhost ~]$ rm -i zpdir02/zp01*
rm: 是否删除普通空文件 'zpdir02/zp01'? y
rm: 是否删除普通空文件 'zpdir02/zp01.newname'? n
rm: 是否删除普通空文件 'zpdir02/zp01p'? y
rm: 是否删除普通空文件 'zpdir02/zp01p~'? n
rm: 是否删除普通空文件 'zpdir02/zp01.txt'? y
[zp@localhost ~]$ ls zpdir02/
zp01.newname  zp01p~  zp02.txt
[zp@localhost ~]$ rm zpdir02/zp02.txt
[zp@localhost ~]$ ls zpdir02/
zp01.newname  zp01p~
```

图 2-51 删除文件之前进行确认

【实例 2-45】删除目录。

目录是一类特殊的文件，rm 命令也可以用来删除目录，删除目录时需要使用-r 选项。若已完成本章前面的实例，当前目录下存在一个名为 zpdir02 的目录。执行如下命令：

```
[zp@ localhost ~]$ ls zpdir02/
[zp@ localhost ~]$ rm zpdir02/
[zp@ localhost ~]$ rm-r zpdir02/
[zp@ localhost ~]$ ls zpdir02/
```

执行效果如图 2-52 所示。第 2 条命令中，我们在删除目录时没有添加-r 选项，此时将提示无法删除。第 3 条命令对此进行了修正。相对于上述命令，在图 2-52 中，我们故意更改了"-r"的位置，结果并无变化。第 4 条命令证实该目录已经被删除。

```
[zp@localhost ~]$ ls zpdir02/
zp01.newname  zp01p~
[zp@localhost ~]$ rm zpdir02/
rm: 无法删除 'zpdir02/': 是一个目录
[zp@localhost ~]$ rm zpdir02/ -r
[zp@localhost ~]$ ls zpdir02/
ls: 无法访问 'zpdir02/': 没有那个文件或目录
```

图 2-52　删除目录

目录中可能存在很多文件，用户如果希望删除其中某几个文件，保留其他文件，此时可以使用-i 选项，以交互方式删除目录，以便在删除文件之前进行确认。若已完成本章前面的实例，当前目录下存在一个名为 zpdir 的目录。执行如下命令：

```
[zp@ localhost ~]$ ls zpdir/
[zp@ localhost ~]$ rm-ri zpdir/
[zp@ localhost ~]$ ls zpdir/
[zp@ localhost ~]$ rm-r zpdir/
[zp@ localhost ~]$ ls zpdir/
```

执行效果如图 2-53 所示。

```
[zp@localhost ~]$ ls zpdir/
zp01  zp01p  zp01.txt
[zp@localhost ~]$ rm -ri zpdir/
rm: 是否进入目录 'zpdir/'? y
rm: 是否删除普通空文件  'zpdir/zp01'? n
rm: 是否删除普通空文件  'zpdir/zp01.txt'? y
rm: 是否删除普通空文件  'zpdir/zp01p'? n
rm: 是否删除目录 'zpdir/'? n
[zp@localhost ~]$ ls zpdir/
zp01  zp01p
[zp@localhost ~]$ rm -r zpdir/
[zp@localhost ~]$ ls zpdir/
ls: 无法访问 'zpdir/': 没有那个文件或目录
```

图 2-53　以交互方式删除目录

【实例 2-46】强制删除文件或目录。

一般情况下，要删除的文件或者目录应当存在，否则会提示没有文件或目录。如果添加-f 选项，则不管有没有文件或者目录都立即执行删除操作。若已完成本章前面的实例，当前目录下并没有一个名为 zpdir02 的文件或者目录。执行如下命令：

```
[zp@ localhost ~]$ ls zpdir02
[zp@ localhost ~]$ rm-r zpdir02
```

```
[zp@ localhost ~]$ rm-rf zpdir02
```

执行效果如图 2-54 所示。第 1 条命令证实该文件或目录已经不存在，第 2 条命令证实删除一个不存在的文件或目录会报错，而第 3 条命令并没有报错。

```
[zp@localhost ~]$ ls zpdir02
ls: 无法访问 'zpdir02': 没有那个文件或目录
[zp@localhost ~]$ rm -r zpdir02
rm: 无法删除 'zpdir02': 没有那个文件或目录
[zp@localhost ~]$ rm -rf zpdir02
[zp@localhost ~]$
```

图 2-54　强制删除文件或目录

二、目录操作命令

目录也是一种文件类型，前面介绍的文件操作命令，通常也可以用于目录。下面介绍的是一些目录专用的操作命令，如改变当前工作目录命令 cd、查看当前工作目录命令 pwd、创建目录命令 mkdir、列出目录内容命令 ls、删除目录命令 rmdir 等。

（一）改变和查看当前工作目录命令 cd 和 pwd

改变当前工作目录可以使用 cd 命令，cd 命令的常用格式为"cd［目录］"。命令中的目录参数可以是当前路径下的目录，也可以是其他位置的目录。对于其他位置的目录，我们需要给定详细的路径。

描述相对路径有三个比较常见的符号，读者需要掌握。

（1）当前目录，用"."表示。

（2）当前目录的父目录，用".."表示。

（3）当前用户的主目录，用"~"表示。

查看当前工作目录可以使用 pwd 命令。用户在使用 Linux 过程中，经常需要在不同的目录之间切换。随着时间的推移，用户甚至可能会忘记当前的工作目录，这时可以用 pwd 命令查看。

【实例 2-47】使用绝对路径进行目录切换。

执行如下命令：

```
[zp@ localhost ~]$ pwd
[zp@ localhost ~]$ cd /boot/
[zp@ localhost boot]$ pwd
[zp@ localhost boot]$ cd /dev/
[zp@ localhost dev]$ pwd
[zp@ localhost dev]$ cd /home/zp/
[zp@ localhost ~]$ pwd
```

执行效果如图 2-55 所示。本实例中，我们使用的路径都是绝对路径。每次使用 cd 进行目录切换后，我们都使用 pwd 查看当前工作目录。细心的读者会发现"$"之前的内容会随着目录更改发生相应的变化，不过这里显示的不是完整的路径。在部分 Linux 发行版（如 Ubuntu）中，默认会在该位置以绝对路径或者"~"的形式显示当前工作目录。

```
[zp@localhost ~]$ pwd
/home/zp
[zp@localhost ~]$ cd /boot/
[zp@localhost boot]$ pwd
/boot
[zp@localhost boot]$ cd /dev/
[zp@localhost dev]$ pwd
/dev
[zp@localhost dev]$ cd /home/zp
[zp@localhost ~]$ pwd
/home/zp
```

图 2-55　使用绝对路径进行目录切换

【实例 2-48】使用相对路径进行目录切换。

假定读者当前的目录是自己的主目录/home/zp。

执行如下命令：

```
[zp@ localhost ~]$ pwd
[zp@ localhost ~]$ cd../../etc/
[zp@ localhost etc]$ pwd
[zp@ localhost etc]$ cd ~
[zp@ localhost ~]$ pwd
```

执行效果如图 2-56 所示。本实例中，我们使用的路径都是相对路径。每次使用 cd 进行目录切换后，我们都使用 pwd 查看当前工作目录。其中第 4 条命令直接将目录切换到用户主目录，它还可以简写成"cd"。

```
[zp@localhost ~]$ pwd
/home/zp
[zp@localhost ~]$ cd ../../etc
[zp@localhost etc]$ pwd
/etc
[zp@localhost etc]$ cd ~
[zp@localhost ~]$ pwd
/home/zp
```

图 2-56　使用相对路径进行目录切换

（二）创建目录命令 mkdir

命令功能：mkdir 命令用来创建指定名称的目录，要求创建目录的用户在当前目录中具有写权限，并且指定的目录不能是当前目录中已有的目录。

命令语法：

mkdir [选项] 目录

主要选项：该命令中，主要选项的含义如表 2-9 所示。

表 2-9　mkdir 命令主要选项的含义

选项	选项含义
-m、-mode	设置权限模式（类似于 chmod）
-p、-parents	此时若路径中的某些目录尚不存在，加上此选项后，系统将自动创建好那些尚不存在的目录，即一次可以创建多个目录
-v、-verbose	每次创建新目录都显示信息
-version	输出版本信息并退出

【实例 2-49】 创建和使用新目录。

本实例演示如何创建和使用新目录。执行如下命令：

```
[zp@ localhost ~]$ pwd
[zp@ localhost ~]$ mkdir zpdir11
[zp@ localhost ~]$ cd zpdir11/
[zp@ localhost zpdir11]$ pwd
[zp@ localhost zpdir11]$ mkdir../zpdir12
[zp@ localhost zpdir11]$ cd../zpdir12
[zp@ localhost zpdir12]$ pwd
```

执行效果如图 2-57 所示。本实例中，我们创建了 zpdir11 和 zpdir12 两个目录，它们都位于用户主目录下。为了让过程变得更复杂，我们中途更改了工作目录，并且使用了相对路径来创建指定目录。

```
[zp@localhost ~]$ pwd
/home/zp
[zp@localhost ~]$ mkdir zpdir11
[zp@localhost ~]$ cd zpdir11/
[zp@localhost zpdir11]$ pwd
/home/zp/zpdir11
[zp@localhost zpdir11]$ mkdir ../zpdir12
[zp@localhost zpdir11]$ cd ../zpdir12
[zp@localhost zpdir12]$ pwd
/home/zp/zpdir12
```

图 2-57　创建和使用新目录

【实例 2-50】 递归地创建多级目录。

本实例演示如何递归地创建多级目录。执行如下命令：

```
[zp@ localhost zpdir12]$ cd
[zp@ localhost ~]$ mkdir zpdir21/zpdir22/zpdir23-pv
[zp@ localhost ~]$ cd zpdir21/zpdir22/zpdir23/
[zp@ localhost zpdir23]$ pwd
[zp@ localhost zpdir23]$ cd
```

执行效果如图 2-58 所示。第 1 条和第 5 条命令用来将工作目录切换到用户的主目录。第 2 条命令中，选项"-v"用以在创建新目录时显示提示信息，选项"-p"用以递归地创建多级嵌套的目录。第 3 条、第 4 条命令将工作目录切换到新创建的目录，并查看切换结果。

```
[zp@localhost zpdir12]$ cd
[zp@localhost ~]$ mkdir zpdir21/zpdir22/zpdir23 -pv
mkdir: 已创建目录 'zpdir21'
mkdir: 已创建目录 'zpdir21/zpdir22'
mkdir: 已创建目录 'zpdir21/zpdir22/zpdir23'
[zp@localhost ~]$ cd zpdir21/zpdir22/zpdir23
[zp@localhost zpdir23]$ pwd
/home/zp/zpdir21/zpdir22/zpdir23
[zp@localhost zpdir23]$ cd
[zp@localhost ~]$
```

图 2-58　递归地创建多级目录

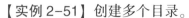

【实例 2-51】创建多个目录。

一次创建多个目录的最直接方法，就是在 mkdir 后面给出待创建的多个目录的名称。执行如下命令。

```
[zp@ localhost ~]$ mkdir zpdir41
[zp@ localhost ~]$ cd zpdir41/
[zp@ localhost zpdir41]$ mkdir test1 test2 test3 test4
[zp@ localhost zpdir41]$ ls
[zp@ localhost zpdir41]$ cd ~
```

执行效果如图 2-59 所示。为了避免与前面实例创建的目录产生干扰，我们首先创建一个 zpdir41 目录（第 1 条命令），然后进入该目录（第 2 条命令），并在其中创建四个以 test 开头的目录（第 3 条命令）。第 4 条命令 ls 用于查看这四个新目录是否创建成功。

```
[zp@localhost ~]$ mkdir zpdir41
[zp@localhost ~]$ cd zpdir41/
[zp@localhost zpdir41]$ mkdir test1 test2 test3 test4
[zp@localhost zpdir41]$ ls
test1 test2 test3 test4
[zp@localhost zpdir41]$ cd ~
[zp@localhost ~]$
```

图 2-59　创建多个目录

【实例 2-52】批量创建目录。

除了【实例 2-51】的方法之外，我们还可以按照如下方法批量创建数量较多的目录。执行如下命令：

```
[zp@ localhost ~]$ mkdir zpdir42
[zp@ localhost ~]$ cd zpdir42/
[zp@ localhost zpdir42]$ mkdir-v zp {1..10}
[zp@ localhost zpdir42]$ ls
[zp@ localhost zpdir42]$ cd
```

执行效果如图 2-60 所示。与【实例 2-51】类似，我们首先创建了 zpdir42 目录，并在 zpdir42 目录下创建了 10 个以 zp 开头的目录。

```
[zp@localhost ~]$ mkdir zpdir42
[zp@localhost ~]$ cd zpdir42/
[zp@localhost zpdir42]$ mkdir -v zp{1..10}
mkdir: 已创建目录 'zp1'
mkdir: 已创建目录 'zp2'
mkdir: 已创建目录 'zp3'
mkdir: 已创建目录 'zp4'
mkdir: 已创建目录 'zp5'
mkdir: 已创建目录 'zp6'
mkdir: 已创建目录 'zp7'
mkdir: 已创建目录 'zp8'
mkdir: 已创建目录 'zp9'
mkdir: 已创建目录 'zp10'
[zp@localhost zpdir42]$ ls
zp1 zp10 zp2 zp3 zp4 zp5 zp6 zp7 zp8 zp9
[zp@localhost zpdir42]$ cd
[zp@localhost ~]$
```

图 2-60　批量创建目录

（三）列出目录内容命令 ls

命令功能：ls 命令用来列出目录下的文件或者目录等。ls 是英文单词 list 的简写，它是用户最常用的命令之一，因为用户要不时地查看某个目录的内容。该命令类似于 DOS 中的 dir 命令。对于每个目录，该命令将列出其中所有的子目录与文件。

命令语法：

ls [选项] [目录或文件]。

主要选项：该命令中，主要选项的含义如表 2-10 所示。

表 2-10 ls 命令主要选项的含义

选项	选项含义
-a	显示所有文件及目录
-A	显示除 "." 和 ".." 以外的所有文件列表
-l	显示文件的详细信息

【实例 2-53】显示指定目录下的内容。

执行如下命令：

```
[zp@ localhost~]$ ls /
[zp@ localhost~]$ ls /-a
[zp@ localhost~]$ ls /-A
[zp@ localhost~]$ ls /-l
```

执行效果如图 2-61 所示。ls 默认显示当前目录下的内容，本实例中我们使用该命令查看根目录 "/" 下的内容。剩余 3 条命令中的选项的含义如表 3-9 所示。由于 ls 命令在之前的实例中已经多次出现，这里不做过多展开。

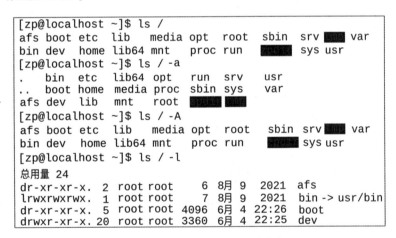

图 2-61 显示指定目录下的内容

（四）删除目录命令 rmdir 和 rm

命令功能：rmdir 用于删除目录，但是 rmdir 只能删除空目录。如果用 rmdir 删除非空目录，就会报错。与 mkdir 命令一样，删除某目录时也必须具有对其父目录的写权限。

命令语法：

rmdir [选项] [目录名]

主要选项：该命令中，主要选项的含义如表 2-11 所示。

表 2-11　rmdir 命令主要选项的含义

选项	选项含义
-p	递归地删除目录。删除目录后，若该目录的父目录变成空目录，则将其一并删除
-v	显示命令的详细执行过程

【实例 2-54】删除空目录。

若已完成本章前面的实例，那么用户的主目录下应当存在 zpdir11 和 zpdir12 两个空目录。执行如下命令：

```
[zp@ localhost ~]$ ls zpdir11/
[zp@ localhost ~]$ ls zpdir12/
[zp@ localhost ~]$ rmdir zpdir11/ zpdir12/
[zp@ localhost ~]$ file zpdir11
[zp@ localhost ~]$ file zpdir12
```

执行效果如图 2-62 所示。第 1 条和第 2 条命令确认目录 zpdir11 和 zpdir12 存在，并且都是空目录。第 3 条命令直接删除目录 zpdir11 和 zpdir12。第 4 条和第 5 条命令确认目录 zpdir11 和 zpdir12 已经被删除。

```
[zp@localhost ~]$ ls zpdir11/
[zp@localhost ~]$ ls zpdir12/
[zp@localhost ~]$ rmdir zpdir11/ zpdir12
[zp@localhost ~]$ file zpdir11
zpdir11: cannot open 'zpdir11'(No such file or directory)
[zp@localhost ~]$ file zpdir12
zpdir12: cannot open 'zpdir12'(No such file or directory)
```

图 2-62　删除空目录

【实例 2-55】删除非空目录。

若已完成本章前面的实例，那么用户的主目录下应当存在 zpdir41 这个非空目录。执行如下命令：

```
[zp@ localhost ~]$ ls zpdir41/
[zp@ localhost ~]$ rmdir zpdir41
[zp@ localhost ~]$ rm-r zpdir41
[zp@ localhost ~]$ file zpdir41
```

执行效果如图 2-63 所示。第 1 条命令确认目录 zpdir41 存在，并且是非空目录。第 2 条命令使用 rmdir 删除目录 zpdir41，提示删除失败。第 3 条命令使用 rm 删除目录 zpdir41，成功。第 4 条命令确认目录 zpdir41 已经被删除。

```
[zp@localhost ~]$ ls zpdir41/
test1 test2 test3 test4
[zp@localhost ~]$ rmdir zpdir41
rmdir: 删除 'zpdir41' 失败：目录非空
[zp@localhost ~]$ rm -r zpdir41
[zp@localhost ~]$ file zpdir41
zpdir41: cannot open 'zpdir41'(No such file or directory)
```

图 2-63　删除非空目录

【实例 2-56】递归地删除多级空目录。

若已完成本章前面的实例，那么用户的主目录下应当存在一个递归地创建的多级空目录 zpdir21/zpdir22/zpdir23。使用-pv，可以删除多级空目录。当删除子目录后父目录为空时，则会将父目录一起删除。执行如下命令：

```
[zp@ localhost ~]$ ls zpdir21/zpdir22/zpdir23/
[zp@ localhost ~]$ rmdir-pv zpdir21/zpdir22/zpdir23/
[zp@ localhost ~]$ ls zpdir21
```

执行效果如图 2-64 所示。第 1 条命令确认目录 zpdir2l/zpdir22/zpdir23/存在。第 2 条命令使用 rmdir 删除该目录，选项 "-p" 表示递归地删除多级空目录，选项 "-v" 表示删除目录时显示执行过程信息。第 3 条命令确认目录 zpdir21 已经被删除。

```
[zp@localhost ~]$ ls zpdir21/zpdir22/zpdir23/
[zp@localhost ~]$ rmdir -pv zpdir21/zpdir22/zpdir23/
rmdir: 正在删除目录, 'zpdir21/zpdir22/zpdir23/'
rmdir: 正在删除目录, 'zpdir21/zpdir22/'
rmdir: 正在删除目录, 'zpdir21'
[zp@localhost ~]$ ls zpdir21
ls: 无法访问 'zpdir21': 没有那个文件或目录
```

图 2-64　递归地删除多级空目录

【实例 2-57】批量删除符合规则的空目录。

若已完成本章前面的实例，那么用户的主目录下应当存在 zpdir42 这个非空目录，该目录中存在 10 个以 zp 开头的空目录。本实例能批量删除这些目录，执行如下命令：

```
[zp@ localhost ~]$ ls zpdir42/
[zp@ localhost ~]$ rmdir zpdir42/zp {1..10}
[zp@ localhost ~]$ ls zpdir42/
[zp@ localhost ~]$ rmdir zpdir42/
```

执行效果如图 2-65 所示。第 1 条命令确认目录 zpdir42 中存在这 10 个以 zp 开头的目录。第 2 条命令使用 rmdir 批量删除这 10 个目录。第 3 条命令确认这 10 个目录已经被删除，zpdir42 此时已经为空。第 5 条命令删除目录 zpdir42。

```
[zp@localhost ~]$ ls zpdir42/
zp1 zp10 zp2 zp3 zp4 zp5 zp6 zp7 zp8 zp9
[zp@localhost ~]$ rmdir zpdir42/zp{1..10}
[zp@localhost ~]$ ls zpdir42/
[zp@localhost ~]$
[zp@localhost ~]$ rmdir zpdir42/
```

图 2-65　批量删除符合规则的空目录

（五）文件归档命令 tar

GNU tar 是 Linux 中最常用的归档程序，它可以将许多文件一起保存到一个文件中。tar 本身不具有压缩功能，只是对文件集进行归档，即文件没有真正进行压缩打包。但是，它提供了压缩选项，可以调用其他压缩程序完成压缩功能。一些常用的 tar 命令主要选项的含义如表 2-12 所示。

表 2-12　tar 命令主要选项的含义

选项	选项含义	选项	选项含义
-c	创建新的归档文件	-j	通过 bzip2 来进行归档压缩
-f	要操作的文件名	-C	解压文件至指定的目录
-x	提取文件	-v	显示详细的 tar 处理的文件信息
-z	通过 gzip 来进行归档压缩		

常见的归档文件的压缩格式有 GZ 和 BZ2 两种。

tar 命令中使用-z，可以自动调用 gzip 程序创建归档压缩文件。一般将使用 gzip 压缩的文件扩展名设置成 "gz"，以方便用户识别。以 ".gz" 作为扩展名的文件在进行文件提取时使用-z，系统会自动调用 gzip 完成解压。

tar 命令中使用-j，可以自动调用 bzip2 程序创建归档压缩文件。一般将使用 bzip2 压缩的文件扩展名设置成 ".bz2"。以 ".bz2" 作为扩展名的文件在进行文件提取时使用-j，系统会自动调用 bzip2 完成解压。

【实例 2-58】使用 tar 实现 GZ 格式文件压缩和解压缩。

首先，我们将目录/etc/sysconfig/打包成一个 tar 文件包，通过使用-z 来调用 gzip 程序，将目录/etc/sysconfig/压缩成文件 sysconfig.tar.gz，并且将压缩后的文件放在当前文件夹内。执行如下命令：

```
[zp@ localhost ~]$ sudo tar -czf sysconfig.tar.gz /etc/sysconfig/
[zp@ localhost ~]$ ls sysconfig.tar.gz -l
```

执行效果如图 2-66 所示。

```
[zp@localhost ~]$ sudo tar -czf sysconfig.tar.gz /etc/sysconfig/
tar: 从成员名中删除开头的"/"
[zp@localhost ~]$ ls sysconfig.tar.gz -l
-rw-r--r--. 1 zp zp 5481 7月 11 06:16 sysconfig.tar.gz
```

图 2-66　创建 GZ 格式压缩文件

接下来，我们将前面创建的 sysconfig.tar.gz 解压缩到当前文件夹。执行如下命令：

```
[zp@ localhost ~]$ tar-xzf sysconfig.tar.gz
[zp@ localhost ~]$ ls etc/sysconfig/
```

执行效果如图 2-67 所示。

```
[zp@localhost ~]$ tar -xzf sysconfig.tar.gz
[zp@localhost ~]$ ls etc/sysconfig/
anaconda   irqbalance      nftables.conf    selinux
atd        kdump           qemu-ga          smartmontools
chronyd    kernel          raid-check       sshd
cpupower   man-db          rsyslog          wpa_supplicant
crond      network         run-parts
firewalld  network-scripts samba
```

图 2-67　解压缩 GZ 格式文件

【实例 2-59】使用 tar 实现 BZ2 格式文件压缩和解压缩。

首先，我们将/etc/sysconfig/目录打包成一个 tar 文件包，接着使用-j 调用 bzip2 来对目录/etc/sysconfig/进行压缩，将其压缩成文件 sysconfig.tar.bz2 并放在当前目录下。执行如下命令：

```
[zp@ localhost ~]$ sudo tar -cjf sysconfig.tar.bz2 /etc/sysconfig/
[zp@ localhost ~]$ ls sysconfig.tar.bz2 -l
```

执行效果如图 2-68 所示。

```
[zp@localhost ~]$ sudo tar -cjf sysconfig.tar.bz2 /etc/sysconfig/
[sudo] zp 的密码：
tar: 从成员名中删除开头的"/"
[zp@localhost ~]$ ls sysconfig.tar.bz2 -l
-rw-r--r--. 1 root root 5019 7月 11 06:27 sysconfig.tar.bz2
```

图 2-68　创建 BZ2 格式压缩文件

接下来，我们将前面创建的 sysconfig.tar.bz2 解压缩到当前文件夹。执行如下命令：

```
[zp@ localhost ~]$ tar -xjf sysconfig.tar.bz2
```

[zp@ localhost ~]$ ls etc/sysconfig/

执行效果如图 2-69 所示。

```
[zp@localhost ~]$ tar -xjf sysconfig.tar.bz2
[zp@localhost ~]$ ls etc/sysconfig/
anaconda   irqbalance     nftables.conf    selinux
atd        kdump          qemu-ga          smartmontools
chronyd    kernel         raid-check       sshd
cpupower   man-db         rsyslog          wpa_supplicant
crond      network        run-parts
firewalld  network-scripts samba
```

图 2-69 解压缩 BZ2 格式文件

任务三　系统信息类命令的熟练使用

一、系统信息类命令概述

系统信息类命令是可以用于获取计算机操作系统和硬件信息的命令。这些命令可以提供有关操作系统版本、内核版本、CPU、内存、磁盘空间和网络接口等信息。

二、常见的系统信息类命令

在 Linux 系统中，有许多命令可以帮助我们获取系统信息。以下是一些常见的系统信息类命令，以及它们的用法和示例。

1. uname：用于获取系统相关信息

```bash
uname-a
```

上述命令将显示系统的名称、版本号、主机名、内核名称等详细信息。

2. cat /etc/os-release：查看操作系统版本

```bash
cat /etc/os-release
```

此命令将显示包含操作系统版本详细信息的文件内容。

3. free：查看内存使用情况

```bash
free-h
```

上述命令将显示系统内存的使用情况，包括物理内存、交换内存和内核缓冲区内存。使用–h 选项可以以人类可读的格式显示结果。

4. df：显示磁盘使用情况

```bash
df-h
```

此命令将显示所有挂载点的磁盘使用情况，包括已用空间、可用空间和总空间。使用–h 选项可以以人类可读的格式显示结果。

5. top：实时查看系统进程信息

```bash
top
```

此命令将显示所有正在运行的进程，包括进程 ID、用户、CPU 使用率、内存使用率等详细信息。在 top 界面中，可以输入 q 退出。

6. ps：查看进程状态

```bash
ps aux | grep process_name
```

上述命令将显示与"process_name"相关的进程的详细信息。这可以通过管道和 grep 命令来实现，以过滤出与特定名称匹配的进程。

任务四 进程管理类命令 Linux 系统管理的熟练使用

一、进程状态监测

（一）静态监测：查看当前进程状态的命令 ps

命令功能：ps 是 processstatus（进程状态）的缩写。ps 用于查看进程的状态信息，是最常用的监测进程的命令。通过执行该命令能够得到进程的大部分信息，如 PID、命令、CPU 使用量、内存使用量等。

命令语法：

```
ps [选项]
```

主要选项：该命令中，主要选项的含义如表 2-13 所示。ps 的选项非常多，在此仅列出几个常用的选项。

表 2-13　ps 命令主要的含义

选项	选项含义
-l	长格式
-u	显示进程的归属用户及内存的使用情况
a	显示所有进程（包括终端信息），包括其他用户的进程
x	显示没有控制终端的进程
f	以进程树的形式显示程序间的关系
e	列出进程时，显示每个进程所使用的环境变量

注：ps 命令的选项非常多，读者结合下面的例子，熟悉几个常用的组合即可。ps 命令的部分选项可以同时支持带"-"或者不带"-"，但含义通常不同。例如，ps ef 和 ps -ef 的输出不一致。"-e"选项表示所有进程，而"e"选项表示在命令后显示环境变量。

【实例 2-60】查看当前登录产生了哪些进程。

使用不带选项的 ps，可以查看当前登录产生了哪些进程。使用 ps-l 命令可以用长格式形式显示更加详细的信息。

执行如下命令：

```
[zp@ localhost ~]$ ps
[zp@ localhost ~]$ ps-l
```

执行效果如图 2-70 所示。

```
[zp@localhost ~]$ ps
    PID TTY             TIME CMD
  2988 pts/0 00:00:00 bash
  3017 pts/0 00:00:00 ps
[zp@localhost ~]$ ps -l
F S UID   PID   PPID C PRI NI ADDR SZ  WCHAN TTY      TIME CMD
0 S 1000  2988  2982 0 80   0-56024   do_wai pts/0 00:00:00 bash
0 R 1000  3018  2988 0 80   0-56376   -      pts/0 00:00:00 ps
```

图 2-70　查看当前登录产生了哪些进程

【实例 2-61】查看指定用户的进程信息。

使用 ps-u zp 可以显示 zp 用户的进程信息。加入-l 选项，会让显示的信息更加丰富。用户系统中如果没有 zp 用户，则应该修改成其他存在的用户名。执行如下命令：

[zp@ localhost ~]$ ps-u zp

[zp@ localhost ~]$ ps -u zp-l

注意，由于 zp 是选项-u 的选项，如果要将-u 和-l 两个选项连写，应当确保-u 的选项 zp 紧跟其后，否则将报错。也就是说，最后一条命令可以改写成如下形式：

[zp@ localhost ~]$ ps-lu zp

执行效果分别如图 2-71 所示。

```
[zp@localhost ~]$ ps -u zp
    PID TTY            TIME CMD
  2963 ?           00:00:00 systemd
  2970 ?           00:00:00 (sd-pam)
  2982 ?           00:00:00 sshd
  2988 pts/0       00:00:00 bash
  3024 pts/0       00:00:00 ps
[zp@localhost ~]$ ps -u zp -l
F  S   UID  PID PPID C PRI NI ADDR SZ WCHAN TTY      TIME CMD
4  S  1000 2963    1 0 80   0 -  5459 ep_pol ?     00:00:00 systemd
5  S  1000 2970 2963 0 80   0 - 26922 -      ?     00:00:00 (sd-pam)
5  S  1000 2982 2954 0 80   0 -  4885 -      ?     00:00:00 sshd
0  S  1000 2988 2982 0 80   0 - 56024 do_wai pts/0 00:00:00 bash
0  R  1000 3025 2988 0 80   0 - 56376 -      pts/0 00:00:00 ps
```

图 2-71　查看指定用户的进程信息

【实例 2-62】常用的 ps 命令选项组合举例。

下面给出几个较为常见的 ps 命令选项组合。ps-ef 中的-e 与 a 功能类似，可列出所有进程。选项 u 的含义与前面提到的-u 不同，此处表示使用 User-Oriented 格式来显示信息。选项 j 也是一种控制输出格式的选项。执行如下命令：

[zp@ localhost ~]$ ps aux

[zp@ localhost ~]$ ps axjf

[zp@ localhost ~]$ ps -ef

执行效果分别如图 2-72~图 2-74 所示。

```
[zp@localhost ~]$ ps aux
USER    PID %CPU %MEM    VSZ   RSS TTY    STAT START TIME COMMAND
root      1  0.0  0.4 106380 15972 ?     Ss   17:13 0:03 /usr/lib/syst
root      2  0.0  0.0      0     0 ?     S    17:13 0:00 [kthreadd]
root      3  0.0  0.0      0     0 ?     I<   17:13 0:00 [rcu_gp]
root      4  0.0  0.0      0     0 ?     I<   17:13 0:00 [rcu_par_gp]
```

图 2-72　命令"ps aux"的执行效果

```
[zp@localhost ~]$ ps -ef
PPID  PID  PPID   C STIME TTY      TIME CMD
root    1    0    0 17:13 ?     00:00:03 /usr/lib/systemd/systemd rhg
root    2    0    0 17:13 ?     00:00:00 [kthreadd]
root    3    2    0 17:13 ?     00:00:00 [rcu_gp]
root    4    2    0 17:13 ?     00:00:00 [rcu_par_gp]
```

图 2-73　命令"ps axjf"执行效果

```
[zp@localhost ~]$ ps -ef
UID   PID  PPID   C STIME TTY      TIME CMD
root    1    0    0 17:13 ?     00:00:03 /usr/lib/systemd/systemd rhg
root    2    0    0 17:13 ?     00:00:00 [kthreadd]
root    3    2    0 17:13 ?     00:00:00 [rcu_gp]
root    4    2    0 17:13 ?     00:00:00 [rcu_par_gp]
```

图 2-74　命令"ps -ef"的执行效果

【实例 2-63】查找指定进程信息。

【实例 2-62】给出了三种常用的 ps 命令选项组合，反馈的信息都非常多。为了快速定位所需要的信息，一般使用 ps 与 grep 组合。执行如下命令：

```
[zp@ localhost ~]$ ps aux | grep python
[zp@ localhost ~]$ ps -ef | grep python
```

执行效果如图 2-75 所示。上述两条命令都可以查找 python 相关进程信息。需要注意的是，并不是所有反馈信息都对应着真实的 python 进程。本实例两条命令的反馈信息中，第 2 条信息都是一条无关的 python 进程信息记录。它们实际上就是在刚才读者输入命令中，通过管道方式开启的 grep 的进程。它们之所以出现在结果中，只是因为 grep 使用了"python"作为其选项。

```
[zp@localhost ~]$ ps aux| grep python
root   848 0.0 1.1 348856 41988 ?    Ssl 17:13 0:01 /usr/bin/pyth
on3 -s /usr/sbin/firewalld --nofork --nopid
zp    3258 0.0 0.0 221816 2488 pts/1 S+  21:38 0:00 grep --color=
auto python
[zp@localhost ~]$
[zp@localhost ~]$ ps -ef |grep python
root   848       1 0 17:13 ?   00:00:01 /usr/bin/python3 -s /usr/sbi
n/firewalld --nofork --nopid
zp 3260  3180   0 21:38 pts/1          00:00:00 grep --color=auto python
```

图 2-75　查找 Python 相关进程信息

（二）动态监测：持续监测进程运行状态的命令 top

ps 可以查看正在运行的进程，但属于静态监测。如果要持续监测进程运行状态，监测进程动态变化情况，就需要使用 top 命令。

命令功能：top 命令能够持续显示系统中各个进程的实时资源占用状况，其功能类似于 Windows 系统的任务管理器。

命令语法：top 命令的语法较为复杂，但其绝大多数选项并不常用。初学者只需要掌握 top 命令的如下两种语法即可：

```
top

top -p pid
```

前者不带任何参数，此时可以查看所有进程的状态信息；后者可以通过-p 选项查看 pid 指定进程的状态信息。

【实例 2-64】执行不加任何选项的 top 命令。

执行如下命令：

```
[zp@ localhost ~]$ top
```

执行效果如图 2-76 所示。

```
[zp@localhost ~]$ top
top - 22:02:45 up 35 min, 0 users, load average: 0.52, 0.58, 0.59
Tasks: 4 total, 1 running, 3 sleping, 0 stoppde, 0 zombie
%Cpu(s): 5.8 us, 12.4 sy, 0.0 ni, 79.2 id, 0.0 wa, 2.6 hi, 0.0 si, 0.0 st
kiB Mem: 8268892 total, 3502680 free, 4536860 used, 229352 buff/cache
kiB Swap: 20883440 total, 19916836 free,966604 used. 3598300 avail Mem

 PID USER   PR NI  VIRT  RES   SHR S  %CPU  %MEM TIME+   COMMAND
   1 root   20  0  8952  328   284 S  0.0   0.0 0:00.15 init
  13 root   20  0  8952  228   184 S  0.0   0.0 0:00.01 init
  14 root   20  0 13652 2100  2000 S  0.0   0.0 0:00.19 bash
  36 root   20  0 17408 2172  1568 R  0.0   0.0 0:00.07 top
```

图 2-76　执行不加任何参数的 top 命令

执行 top 命令后，如果不退出，则会持续执行，并动态更新进程相关信息。在 top 命令的交互界面中按"Q"键或者按"Ctrl+C"组合键会退出 top 命令，按"?"键或按"H"键可以得到 top 命令交互界面的帮助信息。

图 2-76 中各行的含义如下。

第 2 行，所有进程的状态信息。

第 3 行，当前运行的各类状态进程（任务）的数量。

第 4 行，CPU 状态信息。

第 5 行，内存状态信息。

第 6 行，Swap，交换分区信息。

第 7 行，空白行。

第 8 行，各进程（任务）的状态监测。各字段的具体含义如下：

PID：进程的 ID。

USER：进程所有者。

PR：进程优先级。

NI：Nice 值。负值表示高优先级，正值表示低优先级。

VIRT：进程使用的虚拟内存总量。

RES：进程使用的、未被换出的物理内存大小。

SHR：共享内存大小。

S：进程状态。其中，D 代表不可中断的睡眠状态；R 代表运行状态；S 代表睡眠状态；T 代表跟踪/停止状态。

%CPU：上次更新到现在的 CPU 使用率。

%MEM：进程使用的物理内存和总内存的百分比。

TIME+：进程使用的 CPU 时间总计，单位为 1/100 s。

COMMAND：进程名称（命令）。

【实例 2-65】使用 top 命令监测某个进程。

如果只想让 top 命令监测某个进程，就可以使用–p 选项。下面的实例中，首先利用 ps 查找 sshd 进程的 PID，然后使用 top 命令对它进行动态监测。注意，读者操作系统中的 PID 与编者的不同，请自行替换第 2 条命令中的 PID。执行如下两条命令：

```
[zp@ localhost ~]$ ps -ef | grep sshd
[zp@ localhost ~]$ top -p 936
```

执行效果分别如图 2-77 所示。

```
[zp@localhost ~]$ ps -ef|grep sshd
root         936     1  0 17:13 ?    00:00:00 sshd: /usr/sbin/sshd -D[lis
tener]0 of 10--100 startups
root        2954   936  0 20:32 ?         00:00:00 sshd: zp[priv]
zp          2982  2954  0 20 32 ?         00:00:01 sshd: zp@pts/0
root        3171   936  0 21:26 ?         00:00:00 sshd: zp[priv]
zp          3176  3171  0 21:26 ?         00:00:00 sshd: zp@pts/1
zp          3286  3180  0 21:43 ?pts/1    00:00:00 grep:--color=auto sshd
[zp@localhost ~]$ top -p 936
top -21:43:38 up 4:30, 2 users, load average: 0.00, 0.02, 0.00
Tasks: 1 total, 0 running, 1 sleeping, 0 stopped, 0 zombie
%Cpu(s): 0.0 us, 0.0 sy, 0.0 ni, 99.0 id, 0.0 wa, 0.0 hi, 0.7 si, 0.0 st
MiB Mem: 3696.8 total, 366.5 free, 649.4 used, 2680.9 buff/cache
MiB Swap: 2048.0 total, 2048.0 free, 0.0 used. 2801.5 avail Mem

  PID USER  PR NI  VIRT  RES   SHR S  %CPU  %MEM  TIME+   COMMAND
  936 root  20  0 16068 9628 7992 S   0.0   0.3  0:00.06 sshd
```

图 2-77 查找 sshd 进程的 PID 并用 top 命令监测

（三）查看进程树命令 pstree

命令功能：pstree 命令以树状结构显示进程间的关系。通过进程树，我们可以了解哪个进程是父进程，哪个是子进程。

命令语法：

pstree [选项] [PID | 用户名]

主要选项：该命令中，主要选项的含义如表 2-14 所示。

表 2-14 pstree 命令主要选项的含义

选项	选项含义	选项	选项含义
-p	显示进程的 PID	-g	显示进程组 ID；隐含启用-c 选项
-a	显示命令行参数	-u	显示进程对应的用户名称

【实例 2-66】查看进程树。

最简单的 pstree 使用方式是不添加任何参数，使用时遇到相同的进程名将被压缩显示。通过 pstree-p，可以查看进程树，并同时输出每个进程的 PID。执行如下命令：

[zp@ localhost ~]$ pstree

执行效果如图 2-78 所示。

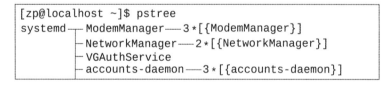

```
[zp@localhost ~]$ pstree
systemd──ModemManager──3*[{ModemManager}]
        ├─NetworkManager──2*[{NetworkManager}]
        ├─VGAuthService
        ├─accounts-daemon──3*[{accounts-daemon}]
```

图 2-78 查看进程树

【实例 2-67】显示进程的完整命令行参数。

通过 pstree -a 可以显示命令行参数。执行如下命令：

[zp@ localhost ~]$ pstree -a

执行效果如图 2-79 所示。将结果与【实例 2-66】的结果进行对比，发现遇到相同的进程名同样会被压缩显示。

```
[zp@localhost ~]$ pstree -a
systemd rhgb --switched-root --system --deserialize 31
  ├─ModemManager
  │   └─3*[{ModemManager}]
  ├─NetworkManager --no-daemon
  │   └─2*[{NetworkManager}]
  ├─VGAuthService -s
```

图 2-79 显示进程的完整命令行参数

【实例 2-68】显示进程组 ID。

通过 pstree -g 可以在输出中显示进程组 ID，进程组 ID 在每个进程名称后面的括号中显示为十进制数字。执行如下命令：

```
[zp@ localhost ~]$ pstree -g
```

执行效果如图 2-80 所示。

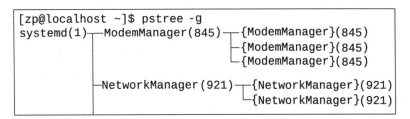

```
[zp@localhost ~]$ pstree -g
systemd(1)─┬─ModemManager(845)─┬─{ModemManager}(845)
           │                   ├─{ModemManager}(845)
           │                   └─{ModemManager}(845)
           │
           ├─NetworkManager(921)─┬─{NetworkManager}(921)
           │                     └─{NetworkManager}(921)
```

图 2-80　显示进程组 ID

【实例 2-69】查看某个进程的树状结构。

本实例首先使用 ps 查找进程 sshd 的 PID，然后使用 pstree 查看该进程的树状结构。注意，读者操作系统中的 PID 与编者的不相同，请更换第 2 条命令中的 PID。执行如下命令：

```
[zp@ localhost ~]$ ps aux | grep sshd
[zp@ localhost ~]$ pstree -p 936
```

执行效果如图 2-81 所示。

```
[zp@localhost ~]$ ps aux|grep sshd
root  936 0.0 0.2 16068   9628 ?        Ss 17:13 0:00 sshd: /usr/sb
in/sshd -D [listener] 0 of 10-100 startups
toot 2954 0.0 0.3 19540 12076 ?         Ss 20:32 0:00 sshd: zp[pri
v]
zp   2982 0.0 0.1 19540   7428 ?        S  20:32 0:01 sshd: zp@pts/
0
toot 3171 0.0 0.3 19540 12136 ?         Ss 21:26 0:00 sshd: zp [pri
v]
zp   3176 0.0 0.1 19540   7464 ?        S  21:26 0:01 sshd: zp@pts/
1
zp   3301 0.0 0.0 221816  2348 pts/1    S+ 22:02 0:00 grep --clolr=
auto sshd
[zp@localhost ~]$ pstree -p 936
sshd(936)─┬─sshd(2954)───sshd(2982)───bash(2988)
          └─sshd(3171)───sshd(3176)───bash(3180)───pstree(3302)
```

图 2-81　查看 sshd 进程的树状结构

【实例 2-70】查看某个用户启动的进程。

如果想知道某个用户都启动了哪些进程，此时可以将用户名作为 pstree 命令的参数。编者特意在命令中加入-p 选项，显示 PID 信息。读者可以结合【实例 2-69】，借助 PID 信息，观察进程对应关系。下面以 zp 用户为例进行说明。执行如下命令：

```
[zp@ localhost ~]$ pstree zp -p
```

执行效果如图 2-82 所示。

```
[zp@localhost ~]$ pstree zp -p
sshd(2982)───bash(2988)
sshd(3176)───bash(3180)───pstree(3306)
systemd(2963)───(sd-pam)(2970)
```

图 2-82　查看某个用户启动进程

课内思考

通过图 2-82 可以看到哪些有价值的信息？

读者通过图 2-82 可以查看许多有价值的信息。例如，通过倒数第 2 行信息，可以推断出编者当前使用 sshd 登录系统。完整的"故事"如下：zp 用户使用 ssh 登录系统，系统服务器端启动 sshd 进程副本响应 zp 用户请求；zp 用户登录成功后，系统使用 zp 用户的默认 Shell 解析程序 Bash 处理用户命令；就在刚才，zp 输入了 pstree 这条命令，所以读者看到了 PID 为 3306 的 pstree 进程。

（四）列出进程打开文件信息的命令 lsof

在 Linux 环境下，任何事物都以文件的形式存在。通过文件不仅可以访问常规数据，还可以访问网络连接和硬件。lsof 是系统监测与排错时比较实用的命令。通过 lsof 命令，我们可以根据文件找到对应的进程信息，也可以根据进程信息找到进程打开的对应文件。由于 lsof 通常需要访问系统核心，以 root 用户的身份运行它才能够充分地发挥其功能。

【实例 2-71】查看与指定文件相关的进程。

查看与指定文件相关的进程信息，找出使用此文件的进程。执行如下命令：

```
[zp@ localhost ~]$ lsof /bin/bash
```

执行效果如图 2-83 所示。

```
[zp@localhost ~]$ lsof /bin/bash
COMMAND   PID  USER FD   TYPE DEVICE SIZE/OFF     NODE NAME
bash      2988   zp txt   REG  253,0 1390168  17613177 /usr/bin/bash
bash      3180   zp txt   REG  253,0 1390168  17613177 /usr/bin/bash
```

图 2-83　查看与指定文件相关的进程

【实例 2-72】列出进程调用或打开的所有文件。

下面第 1 条命令的执行结果，读者可以查看【实例 2-69】。第 2 条命令的 PID 需要根据第 1 条命令的实际查找结果进行修改。执行如下命令：

```
[zp@ localhost ~]$ ps aux | grep sshd
[zp@ localhost ~]$ sudo lsof -p 936
```

执行效果如图 2-84 所示。

```
[zp@localhost ~]$ sudo lsof -p 936
[sudo] zp 的密码:
COMMAND  PID USER  FD   TYPE  DEVICE SIZE/OFF      NODE NAME
sshd     936 root  cwd   DIR   253,0      235  128 /
sshd     936 root  rtd   DIR   253,0      235  128 /
sshd     936 root  txt   REG   253,0   956584 35239919 /usr/sbin/sshd
sshd     936 root  mem   REG   253,0   153600 33728447 /usr/lib64/lib
gpg-error.so.0.32.0
```

图 2-84　列出进程调用或打开的所有文件

【实例 2-73】列出所有的网络连接信息。

执行如下命令：

```
[zp@ localhost ~]$ sudo lsof -i
```

执行效果如图 2-85 所示。

```
[zp@localhost ~]$ sudo lsof -i
COMMAND    PID   USER FD   TYPE DEVICE SIZE/OFF   NODE NAME
avahi-dae  786  avahi 12u  IPv4  24283       0t0   UDP *:mdns
avahi-dae  786  avahi 13u  IPv6  24284       0t0   UDP *:mdns
avahi-dae  786  avahi 14u  IPv4  24285       0t0   UDP *:35444
avahi-dae  786  avahi 15u  IPv6  24286       0t0   UDP *:52704
chronyd    815 chrony 5u   IPv4  24154       0t0   UDP *:localhost:323
chronyd    815 chrony 6u   IPv6  24155       0t0   UDP *:localhost:323
```

图 2-85　列出所有的网络连接信息

只列出使用指定协议的网络连接信息，执行如下命令：

[zp@ localhost ~]$ sudo lsof -i TCP

执行效果如图 2-86 所示。

```
[zp@localhost ~]$ sudo lsof -i TCP
COMMAND   PID  USER FD   TYPE DEVICE SIZE/OFF NODE NAME
cupsd     929  root 6u   IPv6  25275       0t0 TCP localhost:ipp(LISTEN)
cupsd     929  root 7u   IPv4  25276       0t0 TCP localhost:ipp(LISTEN)
sshd      936  root 3u   IPv4  25242       0t0 TCP *:ssh(LISTEN)
sshd      936  root 4u   IPv6  25244       0t0 TCP *:ssh(LISTEN)
sshd     2954  root 4u   IPv4  48218       0t0 TCP localhost.localdomain:ssh->19
2.168.184.1:51458 (ESTABLISHED)
```

图 2-86　列出使用指定协议的网络连接信息

【实例 2-74】查看打开了特定类型文件的用户进程。

本实例查看 zp 用户的所有打开了"txt"类型文件的用户进程。执行如下命令：

[zp@ localhost ~]$ sudo lsof -a -u zp -d txt

执行效果如图 2-87 所示。

```
[zp@localhost ~]$ sudo lsof -a -u zp -d txt
COMMAND    PID  USER  FD TYPE DEVICE  SIZE/OFF      NODE NAME
systemd   2963   zp  txt  REG  253,0 1946368  19021452 /usr/lib/systemd/systemd
(sd-pam)  2970   zp  txt  REG  253,0 1946368  19021452 /usr/lib/systemd/systemd
sshd      2982   zp  txt  REG  253,0  956584  35239919 /usr/sbin/sshd
bash      2988   zp  txt  REG  253,0 1390168  17613177 /usr/bin/bash
sshd      3176   zp  txt  REG  253,0  956584  35239919 /usr/sbin/sshd
bash      3180   zp  txt  REG  253,0 1390168  17613177 /usr/bin/bash
```

图 2-87　查看打开了特定类型文件的用户进程

如果将用户切换成 root 用户，输出的内容非常多。命令会按照 PID 从 1 号进程开始列出系统中所有的进程，此时可以分页显示。执行如下命令：

[zp@ localhost ~]$ sudo lsof -a -u root -d txt | more

【实例 2-75】持续监测用户的网络活动。

本实例可以用来监测 zp 用户的网络活动，实例中参数值 1 表示每秒重复输出一次。执行如下命令：

[zp@ localhost ~]$ sudo lsof -r 1 -u zp -i -a

执行效果如图 2-88 所示。读者可以按"Ctrl+C"组合键退出监测界面。

```
[zp@localhost ~]$ sudo lsof -r 1 -u zp -i -a
COMMAND   PID  USER  FD TYPE DEVICE SIZE/OFF     NODE NAME
sshd     2982    zp  4u IPv4  48218      0t0 TCP localhost.localdomain:ssh->19
2.168.184.1:52598(ESTABLISHED)
sshd     3176    zp  4u IPv4  53066      0t0 TCP localhost.localdomain:ssh->19
2.168.184.1:52598(ESTABLISHED)
```

图 2-88　持续监测用户的网络活动

课内思考

读者如果使用浏览器打开网页，【实例 2-75】中的这条命令能监测到用户的网络活动吗？

二、进程状态控制

（一）调整进程优先级的命令 nice

命令功能：nice 命令可以调整进程优先级，这样会影响相应进程的调度。进程的 nice 值值为负时，进程具备高优先级，因而能提前执行和获得更多的资源；反之，则进程具备低优先级。如果 nice 命令在使用时不带任何参数，则会显示进程默认的 nice 值，一般为 10。nice 值的范围是 -20（最高优先级）~ 19（最低优先级）。

命令语法：

```
nice [-n N] [command]
```

主要选项：该命令中，-n 选项用于将 nice 值设置为 N。当 -n 选项省略时，nice 值默认为 10。选项 command 为指定进程的启动命令。

【实例 2-76】调整进程的优先级。

当 nice 命令中没有给出具体的 nice 值时，默认值为 10。如 nice vi 设置 Vi 进程的 nice 值为 10。执行如下命令：

```
[zp@ localhost ~]$ nice vi&
[zp@ localhost ~]$ ps-l
```

执行效果如图 2-89 所示。

```
[zp@localhost ~]$ nice vi&
[1] 3395
[zp@localhost ~]$ ps -l
F S  UID PID  PPID C PRI  NI ADDR SZ WCHAN  TTY          TIME CMD
0 S 1000 3180 3176 0  80   0 - 56061 do_wai pts/1    00:00:00 bash
0 T 1000 3395 3180 0  90  10 - 57395 do_sig pts/1    00:00:00 vim
0 R 1000 3396 3180 0  80   0 - 56376 -      pts/1    00:00:00 ps
```

图 2-89　调整进程的优先级（使用默认值）

注意，由于 Vi/Vim 会独占当前终端，无法查看执行效果，因此在后面加 &，将 Vi 放入后台执行。图 2-89 中进程 vi（实际是 vim）的 PID 是 3395。读者的 PID 可能是其他值。需要注意的是，CentOS Stream 9 中，输入 vi 实际启动的是 Vim。后文中，在容易混淆的地方，我们可能会直接使用 Vim 启动进程。但 Ubuntu 等操作系统中输入 vi 仍然默认启动 Vi；在这些系统中一般默认没有安装 Vim，输入 vim 可能会提示需要安装，并且会给出安装 Vim 所需要的命令。读者根据所采用的系统自行判断并处理，后面不再单独说明。

通过 ps-l 命令可以查看进程的 nice 值。该命令返回结果中 NI 列的值就是进程的优先级。目前进程 3395 的 nice 值为 10，其他进程的 nice 值均为 0。nice 值越大代表优先级越低。nice 值只是进程优先级的一部分，不能完全决定进程的优先级。PRI 列的值表示进程当前的总优先级。该值越小表示优先级越高。该值由进程默认的 PRI 加上 NI 得到，即 PRInew=PRIold+NI。本实例中，进程默认的 PRI 值是 80，所以加上值为 10 的 NI 后，vi 进程的 PRI 值为 90。

【实例 2-77】使用指定 nice 值调整进程的优先级。

通过 -n 选项，可以指定具体的 nice 值。nice 值的取值范围为 -20~19，小于 -20 或大于 19 的值分别记为 -20 和 19。执行如下命令：

```
[zp@ localhost ~]$ nice -n 15 vi&
```
执行效果如图 2-90 所示。

该命令设置 vi 进程的 nice 值为 15，也就是较低的优先级。

```
[zp@localhost ~]$ nice -n 15 vi&
[2] 3140
[zp@localhost ~]$ ps -l
F S  UID  PID  PPID C PRI  NI ADDR SZ WCHAN  TTY        TIME CMD
0 S 1000 3180  3176 0  80   0 - 56061 do_wai pts/1  00:00:00 bash
0 T 1000 3395  3180 0  90  10 - 57395 do_sig pts/1  00:00:00 vim
0 T 1000 3410  3180 0  95  15 - 57395 do_sig pts/1  00:00:00 vim
0 R 1000 3411  3180 0  80   0   56376 -      pts/1  00:00:00 ps
```

图 2-90 调整进程的优先级（使用指定 nice 值）

如果将 nice 值设置为负，则必须要有 root 权限。当 nice 值为负时，意味着该进程要抢占其他进程的资源，所以必须要有 root 权限才行；如果 nice 值为正，即表示优先级低，不需要抢占其他进程资源，因此不需要 root 权限。

执行如下命令：

```
[zp@ localhost ~]$ sudo nice -n -15 vi&
[zp@ localhost ~]$ sudo ps -l
```

执行效果如图 2-91 所示。由图 2-91 可知，编者第 1 次执行没有正确显示 vi 进程的信息，重复执行一次就成功了。如果读者第 1 次执行没有看到预期的信息，请重新尝试；实在显示不出来也没关系，知道原理就行了。由图 2-91 中第 2 次执行结果可知，进程 3556 对应 sudo 进程，进程 3556 是进程 3558 的父进程，后者对应 vi 进程（实际为 vim），其 nice 值被修改成 -15。

```
[zp@localhost ~]$ sudo nice -n -15 vi&
[1] 3549
[zp@localhost ~]$ sudo ps -l
[sudo] zp 的密码：
F S  UID  PID  PPID C PRI  NI ADDR SZ WCHAN  TTY        TIME CMD
4 T    0 3549  3513 0  80   0 - 59444 do_sig pts/2  00:00:00 sudo
4 S    0 3511  3513 0  80   0 - 59523 do_pol pts/2  00:00:00 sudo
4 R    0 3555  3551 0  80   0 - 56376 -      pts/2  00:00:00 ps
[1]+  已停止          sudo nice -n -15 vi
[zp@localhost ~]$ sudo nice -n -15 vi&
[2] 3556
[zp@localhost ~]$ sudo ps -l
F S  UID  PID  PPID C PRI  NI ADDR SZ WCHAN  TTY        TIME CMD
4 T    0 3549  3513 0  80   0 - 59444 do_sig pts/2  00:00:00 sudo
4 T    0 3556  3513 1  80   0 - 59483 do_sig pts/2  00:00:00 sudo
4 T    0 3558  3556 1  65 -15 - 57395 do_sig pts/2  00:00:00 vim
4 S    0 3559  3513 0  80   0 - 59483 do_pol pts/2  00:00:00 sudo
4 R    0 3561  3559 0  80   0 - 56376 -      pts/2  00:00:00 ps
[2]+  已停止          sudo nice -n -15 vi
```

图 2-91 设置的 nice 值为负时需要 root 权限

（二）改变运行进程优先级的命令 renice

命令功能：renice 用于改变正在运行的进程的 nice 值。renice，字面意思即重新设置 nice 值。进程启动时默认的 nice 值为 0，可以用 renice 命令进行修改。

命令语法：

```
renice [-n] <优先级> [-p | --pid] <pid>…
renice [-n] <优先级> [-g | --pgrp] <pgrp>…
renice [-n] <优先级> [-u | --user] <user>…
```

主要选项：该命令中，主要选项的含义如表 2-15 所示。

表 2-15 renice 命令主要选项的含义

选项	选项含义
n	指定 nice 值，注意 n 前面出现 "-" 会被当作负号处理
-p	将选项解释为进程 ID（默认）
-g	将选项解释为进程组 ID
-u	将选项解释为用户名或用户 ID

例如：

```
renice -8 -p 37475          #将 PID 为 37475 的进程的 nice 值设置为-8
renice -8 -u zp             #将属于用户 zp 的进程的 nice 值设置为-8
renice -8 -g zpG            #将属于 zpG 组的进程的 nice 值设置为-8
```

【实例 2-78】修改进程的 nice 值。

本实例先创建一个 vi 进程（PID 为 3733），将其 nice 值设置为 15，再将其 nice 值设置为-8。nice 值修改为负数时，需要使用 sudo。执行如下命令：

```
[zp@ localhost ~]$ vi &
[zp@ localhost ~]$ ps -l                    #查看进程的 PID 和 nice 值信息
[zp@ localhost ~]$ renice 15 -p 3733        #调整进程的 nice 值为负值
[zp@ localhost ~]$ ps -l                    #查看进程的 PID 和 nice 值信息
[zp@ localhost ~]$ sudo renice -8 -p 3733   #调整进程的 nice 值为负值
[zp@ localhost ~]$ ps -l                    #查看调整结果
```

执行效果如图 2-92 所示。

```
[zp@localhost ~]$ vi &
[1] 3733
[zp@localhost ~]$ ps -l
F S  UID  PID  PPID C PRI  NI ADDR SZ WCHAN  TTY          TIME CMD
0 S 1000 3683  3678 0  80   0 -  56158 do_wai pts/0    00:00:00 sudo
0 T 1000 3733  3683 0  80   0 -  57398 do_sig pts/0    00:00:00 vim
0 R 1000 3734  3683 0  80   0 -  56376 -      pts/0    00:00:00 ps

[1]+  已停止                vi
[zp@localhost ~]$ renice 15 -p 3733
3733(process Id) 旧优先级为 0, 新优先级为 15
[zp@localhost ~]$ ps -l

F S  UID  PID  PPID C PRI  NI ADDR SZ WCHAN  TTY          TIME CMD
0 S 1000 3683  3678 0  80   0 -  56158 do_wai pts/0    00:00:00 sudo
0 T 1000 3733  3683 0  80  15 -  57398 do_sig pts/0    00:00:00 vim
0 R 1000 3736  3683 0  80   0 -  56376 -      pts/0    00:00:00 ps

[zp@localhost ~]$ sudo renice -8 -p 3733
3733(process Id) 旧优先级为 15, 新优先级为 -8
[zp@localhost ~]$ ps -l

F S  UID  PID  PPID C PRI  NI ADDR SZ WCHAN  TTY          TIME CMD
0 S 1000 3683  3678 0  80   0 -  56158 do_wai pts/0    00:00:00 sudo
0 T 1000 3733  3683 0  72  -8 -  57398 do_sig pts/0    00:00:00 vim
0 R 1000 3741  3683 0  80   0 -  56376 -      pts/0    00:00:00 ps
```

图 2-92 修改进程的 nice 值

（三）向进程发送信号的命令 kill

命令功能：kill 命令可以发送指定的信号到相应进程。实践中发送的最常见的信号是 SIGKILL（编号为 9），用于 "杀死" 某个进程。

命令语法：

```
kill [-s 信号声明 |-n 信号编号 |-信号声明] 进程号 |任务声明…
kill-l [信号声明]
```

【实例 2-79】列出信号的编号和名称。

使用-l 选项可以列出所有信号的编号和名称。执行如下命令：

```
[zp@ localhost ~]$ kill -l
```
执行效果如图 2-93 所示。

```
[zp@localhost ~]$ kill -l
 1) SIGHUP      2) SIGINT      3) SIGQUIT     4) SIGILL      5) SIGTRAP
 6) SIGABRT     7) SIGBUS      8) SIGFPE      9) SIGKILL    10) SIGUSR1
11) SIGSEGV    12) SIGUSR2    13) SIGPIPE    14) SIGALRM    15) SIGTERM
16) SIGSTKFLT  17) SIGCHLD    18) SIGCONT    19) SIGSTOP    20) SIGTSTP
21) SIGTTIN    22) SIGTTOU    23) SIGURG     24) SIGXCPU    25) SIGXFSZ
26) SIGVTALRM  27) SIGPROF    28) SIGWINCH   29) SIGIO      30) SIGPWR
31) SIGSYS     34) SIGRTMIN   35) SIGRTMIN+1 36) SIGRTMIN+2 37) SIGRTMIN+3
38) SIGRTMIN+4 39) SIGRTMIN+5 40) SIGRTMIH+6 41) SIGRTMIN+7 42) SIGRTMIN+8
43) SIGRTMIN+9 44) SIGRTMIN+10 45) SIGRTHIN+11 46) SIGRTMIN+12 47) SIGRTMIN+13
48) SIGRTMIN+14 49) SIGRTMIN+15 50) SIGRTHAX-14 51) SIGRTMAX-13 52) SIGRTMAX-12
53) SIGRTMAX-11 54) SIGRTMAX-10 55) SIGRTMAX-9 56) SIGRTMAX-8 57) SIGRTMAX-7
58) SIGRTMAX-6 59) SIGRTMAX-5  60) SEGRTWAX-4 61) SIGRTHAX-3 62) SIGRTMAX-2
63) SIGRTMAX-1 64) SIGRTRAX
```

图 2-93　列出所有信号的编号和名称

在 -l 后面加上想要查找的信号名称，可以得到对应的信号编号；在 -l 后面加上想要查找的信号编号，可以得到对应的信号名称。即：

```
kill -l 信号名称
kill -l 信号编号
```

信号名称有三种表示方法。例如 SIGKILL 还可以表示为 kill 或者 KILL，这三种表示方法是等价的。执行如下命令：

```
[zp@ localhost ~]$ kill -l SIGKILL
[zp@ localhost ~]$ kill -l KILL
[zp@ localhost ~]$ kill -l kill
[zp@ localhost ~]$ kill -l 9
```

此时可以分别得到 SIGKILL 的信号名称和信号编号。执行效果如图 2-94 所示。

```
[zp@localhost ~]$ kill -l SIGKILL
9
[zp@localhost ~]$ kill -l KILL
9
[zp@localhost ~]$ kill -l kill
9
[zp@localhost ~]$ kill -l 9
KILL
```

图 2-94　列出指定信号的名称和编号

【实例 2-80】查看并"杀死"进程。

首先用 ps 命令查看进程 PID，然后用 kill 命令发送信号"杀死"指定进程。执行如下命令。

```
[zp@ localhost ~]$ vi &
[zp@ localhost ~]$ ps -l          #查看进程的 PID
[zp@ localhost ~]$ kill -9 3877   #发送信号"杀死"指定进程
[zp@ localhost ~]$ ps -l          #确认该进程已被"杀死"
```

执行效果如图 2-95 所示。

```
[zp@localhost ~]$ vi &
[1] 3877
[zp@localhost ~]$ ps -l
F S  UID  PID  PPID C PRI  NI  ADDR SZ WCHAN  TTY         TIME CMD
0 S 1000 3827 3821 0  80   0  -  56024 do_wai pts/0   00:00:00 bash
0 T 1000 3877 3827 0  80   0  -  57398 do_sig pts/0   00:00:00 vim
0 R 1000 3878 3827 0  80   0  -  56376 -      pts/0   00:00:00 ps

[1]+ 已停止                  vi
[zp@localhost ~]$ kill -9 3877
[1]+ 已杀死                  vi
[zp@localhost ~]$ ps -l
F S  UID  PID  PPID C PRI  NI  ADDR SZ WCHAN  TTY         TIME CMD
0 S 1000 3827 3821 0  80   0  -  56158 do_wai pts/0   00:00:00 bash
0 R 1000 3879 3827 0  80   0  -  56376 -      pts/0   00:00:00 ps
```

图 2-95　查看并"杀死"进程

上述命令中，我们使用了信号编号 9，也可替换成信号名称 KILL、kill 或者 SIGKILL，效果一样。执行如下命令：

```
[zp@ localhost ~]$ vi &
[zp@ localhost ~]$ kill -kill 3882
[zp@ localhost ~]$ ps -l
```

执行效果如图 2-96 所示。

```
[zp@localhost ~]$ vi &
[1] 3882
[zp@localhost ~]$ kill - kill 3882

[1]+ 已停止                  vi
[zp@localhost ~]$ ps -l
F S  UID  PID  PPID C PRI  NI  ADDR SZ WCHAN  TTY         TIME CMD
0 S 1000 3827 3821 0  80   0  -  56158 do_wai pts/0   00:00:00 bash
0 R 1000 3883 3827 0  80   0  -  56376 -      pts/0   00:00:00 ps
[1]+ 已杀死
```

图 2-96　使用信号名称

课内思考

如果读者"杀死"图 2-96 中的 bash 进程，结果会怎么样呢？

【实例 2-81】使用 pidof 命令查找并"杀死"进程。

使用 pidof 命令可以直接查找进程的 PID，然后读者可用 kill 命令发送信号"杀死"指定进程。假定读者的系统后台已经存在一个 vim 进程（PID 为 3250），那么执行如下命令可以"杀死"该进程。

```
[zp@ localhost ~]$ pidof vim
[zp@ localhost ~]$ kill -9 3250
```

然而这种方案并不实用。这是因为每次执行 kill 命令，我们都需要手动修改后面的进程 PID。此外，如果有许多同名的 vim 进程，那么返回的还是多个 PID，使这种方案变得更加麻烦。实践中我们一般使用命令替换技术，将上述两条命令组合成如下这条命令：

```
[zp@ localhost ~]$ kill -9 $ (pidofvim)
```

执行如下命令：

```
[zp@ localhost ~]$ vim &        #读者也可以重复这条命令多次
```

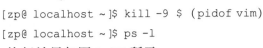

```
[zp@ localhost ~]$ kill -9 $ (pidof vim)
[zp@ localhost ~]$ ps -l
```

执行效果如图 2-97 所示。

```
[zp@localhost ~]$ vim &
[1] 5548
[zp@localhost ~]$ kill - 9 $(pidof vim)
[1]+ 已杀死              vim
[zp@localhost ~]$ ps -l
F S  UID  PID  PPID C PRI  NI  ADDR SZ WCHAN  TTY       TIME CMD
0 S 1000 4415 4509 0 80   0 - 56158 do_wai pts/1   00:00:00 bash
4 R 1000 5550 4515 0 80   0 - 56376 -      pts/1   00:00:00 ps
[zp@localhost ~]$
```

图 2-97　使用 pidof 命令查找并"杀死"进程

课内思考

如果把【实例 2-81】中 pidof 命令后面的 vim 替换成 vi，结果如何？

【实例 2-82】使用 grep 命令查找并"杀死"进程。

使用 grep 命令可以指定复杂的查找规则，这里不做展开。我们仅展示使用 vi 作为关键字来查找 vim 进程，然后用 kill 命令发送信号"杀死"指定进程。执行如下命令：

```
[zp@ localhost ~]$ vim &
[zp@ localhost ~]$ ps -l | grep vi
[zp@ localhost ~]$ kill -9 5592
[zp@ localhost ~]$ ps -l
```

执行效果如图 2-98 所示。

```
[zp@localhost ~]$ vim &
[1] 5592
[zp@localhost ~]$ ps -l |grep vi
0  T  1000  5592  4515   0   80   0 - 57398 do_sig pts/1 00:00:00 vim

[1]+ 已停止              vim
[zp@localhost ~]$ kill -9 5592
[zp@localhost ~]$ ps -l
F S  UID  PID  PPID C PRI  NI  ADDR SZ WCHAN  TTY       TIME CMD
0 S 1000 4415 4509 0 80   0 - 56158 do_wai pts/1   00:00:00 bash
4 R 1000 5595 4515 0 80   0 - 56376 -      pts/1   00:00:00 ps
[1]+ 已杀死              vim
```

图 2-98　使用 grep 命令查找并"杀死"进程

（四）通过名称"杀死"进程的命令 killall

命令功能：Linux 操作系统中的 killall 命令可以通过名称"杀死"进程，它会给指定名称的所有进程发送信号。

命令语法：

```
killall [选项] [PID]
```

主要选项：该命令中，主要选项的含义如表 2-16 所示。

表 2-16 killall 命令主要选项的含义

选项	选项含义
-e	要求精准匹配进程名称
-I	进程名称匹配不区分字母大小写（此选项 I 为大写形式）
-g	"杀死"进程组，而不是"杀死"进程
-i	交互模式，"杀死"进程前先询问用户
-L	列出所有的已知信号名称（此选项 L 为 llst 首字母的大写形式）
-q	不输出警告信息
-s	发送指定的信号
-u	"杀死"指定用户的所有进程

【实例 2-83】"杀死"某一类进程。

首先，执行命令"vim &"两次，得到两个 vim 进程，然后用 killall 将它们全部"杀死"。执行如下命令。

```
[zp@ localhost ~]$ vim &
[zp@ localhost ~]$ vim &
[zp@ localhost ~]$ ps -l
[zp@ localhost ~]$ killall -9 vim
[zp@ localhost ~]$ ps -l
```

执行效果如图 2-99 所示。

```
[zp@localhost ~]$ vim &
[1] 5944
[zp@localhost ~]$ vim &
[2] 5945

[1]+ 已停止               vim
[zp@localhost ~]$ ps -l
F S  UID  PID  PPID C PRI  NI ADDR SZ WCHAN  TTY        TIME CMD
0 S 1000 5860 5857 0  80   0 - 56061 do_wai pts/0   00:00:00 bash
0 T 1000 5944 5860 0  80   0 - 57399 do_sig pts/0   00:00:00 vim
0 T 1000 5945 5860 0  80   0 - 57399 do_sig pts/0   00:00:00 vim
4 R 1000 5948 5860 1  80   0 - 56376 -      pts/0   00:00:00 ps

[2]+ 已停止               vim
[zp@localhost ~]$ killall -9 vim
[1]- 已杀死               vim
[2]+ 已杀死               vim
[zp@localhost ~]$ ps -l
F S  UID  PID  PPID C PRI  NI ADDR SZ WCHAN  TTY        TIME CMD
0 S 1000 5860 5857 0  80   0 - 56158 do_wai pts/0   00:00:00 bash
4 R 1000 5957 5860 0  80   0 - 56376        pts/0   00:00:00 ps
```

图 2-99 "杀死"某一类进程

【实例 2-84】交互式"杀死"进程。

首先，执行命令"vim &"两次，得到两个 vim 进程，然后用 killall 有选择地把它们"杀死"。执行如下命令。

```
[zp@ localhost ~]$ vim &
[zp@ localhost ~]$ vim &
[zp@ localhost ~]$ killall -9 vim -i
```

执行效果如图 2-100 所示。

```
[zp@localhost ~]$ vim &
[1] 5987
[zp@localhost ~]$ vim &
[2] 5988

[1]+ 已停止                    vim
[zp@localhost ~]$ killall -9 vim -i
信号 vim(5987) ? (y/N) y
信号 vim(5988) ? (y/N) y
[1]- 已杀死                    vim
[2]+ 已杀死                    vim
```

图 2-100 交互式"杀死"进程

【实例 2-85】"杀死"指定用户的所有进程。

查看指定用户的所有进程，执行如下命令：

[zp@ localhost ~]$ ps -ef | grep zp

执行效果如图 2-101 所示。

```
[zp@localhost ~]$ ps -ef |grep zp
zp      3800    1  0  01:14 ?         00:00:02 /usr/lib/systemd/systemd --u
ser
zp      3800  3800  0  01:14 ?         00:00:00 (sd-pam)
zp      3916    1  0  01:31 ?         00:00:00 /usr/bin/gnome-keyring-daemo
n -- daemonize --login
zp      3924  3894  0  01:31 tty2      00:00:00 /usr/libexec/gdm-wayland-ses
sion --register-session gnome-session
```

图 2-101 查看指定用户的所有进程

使用 killall -u 命令"杀死"指定用户的进程。执行如下命令：

[zp@ localhost ~]$ killall -u zp

执行效果如图 2-102 所示。

```
[zp@localhost ~]$ killall -u zp
Connection to 192.168.184.129 closed by remote host.
Connection to 192.168.184.129 closed.

[已退出进程，代码为 4294967295]
```

图 2-102 "杀死"指定用户的所有进程

课内思考

【实例 2-85】的命令执行完后，用户为什么被强制退出了？

三、进程启动与作业控制

通常将正在执行的一个或者多个相关进程称为一个作业（job）。作业是用户向计算机提交任务的任务实体，而进程则是完成用户任务的执行实体，也是向系统申请资源分配的基本单位。作业通常是与终端相关的概念。用户端启动一个进程，就产生了一个作业；该作业通常只在当前终端里有效。一个作业可以包含一个或者多个进程。用户通过作业控制可以将进程挂起，也可以在需要时恢复其运行。

（一）进程的启动

启动进程主要有两种方式：手动启动和调度启动。对于初学者而言，手动启动是最常用的进程启动方式。用户通过在终端中输入要执行的程序来启动进程的过程，就是手动启动进程。调度启动则是事先设定任务运行时间，到达指定时间后，系统将会自动运行该任务。Linux 提供了 cron、at、batch 等自动化任务配置管理工具，用于进程的调度启动。

进程启动又可以分为前台启动和后台启动。前台启动是默认的启动方式。读者在前面章节中接触的多是前台启动。若在命令的最后添加"&"字符，则变为后台启动；此时，用户可以在当前终端中继续运行和处理其他程序，与后台启动进程互不干扰。

【实例 2-86】进程的前、后台启动。

启动进程时，将"&"字符加在一个命令的最后可以通过后台启动方式运行该命令。由于不方便截图，读者可以输入如下命令，自行比较两种启动方式的区别：

```
[zp@ localhost ~]$ vi &        #后台启动
[zp@ localhost ~]$ vi          #前台启动
```

（二）进程的挂起

用过 Vi/Vim 的读者都有这样的经历：在 Shell 终端上执行 vim 命令后，整个 Shell 终端都被 vim 进程所占用。在 Linux 环境中，有大量此类进程存在，特别是在终端运行 GUI 程序时。一般情况下，除非将 GUI 程序关掉，否则终端会一直被占用。解决方案：一方面，可以通过在命令的最后面添加"&"字符，将此类进程放入后台运行，以避免其独占终端；另一方面，可以使用"Ctrl+Z"组合键，挂起当前的前台进程，待完成其他任务后，再恢复该进程。

【实例 2-87】将前台进程挂起。

执行如下命令：

```
[zp@ localhost ~]$ vi
```

此时将打开 Vi 编辑器。我们在命令编辑界面输入一些数据，用于与后续实例中其他 Vi 进程进行区分。执行效果如图 2-103 所示。

```
Hello, I'm zp.
Hello, I'm zp.
Hello, I'm zp.
```

图 2-103 打开 Vi 编辑器

一般情况下，vi 进程将独占整个终端。在未退出 vi 进程之前，无法进行其他操作。也就是说，此时读者不能在 Shell 中继续执行其他命令了，除非将该 vi 进程关掉。当使用 vi 创建或者编辑一个文件时，如果需要用 Shell 执行别的操作，但是又不打算关闭 vi，读者可以先使用"Esc"键退出编辑模式，然后使用"Ctrl+Z"组合键将 vi 进程挂起。结束了后续 Shell 操作之后，可以用 fg 命令继续运行 vi 编辑文件。执行效果如图 2-104 所示。

```
[zp@localhost ~]$ vi
[1]+  已停止              vi
[zp@localhost ~]$ jobs
[1]+  已停止              vi
[zp@localhost ~]$ fg
vi

[1]+  已停止
```

图 2-104 将前台进程挂起

（三）使用 jobs 命令显示任务优态

命令功能：Linux 下的 jobs 命令可用于显示任务状态。jobs 命令可以列出活动的任务。不带选项时，所有活动任务的状态都会显示。

命令语法：

```
jobs [选项] [任务声明…]
```

主要选项：该命令中，主要选项的含义如表 2-17 所示。

表 2-17　jobs 命令主要选项的含义

选项	选项含义	选项	选项含义
-l	在正常信息基础上列出 PID	-r	限制仅输出运行中的任务
-n	仅列出上次通告之后改变了状态的进程	-S	限制仅输出停止的任务
-p	仅列出 PID		

【实例 2-88】jobs 命令使用实例。

通过 jobs 命令可以显示后台进程。增加 -l 选项还可以补充显示后台进程的 PID。若已完成前面的实例，后台将存在一个 vi 进程。执行如下命令：

```
[zp@ localhost ~]$ jobs -l        #列出后台进程及 PID
[zp@ localhost ~]$ vi             #开启一个新的 vi 进程
```

通过按"Ctrl+Z"组键将该 vi 进程挂起，执行如下命令：

```
[zp@ localhost ~]$ jobs -l        #列出后台进程及 PID
```

首先，通过"jobs -l"命令可以发现此时已经存在一个 PID 为 8542 的 vi 进程。读者注意观察 PID8542 前面编号 1 的旁边还有一个加号（+），接下来该加号的位置还会变化。执行效果如图 2-105 所示。

```
[zp@localhost ~]$ jobs -l
[1]+ 8542 停止          vi
[zp@localhost ~]$ vi
[2]+ 已停止          vi
[zp@localhost ~]$ jobs -l
[1]-  8542 停止          vi
[2]+ 8592 停止          vi
```

图 2-105　jobs 命令使用实例

接着，输入 Vi，开启一个的 vi 进程。在 vi 命令编辑界面中输入几行文字"Thisisanothervijob"，以与之前的 vi 进程加以区分。然后，通过"Ctrl+Z"组合键，将该 vi 进程挂起。最后，通过"jobs -l"命令，可以发现此时后台增加了一个新的 vi 进程，效果如图 2-106 所示。注意，这里有两个 vi 进程，第 1 个的 PID 是 8542，对应的是【实例 2-87】中的 vi 进程（正文内容对应"Hello, I'm zp."）；第 2 个的 PID 是 8592，对应的是刚才启动的 vi 进程（正文内容对应"Thisisanothervijob"）。jobs 命令执行的结果中，加号（+）表示的是一个当前的作业，减号（-）表示的是一个当前作业之后的作业。例如，8592 前面的加号（+）表示该进程是当前进程。执行第 3 条命令后，8542 前面是减号（-），进程的状态可以是 running、stopped、terminated。如果进程被"杀死"了，Shell 将从当前的 Shell 环境已知列表中删除进程的 PID。

```
This is another vi job
This is another vi job
This is another vi job
```

图 2-106　打开新的 vi 进程

（四）使用 fg 命令将任务移至前台

命令功能：fg［%N］命令将指定的任务 N 移至前台，其中"%"可以省略。N 是通过 jobs 命令查到的后台任务编号（不是 PID）。如果不指定任务编号，Shell 环境中的"当前任务"将会被使用，也就是 jobs 命令查看结果中带加号（+）的任务。

【实例 2-89】fg 命令使用实例。

若已完成前面的实例，则后台存在两个 vi 进程。首先查看后台进程。执行如下命令：

```
[zp@ localhost ~]$ jobs -l        #列出进程信息
```

执行效果如图 2-107 所示。

```
[zp@localhost ~]$ jobs -l
[1] - 8542 停止          vi
[2] + 8592 停止          vi
```

图 2-107　查看后台进程

图 2-107 中显示 8592 前面有一个加号（+），表示该进程（PID 为 8592）是当前任务。如果此时直接执行 fg 命令，默认将该进程恢复到前台执行；而 8542 前面是减号（-），不是当前任务。其前面还有一个编号 1。如果要指定将该进程恢复到前台执行，我们可以使用 fg %1，或者 fg 1。我们在不同 vi 进程的命令编辑界面输入了不同内容，读者很容易发现其区别。为了再次将 vi 进程挂起，读者在执行完以下 fg 命令后，还需要使用"Ctrl+Z"组合键：

```
[zp@ localhost ~]$ fg            #默认将 PID 为 8592 的进程恢复到前台执行
[zp@ localhost ~]$ fg 1          #将 PID 为 8542 的进程恢复到前台执行
[zp@ localhost ~]$ fg 2          #将 PID 为 8592 的进程恢复到前台执行
```

执行效果如图 2-108 所示。读者会发现，上述命令执行过程中，加号"+"的位置实际上是变化的。

```
[zp@localhost ~]$ fg
vi

[2]+   已停止            vi
[zp@localhost ~]$ jobs -l
[1] - 8542 停止          vi
[2] + 8592 停止          vi
[zp@localhost ~]$ fg 1
vi

[1]+   已停止            vi
[zp@localhost ~]$ jobs -l
[1] + 8542 停止          vi
[2] - 8592 停止          vi
[zp@localhost ~]$ fg 2
vi

[2]+   已停止            vi
[zp@localhost ~]$ jobs -l
[1] - 8542 停止          vi
[2] + 8592 停止          vi
```

图 2-108　将进程恢复到前台执行

（五）使用 bg 命令移动任务至后台

命令功能：使用 bg［%N］命令（百分号"%"可以省略）可以将选中的任务 N（不是 PID）移动至后台运行，就像它们是带"&"启动的一样。bg 命令会将一在后台暂停的任务 N 变成继续执行的任务。如果后台中有多个任务，可以用 N 指定。如果 N 不存在，Shell 环境中的"当前任务"将会被使用。

【实例 2-90】bg 命令使用实例。

执行如下命令：

```
[zp@ localhost ~]$ jobs -l
[zp@ localhost ~]$ bg
[zp@ localhost ~]$ jobs -l
[zp@ localhost ~]$ bg %1
[zp@ localhost ~]$ jobs -l
[zp@ localhost ~]$ bg 2
[zp@ localhost ~]$ jobs -l
```

执行效果如图 2-109 所示。

```
[zp@localhost ~]$ jobs -l
[1] - 8542 停止            vi
[2] + 8592 停止            vi
[zp@localhost ~]$ bg
[2] + vi &

[2] + 已停止              vi
[zp@localhost ~]$ jobs -l
[1] - 8542 停止            vi
[2] 8592 停止 (tty输出) vi
[zp@localhost ~]$ bg %1
[1] - vi &

[1] + 已停止              vi
[zp@localhost ~]$ jobs -l
[1] + 8542 停止 (tty输出) vi
[2] - 8592 停止 (tty输出) vi
[zp@localhost ~]$ bg 2
[2] - vi &

[2] + 已停止              vi
[zp@localhost ~]$ jobs -l
[1] - 8542 停止 (tty输出) vi
[2] + 8592 停止 (tty输出) vi
```

图 2-109　bg 命令使用实例

课内思考

挂起和后台运行是一回事吗？

任务五　其他常用命令的熟练使用

在熟悉了基本的命令和操作之后，为了进一步提高工作效率，我们需要掌握更多的常用命令。以下是一些常用的命令，以及它们的用法和示例：

1. cd

用于改变当前目录。例如，cd /home/user 可以将当前目录更改为 /home/user。

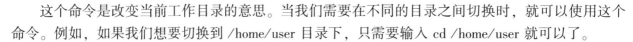

这个命令是改变当前工作目录的意思。当我们需要在不同的目录之间切换时，就可以使用这个命令。例如，如果我们想要切换到 /home/user 目录下，只需要输入 cd /home/user 就可以了。

2. cp

用于复制文件或目录。例如，cp file1 file2 可以将 file1 复制为 file2。

这个命令是复制文件或目录的意思。当我们需要复制一个文件或者目录时，就可以使用这个命令。例如，如果我们想要将 file1 复制为 file2，只需要输入 cp file1 file2 就可以了。

3. mv

用于移动或重命名文件或目录。例如，mv file1 /home/user 可以将 file1 移动到 /home/user 目录下。

这个命令是移动或重命名文件或目录的意思。当我们需要将一个文件或者目录移动到另一个目录下，或者需要重命名一个文件或者目录时，就可以使用这个命令。例如，如果我们想要将 file1 移动到 /home/user 目录下，只需要输入 mv file1 /home/user 就可以了。

4. rm

用于删除文件或目录。例如，rm file1 可以删除 file1。

这个命令是删除文件或目录的意思。当我们需要删除一个不需要的文件或者目录时，就可以使用这个命令。例如，如果我们想要删除 file1，只需要输入 rm file1 就可以了。

5. cat

用于查看文本文件的内容。例如，cat file1 可以显示 file1 的内容。

这个命令是连接并打印文件内容的意思。当我们需要查看一个文本文件的内容时，就可以使用这个命令。例如，如果我们想要查看 file1 的内容，只需要输入 cat file1 就可以了。

6. more 和 less

用于分页查看文本文件的内容。例如，less file1 可以以分页形式查看 file1 的内容，可以使用上、下箭头键向下或向上滚动。

这两个命令都是用来分页查看文本文件的。当我们需要查看的文本文件内容非常多，一页无法完全显示时，就可以使用这两个命令。例如，如果我们想要以分页形式查看 file1 的内容，只需要输入 less file1 就可以了。然后可以使用上、下箭头键向下或向上滚动查看内容。

7. head 和 tail

用于查看文件的开头或结尾部分。例如，head -n 10 file1 可以显示 file1 的前 10 行，而 tail -n 10 file1 可以显示 file1 的最后 10 行。

这两个命令都是用来查看文件的前几行或者后几行的。当我们只需要查看文件的开头或者结尾部分时，就可以使用这两个命令。例如，如果我们想要查看 file1 的前 10 行，只需要输入 head -n 10 file1 就可以了。如果我们想要查看 file1 的最后 10 行，只需要输入 tail -n 10 file1 就可以了。

8. find

用于在指定目录下查找文件或目录。例如，find /home/user-name " * . txt"可以查找在 /home/user 目录下所有以 . txt 结尾的文件。

这个命令是在指定目录下查找文件或目录的意思。当我们需要在指定的目录下查找特定的文件或者目录时，就可以使用这个命令。例如，如果我们想要查找在 /home/user 目录下所有以 . txt 结尾的文件，只需要输入 find /home/user-name " * . txt"就可以了。

9. grep

用于在文件中查找指定的字符串或正则表达式。例如，grep "hello"file1 可以在 file1 中查找所

有包含 "hello" 的行。

这个命令是在文件中查找指定的字符串或正则表达式的意思。当我们需要在特定的文件中查找特定的字符串或者正则表达式时，就可以使用这个命令。例如，如果我们想要在 file1 中查找所有包含 "hello" 的行，只需要输入 grep "hello"file1 就可以了。

10. chmod

用于更改文件或目录的权限。例如，chmod +x script1. sh 可以给 script1. sh 添加可执行权限。

这个命令是用来更改文件或目录的权限的意思。当我们需要改变一个文件或者目录的权限时，就可以使用这个命令。例如，如果我们想要给 script1. sh 添加可执行权限，只需要输入 chmod +x script1. sh 就可以了。

项目实训

教师评语	教师签字 日期	成绩	
学生姓名		学号	
实训名称	命令行基础操作实训		
实训准备	（1）确保学生有一个可以访问命令行的计算机环境，可以是本地计算机或者远程服务器。 （2）确保学生的系统上安装了常见的命令行工具，如 bash、date、more、less 等。 （3）提供学生学习材料，包括相关命令的手册（man 命令）、实例演示等。		
实训目标	学生掌握基本命令行工具的使用，了解文件查看与编辑，熟悉管道和重定向，并且能够使用自动补全和历史命令记录。		
实训步骤			
1. 使用命令行帮助功能查看 date、more、less 等命令的帮助信息。注意：实训 2 的第 2 题和第 4 题中会用到这 3 个命令。 2. 显示当前计算机上的日期和时间。 3. 为命令 cat/etc/passwd 设置别名 catpasswd；使用别名查看文件内容，然后将查看到的内容保存到一个新文件 zp-passwd 中；最后取消别名。 4. 借助管道，分页显示/etc/shadow 的内容，然后统计该文件行数。 5. 使用自动补全、历史命令记录等功能重新执行上述某条命令。			
实训总结	通过这个实训，学生能够熟练使用命令行进行基本的文件查看、操作和管理。掌握常见命令的使用方法，了解如何通过别名简化命令，以及如何通过管道和重定向实现更复杂的操作。同时，学生也学会利用自动补全和历史命令记录来提高工作效率。这些基础技能对于日常系统管理、开发和运维工作都是至关重要的。		

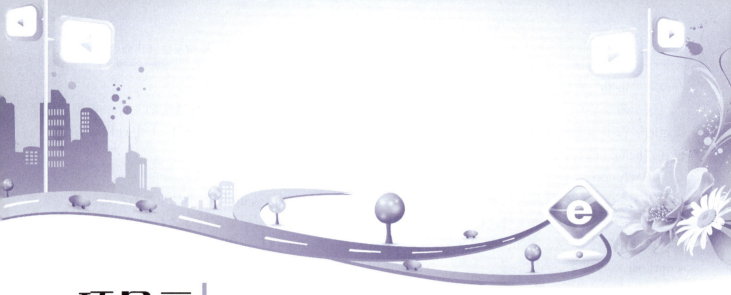

项目三 管理 Linux 服务器的用户和组

项目概述

本项目的主要目标是使读者在能操作 Linux 下的用户和组的基础上，还能深刻理解这些操作的含义和背后的原理。这对于正在寻求 Linux 系统管理、信息安全等领域进修的 IT 专业人员，或是对 Linux 操作系统基础知识有深入了解需求的个人来说有较高的实用价值。

学习目标

知识目标

①掌握 Linux 系统环境下的用户账户和组账户的基础理论知识。

②熟悉账户配置文件的组成和作用，包括/etc/passwd 文件、/etc/shadow 文件、/etc/group 文件、etc/gshadow 文件等。

③理解 Linux 用户账户管理命令和组账户管理命令，如 useradd、adduser、passwd、user-mod、chage、userdel、groupdd、groupmod、gpasswd、groupdel 等的使用方法和作用。

④理解 Linux 访问权限的组成及其管理方式。

能力目标

①熟练操作 Linux 下的用户账户及组账户，包括创建、修改和删除账户。

②能够配置和解读 Linux 下的各类账户配置文件。

③能够掌控和调整 Linux 系统的用户访问权限，熟练运用 chmod、umask 等命令进行权限设定。

思政目标

①培养良好的信息安全意识，理解用户管理和组管理在信息安全中的重要性。

②提升问题解决能力，能通过配置文件和命令行工具，有效解决 Linux 系统中的用户管理和组管理问题。

③通过实践操作，培养对 Linux 系统的熟练应用和深入理解能力，提高自学能力和动手解决问题的能力。

任务一 用户和组管理概述

一、用户账户

Linux 操作系统是一款多用户操作系统，它允许多名用户同时登录系统，并使用系统资源。为了区分不同的用户，保护不同用户的文件和进程，需要引入用户账户的概念。任何一名用户要使用系统资源，都必须首先向系统管理员申请一个用户账户，然后以这个账户的身份进入系统。用户账户一方面可以帮助系统管理员对使用系统的用户进行跟踪，并控制他们对系统资源的访问，另一方面可以帮助用户组织文件，并为用户提供安全性保护。

linux 操作系统中存在三类用户，即超级用户（super user）、系统用户（system user）和普通用户（regular user），详细信息如表 3-1 所示。系统为每个用户分配唯一的用户 ID 值 UID。UID 是一个非负整数，其最小值为 0。在实际管理中，用户角色是通过 UID 来标识的。角色不同，用户的权限和所能完成的任务也不同。

表 3-1 用户类别

用户类别	UID	说明
超级用户	0	root 用户，具有最高的系统权限，可以执行所有任务；由于操作不当导致损失的风险也最大
系统用户	1~999	主要是被系统或应用程序使用，并没有特别的权限
普通用户	1000 及 1000 以上	最常见的一类用户，满足不同用户日常登录操作等需求

大多数 Linux 发行版在安装时会设置两个用户账户的密码：一个是 root 用户；另一个是用于日常操作的普通用户。后文还会介绍如何添加和修改用户账户，读者可以使用 su 命令在不同用户账户之间进行切换。

进行系统配置和管理等操作时，通常需要用到 root 权限。root 用户权限高，以 root 用户账户工作时，容易因为操作不当而造成破坏性的后果。一般不建议使用 root 用户身份开展日常登录和操作等工作。建议通过 sudo 临时使用 root 权限执行相关命令，执行完后自动返回普通用户状态。

【实例 3-1】使用 sudo 命令运行命令。

本实例中，用户准备在/home 中创建 zp. txt 文件。但创建该文件需要 root 权限，普通用户操作时，系统会提示该账户权限不够。此时可以通过 sudo 命令临时使用 root 权限。执行如下命令：

```
[zp@ localhost ~]$ touch/home/zp.txt
[zp@ localhost ~]$ sudo touch/home/zp.txt
[zp@ localhost ~]$ ls/home/
```

以上命令的执行效果如图 3-1 所示。

```
[zp@localhost ~]$ touch /home/zp.txt
touch: 无法创建 '/home/zp.txt': 权限不够
[zp@localhost ~]$ sudo touch /home/zp.txt
[sudo] zp 的密码：
[zp@localhost ~]$ ls /home/
zp zp.txt
```

图 3-1 使用 sudo 运行命令

二、组账户

除了用户账户之外，Linux 中还存在组账户（简称为"组"）的概念。组账户是一类特殊账户，是具有相同或者相似特性的用户集合，又称用户组。组是用户的集合，任何用户都归属于至少一个组。将用户分组是 Linux 操作系统中对用户进行管理与控制访问权限的一种手段。通过组账户可以集中设置访问权限和分配管理任务，且是向一组用户（而不是向一个用户）分配权限。通过定义组账户，在很大程度上简化了管理工作。例如，我们可以将某一类型用户加入同一个组账户，然后修改该文件或目录对应的组账户的权限，让组账户具有符合需求的操作权限，这样组账户下的所有用户都对该文件或目录具有相同的权限。

知识之窗

> 用户与组属于多对多的关系。一个组可以包括多名用户，一名用户可以同时属于多个组。组账户可以分为超级用户组（superuser group）、系统组（system group）和普通组。

课内思考

用户和组的存在如何帮助 Linux 系统管理者实现更好的权限划分和安全策略？

任务二　账户配置文件

用户账户管理主要涉及/etc/passwd 和/etc/shadow 两个文件；组账户管理主要涉及/etc/group 和/etc/gshadow 两个文件。Linux 操作系统中，与用户管理和组管理相关的重要配置文件或目录如表 3-2 所示。

Linux 组账户的管理

表 3-2　重要配置文件或目录

配置文件或目录	说明
/etc/passwd	用户账户的配置文件
/etc/shadow	/etc/passwd 的影子文件
/etc/group	组账户的配置文件
/etc/gshadow	/etc/group 的影子文件
/etc/default/useradd	使用 useradd 添加用户时需要调用的默认的配置文件
/etc/login.defs	定义创建用户时的一些基本配置信息
/etc/skel	存放新用户配置文件的目录

一、/etc/passwd 文件

文件/etc/passwd 是 Linux 关键的安全文件之一。它是系统识别用户账户的一个重要文件，Linux 操作系统中所有的用户账户都记录在该文件中。文件/etc/passwd 的每一行保存一个用户账户的资料。每一个用户账户的数据按字段以冒号 "：" 分隔，每行包括 7 个字段。具体格式为：

username：password：uid：gid：userinfo：home：shell

上述各个字段的含义如表 3-3 所示。

表 3-3 /etc/passwd 文件各个字段的含义

字段	含义
username	用户账户名，在系统内用户账户名应该具有唯一性
password	用户密码占位符，显示为 x，密码已被保存到/etc/shadow 文件中
uid	用户 ID，在系统内用一个整数标识用户 ID，每个用户的 ID 都是唯一的。root 用户的 ID 是 0，普通用户的 ID 默认从 1000 开始
gid	默认的组账户 ID。每个组账户 ID 都是唯一的
userinfo	用户注释信息，针对用户名的描述。该字段可以不设置
home	分配给用户的主目录，用户登录系统后首先进入该目录
shell	用户登录默认的 Shell（默认为/bin/bash）

用户账户名由用户自行选定，主要方便用户记忆。如前面所述，不同类型的 UID，有不同的取值范围。所有用户密码都是加密存放的。目前/etc/passwd 已经不再存放密码信息，而是用一个占位符代替。每名用户通常会被分配一个默认的组 ID，即 GID。不同用户通常分配不同的主目录，以避免相互干扰。当用户登录系统时，会启动一个 Shell 程序，默认是 bash。

【实例 3-2】查看/etc/passwd 的内容。

注意，查看/etc/passwd 并不需要 root 权限。目前，/etc/passwd 文件似乎已经有点"名不副实"了，因为该文件中已经不再存放用户密码这类敏感信息。执行如下命令：

```
[zp@ localhost ~]$ cat /etc/passwd
```

以上命令的执行效果如图 3-2 所示。大部分 Linux 操作系统中的用户账户数量较多，因此，/etc/passwd 文件的行数较多。读者可以使用 head 命令或者 tail 命令查看文件开始或者末尾几行的内容，也可以直接使用 grep 命令查找需要的内容。

从图 3-2 可以看出，root 用户的 UID 为 0。所有账户的密码位置用占位符 x 代替，真正账户的密码已经移动到/etc/shadow 文件中。用户 zp 登录系统时，系统首先会检查/etc/passwd 文件，看是否有 zp 这个账户，如果存在则读取/etc/shadow 文件中对应的密码。如果密码核实无误则登录系统，读取用户的配置文件。

```
[zp@localhost ~]$cat /etc/passwd
root:x:0:0:root:/root:/bin/bash
bin:x:1:1:bin:/bin:/sbin/nologin
daemon:x:2:2:daemon:/sbin:/sbin/nologin
adm:x:3:4:adm:/var/adm:/sbin/nologin
lp:x:4:7:lp:/var/spool/lpd:/sbin/nologin
```

图 3-2 查看/etc/passwd 的内容

二、/etc/shadow 文件

早期的 Linux 操作系统中，密码信息都保存在/etc/passwd 文件中。为了安全考虑，这些敏感信息被移动到/etc/shadow 文件中。任何用户都可以查看/etc/passwd 文件的内容，然而查看/etc/shadow 文件则需要 root 权限。/etc/shadow 也称为/etc/passwd 的影子文件，主要保存用户密码配置情况。每一名用户的数据占据一行，每行包括 9 个字段，以冒号":"分隔，格式如下所示：

```
username: password: lastchg: min: max: warn: inactive: expire: flag
```

其中，各个字段的含义如表 3-4 所示。

表 3-4　文件/etc/shadow 中字段的含义

字段	含义
username	用户账户名，该用户名与/etc/passwd 中的用户名相同
password	加密后的用户密码。如果该字段以 1 开头表示用 MD5 加密；以 2 开头表示用 Blowfish 加密；以 5 开头表示用 SHA-256 加密；以 6 开头表示用 SHA-512 加密。如果该字段为空，或者显示为"*""!""!!""locked"等字样，则代表用户还未设置密码或者存在诸如锁定等其他限制因素
lastchg	用户最后一次更改密码的日期。从 1970 年 1 月 1 日开始计
min	密码允许更换前的天数。表示两次修改密码之间至少经过的天数，如果设置为 0，则禁用此功能
max	密码需要更换的天数。表示密码有效的最大天数，如果是 99999 则表示永不过期
warn	密码更换前警告的天数。表示密码失效前多少天内系统向用户发出警告
inactive	账户被取消激活前或禁止登录前用户还有效的天数。表示用户密码过期多少天后，系统会禁用此用户账户，也就是说系统会不让此用户登录，也不会提示用户过期，此用户账户是完全禁用的
expire	表示用户被禁止登录的时间。指定用户账户禁用的天数（从 1970 年 1 月 1 日开始计），如果这个字段的值为空，则账户永久可用
flag	保留字段，用于未来扩展，暂未使用

【实例 3-3】查看/etc/shadow 的内容。

注意，读取和操作/etc/shadow 文件需要 root 权限。如果这个文件的权限变成了其他组或用户可读，则意味着系统可能存在安全问题。执行如下命令：

```
[zp@ localhost ~]$ sudo cat /etc/shadow
```

以上命令的执行效果如图 3-3 所示。/etc/shadow 文件的行数同样比较多。读者可以使用 head 命令、tail 命令查看文件开始或者末尾几行的内容。

由结果可知，root 用户数据的第 2 个字段是一个以"6"开头的非常长的字符串，这是采用 SHA-512 加密后的用户密码。部分系统的 root 用户没启用 SHA-512 加密，看到的内容将不一样。

```
[zp@localhost ~]$ sudo cat /etc/shadow
root:$6$NU.LDVJsPHTK2r.z$ndokwPMFBJ7GRjut1QJFrUaol8QegRIkz95tpRxE
eCKUTECR/e0wjc5zudG9lLaAnm30fbxUTurGLXBbg2De.::0:99999:7:::
bin:*:18849:0:99999:7
iaemon:*:18849:0:99999:7:::
```

图 3-3　查看/etc/shadow 的内容

三、/etc/group 文件

文件/etc/group 是组账户的配置文件，内容包括用户和组，并且能显示出用户归属哪个组或哪几个组。一名用户可以归属一个或多个不同的组，同一组的用户之间具有相似的特性。如果把某一用户加入某个组，那么这个用户默认具备该组用户的相应权限。如果把某个文件或者文件夹的读写执行权限向某个组账户开放，该组的所有用户都具备该权限。文件/etc/group 的内容包括组名、组密码、GID 及该组所包含的用户，每个组对应一条记录。每条记录有 4 个字段，字段间用":"分隔，具体格式如下所示：

```
group_name: group_password: group_id: group_members
```

各个字段的含义如表 3-5 所示。

表 3-5　文件/etc/group 各字段的含义

字段	含义
group_name	组账户名
group_password	加密后的组账户密码，显示为 x，真正的密码已被映射到/etc/gshadow 文件中
group_id	组账户 ID（GID），在系统内用一个整数标识组账户 GID，每个组账户的 GID 都是唯一的。默认普通组账户的 GID 从 1000 开始，root 组账户 GID 是 0
group_members	以逗号分隔的成员用户清单

组账户 GID 与 UID 类似，是一个从 0 开始的非负整数，GID 为 0 的组账户是 root 组账户。Linux 操作系统会预留 GID 1~999 给系统虚拟组账户使用。普通组账户 GID 是从 1000 开始的。我们可以通过/etc/login. defs 查看系统创建组账户默认的 GID 范围，对应文件中的 GID_MIN 和 GID_MAX。

【实例 3-4】查看/etc/group 的内容。

文件/etc/group 的内容较多，用 head 命令查看该文件前几行的内容。执行如下命令：

```
[zp@ localhost ~]$ head /etc/group
```

执行效果如图 3-4 所示。由图 3-4 可知，系统中存在一个 root 组账户，其 GID 为 0。该账户是系统安装时自动创建的。

```
[zp@localhost ~]$ head /etc/group
root:x:0:
bin:x:1:
daemon:x:2:
sys:x:3:
adm:x:4:
tty:x:5:
```

图 3-4　查看/etc/group 的内容

四、/etc/gshadow 文件

文件/etc/gshadow 是文件/etc/group 的组账户影子文件。相对于用户账户配置文件，组账户相关的配置文件的内容相对更为简单，并且大多数内容都默认为空。/etc/gshadow 文件中每个组账户对应一行记录，每行有 4 个字段，字段用之间用 "：" 分隔，格式如下所示：

```
group_name：group_password：group_id：group_members
```

各个字段的含义如表 3-6 所示。

表 3-6　文件/etc/gshadow 中各字段的含义

字段	含义
group_name	组账户名
group_password	加密后的组账户密码。如果有些组在这里显示的是 "！" 或者为空，通常表示这个组没有密码。一般不需要设置
group_id	组账户 ID（GID）
group_members	以逗号分隔的成员用户清单，属于该组的用户成员列表

【实例 3-5】查看/etc/gshadow 的内容。

注意，查看/etc/gshadow 内容需要 root 权限。gshadow 文件的内容较多，用 head 命令可查看文件前几行的内容。执行如下命令：

```
[zp@ localhost ~]$ sudo head /etc/gshadow
```

执行效果如图 3-5 所示。

```
[zp@localhost ~]$ sudo head /etc/gshadow
[sudo]zp 的密码:
root:::
bin:::
daemon:::
sys:::
adm:::
tty:::
disk:::
```

图 3-5　查看/etc/gshadow 的内容

五、/etc/login.defs 文件

/etc/login.defs 文件用来定义创建用户时需要的一些用户的配置文件，如创建用户时是否需要主目录，UID 和 GID 的范围是多少，用户及密码的有效期限是多久，等等。

【实例 3-6】查看 UID 最大值。

UID 最大值等配置信息保存在/etc/login.defs 文件中。使用如下命令可以查看 UID 最大值。用户也可以直接查看该文件的所有信息，该文件的内容较多。

[zp@ localhost ~]$ grep UID_MAX /etc/login.defs

以上命令的执行效果如图 3-6 所示。

```
[zp@localhost ~]$ grep UID_MAX /etc/login.defs
# NO LASTLOG_UID_MAX means that there is no user ID limit for wri
ting
#LASTLOG_UID_MAX
UID_MAX                          6000
SYS_UID_MAX                       999
SUB_UID_MAX               600100000
```

图 3-6　查看 UID 最大值

六、/etc/skel 目录

/etc/skel 目录用来存放新用户配置文件。当我们添加新用户时，这个目录下的所有文件都会自动被复制到新添加的用户的主目录下。默认情况下，/etc/skel 目录下的所有文件都是隐藏文件（以点开头）。通过修改、添加、删除/etc/skel 目录下的文件，我们可以为新创建的用户提供统一、标准的初始化用户环境。

【实例 3-7】查看/etc/skel 目录的内容。

执行如下命令：

[zp@ localhost ~]$ ls -la /etc/skel/

执行效果如图 3-7 所示。

```
[zp@localhost ~]$ ls -la /etc/skel/
总用量 24
drwxr-xr-x.     3 root root     78   3月 26 17:44 .
drwxr-xr-x.   130 root root   8192   6月 24 02:22 ..
-rw-r--r--.     1 root root     18  11月  5  2021 .bash_logout
-rw-r--r--.     1 root root    141  11月  5  2021 .bash_profile
-rw-r--r--.     1 root root    492  11月  5  2021 .bashrc
drwxr-xr-x.     4 root root     39   4月 25 08:39 .mozilla
```

图 3-7　查看/etc/skel 目录的内容

七、/etc/default/useradd 文件

/etc/default/useradd 文件是在使用 useradd 添加用户时需要调用的一默认的配置文件。我们可以使用 usemdd-D 来修改文件里面的内容，当然也可以直接编辑修改，但一般不需要修改其内容。

【实例 3-8】查看/etc/default/useradd 文件的内容。

执行如下命令：

[zp@ localhost ~]$ cat /etc/default/useradd

执行效果如图 3-8 所示。

```
[zp@localhost ~]$ cat /etc/default/useradd
# useradd defaults file
GROUP=100
HOME=/home
INACTIVE=-1
EXPIRE=
SHELL=/bin/bash
SKEL=/etc/skel
CREATE_MAIL_SPOOL=yes
```

图 3-8　查看/etc/default/useradd 文件的内容

课内思考

为什么在 Linux 中，存储用户账户和密码的文件是分开的？

任务三　用户账户管理命令

本节介绍用户账户管理命令，主要涉及创建、修改和删除用户账户。在后续实例中也会涉及一些与用户账户管理相关的其他命令。

一、创建用户账户命令 useradd 和 adduser

命令功能：添加用户的命令有 useradd 和 adduser，这两个命令所能达到的效果是一样的，掌握其中一个即可。需要注意的是，在部分 Linux 发行版中（如 Ubuntu），两个命令之间的使用方法存在一定的区别。当使用 useradd 命令不加选项且后面直接跟所添加的用户名时，系统首先会读取配置文件/etc/login. defs 和/etc/default/useradd 中的信息建立用户主目录，并复制/etc/skel 中的所有文件（包括隐藏的环境配置文件）到新用户主目录中。当执行 useradd 命令加-D 选项时，可以更改新建用户的默认配置值。

命令语法：

useradd [选项] [用户名]

主要选项：该命令中，主要选项的含义如表 3-7 所示。

表 3-7　useradd 命令主要选项的含义

选项	选项含义
-d	指定用户主目录。如果此目录不存在，则同时使用-m 选项，可以创建主目录
-g	指定用户所属的组账户
-G	指定用户所属的附加组
-s	指定用户的登录 Shell
-u	指定用户的用户号
-e	指定账户的有效期限，默认表示永久有效
-f	指定用户的密码不活动期限
-r	建立系统账号
-c	为用户添加备注，可在/etc/passwd 中查看

【实例 3-9】创建新用户。

使用 useradd 创建新用户 zp01，不使用任何命令选项。后续还会对其进行配置，请注意观察。执行如下命令：

```
[zp@ localhost ~]$ sudo useradd zp01
[zp@ localhost ~]$ grep zp01 /etc/passwd
[zp@ localhost ~]$ su zp01
[zp@ localhost ~]$ ls /home/
```

执行效果如图 3-9 所示。第 1 条命令创建一个用户账户；第 2 条命令查看所创建的用户账户的数据；第 3 条命令尝试使用 zp01，失败，该用户账户还不能使用。第 3 步失败后，如果没有自动返回命令提示符，读者可以用"Ctrl+C"组合键强行结束。第 4 条命令查看用户主目录，发现用户主目录/home/zp01 已经存在。在 Ubuntu 等操作系统中，第 4 步查看时可能会发现/home/zp01 并不存在。

```
[zp@localhost ~]$ sudo useradd zp01
[sudo] zp 的密码：
[zp@localhost ~]$ grep zp01 /etc/passwd
zp01:x:1001:1001::/home/zp01:/bin/bash
[zp@localhost ~]$ su zp01
密码：
su: 鉴定故障
[zp@localhost ~]$ ls /home/
zp zp01
```

图 3-9　创建新用户

【实例 3-10】创建一个系统用户。

使用 useradd 创建新的系统用户 zp02s，并检查创建效果。执行如下命令：

```
[zp@ localhost ~]$ sudo useradd -r zp02s
[zp@ localhost ~]$ grep zp /etc/passwd
```

执行效果如图 3-10 所示。第 1 条命令创建一个系统用户。第 2 条命令查看所创建用户账户的数据。注意比较用户 zp01 和 zp02s 的 UID 所处的区间范围。zp02s 的 UID 取值范围为 1~999，而普通用户 zp01 的 UID 默认从 1000 开始。

```
[zp@localhost ~]$ sudo useradd -r zp02s
[zp@localhost ~]$ grep zp /etc/passwd
zp:x:1000:1000:zp:/home/zp:/bin/bash
zp01:x:1001:1001::/home/zp01:/bin/bash
zp02s:x:977:977::/home/zp02s:/bin/bash
```

图 3-10　创建一个系统用户

【实例 3-11】创建新用户，并为新添加的用户指定相应的组账户。

本实例中指定将新用户 zp03 加入 zp 组。这里假定读者的 Ubuntu 操作系统中存在 zp 组，该组账户是 zp 账户的同名组账户。如果读者的系统默认用户为××，则可以将此处 zp 换成××。执行如下命令：

```
[zp@ localhost ~]$ sudo useradd zp03 -g zp
[zp@ localhost ~]$ grep zp /etc/passwd
```

执行效果如图 3-11 所示。注意 zp01 和 zp02s 两个用户账户的 UID 与各自的 GID 相同，系统自动为它们创建了同名的组账户。zp03 用户创建过程中指定了组账户，所以系统并没有为其创建同名组账户。

```
[zp@localhost ~]$ sudo useradd zp03 -g zp
[sudo] zp 的密码：
[zp@localhost ~]$ grep zp /etc/passwd
zp:x:1000:1000:zp:/home/zp:/bin/bash
zp01:x:1001:1001::/home/zp01:/bin/bash
zp02s:x:977:977::/home/zp02s:/bin/bash
zp03:x:1003:1000::/home/zp03:/bin/bash
```

图 3-11   创建新用户并为其指定组账户

【实例 3-12】为新用户添加备注并指定过期时间。

创建新用户，为新用户添加备注并指定过期时间。执行如下命令：

[zp@ localhost ~]$ sudo useradd -c 1 天后过期 -e 1 zp04

[zp@ localhost ~]$ grep zp04 /etc/passwd

[zp@ localhost ~]$ sudo grep zp04 /etc/shadow

执行效果如图 3-12 所示。最后两条命令分别用来查看备注信息和过期日期信息。

```
[zp@localhost ~]$ sudo useradd -c 1 天后过期 -e 1 zp04
[zp@localhost ~]$ grep zp04 /etc/passwd
zp04:x:1004:1004:1 天后过期:/home/zp04:/bin/bash
[zp@localhost ~]$ sudo grep zp04 /etc/shadow
zp04:!!:19167:0:99999:7::1:
```

图 3-12   添加备注并指定过期时间

二、修改用户账户命令 passwd、usermod、chage

1. 设置用户账户密码命令 passwd

命令功能：passwd 命令用于设置或修改用户密码。使用 useradd 命令添加的新用户需要设置密码。普通用户和 root 用户都可以运行 passwd 命令，但普通用户只能更改自己的用户密码，root 用户可以设置或修改任何用户的密码。如果 passwd 命令后面不接任何选项或用户名，则表示修改当前用户的密码。

命令语法：

passwd [选项] [用户名]

主要选项：该命令中，主要选项的含义如表 3-8 所示。

表 3-8   passwd 命令主要选项的含义

选项	选项含义
-d，-delete	删除指定账户的密码
-e，-expire	终止指定账户的密码
-1，-lock	锁定指定的账户
-i，--inactiveINACTIVE	密码过期后，经过 INACTIVE 天账户被禁用
-u，-unlock	解锁被指定账户
-n，--mindaysMINDAYS	设置到下次修改密码所需等待的最短天数为 MINDAYS
-S，-status	报告指定账户密码的状态

【实例 3-13】使用 passwd 为用户设置密码。

若已完成本章前面的实例，当前系统中已经存在 zp01 用户账户。接下来的多个实例是相互关联的，请按照顺序完成各个实例。执行如下命令：

[zp@ localhost ~]$ sudo grep zp01 /etc/shadow

[zp@ localhost ~]$ sudo passwd zp01

[zp@ localhost ~]$ sudo grep zp01 /etc/shadow

[zp@ localhost ~]$ su zp01

```
[zp01@ localhost zp]$ exit
[zp@ localhost ~]$
```

执行效果如图 3-13 所示。第 1 条命令检查 zp01 密码信息时，发现密码一栏为"!!"还没有设置密码。部分 Linux 发行版可能显示为"!"，如 Ubuntu；第 2 条命令为用户设置密码；第 3 条命令再次检查 zp01 密码信息，发现密码一栏变为一串加密数据。第 4 条命令切换到 zp01 用户，发现切换成功。我们之前尝试切换到 zp01 用户时，并没有成功。细心的读者会注意到，接下来的命令提示符内容有两处发生了变化，请结合所学知识，分析变动部分的含义。第 5 条命令用来退出刚才登录的 zp01 用户。同样，接下来的命令提示符内容有两处发生了变化。

```
[zp@localhost ~]$ sudo grep zp01 /etc/shadow
zp01:!!!:19167:0:99999:7:::
[zp@localhost ~]$ sudo passwd zp01
更改用户 zp01 的密码 。
新的密码：
重新输入新的密码：
passwd：所有的身份验证令牌已经成功更新。
[zp@localhost ~]$ sudo grep zp01 /etc/shadow
zp01:$6$C/AVxAgPKMeC0cT$Th2L/.5sauokbiid00xpLyObCUr4wT3dNdlrR4tzt
bPYt/gVVP5caVj.YZG5YtRaZzU01YCryolsvMKWS3tUh71:19167:0:99999:7:::
[zp@localhost ~]$ su zp01
密码：
[zp@localhost zp~]$ exit
exit
[zp@localhost ~]$
```

图 3-13　为用户设置密码

【实例 3-14】 使用 passwd 为用户删除密码。

执行如下命令。

```
[zp@ localhost ~]$ sudo grep zp01 /etc/shadow
[zp@ localhost ~]$ sudo passwd -d zp01
[zp@ localhost ~]$ sudo grep zp01 /etc/shadow
[zp@ localhost ~]$ su zp01
[zp01@ localhost zp]$ exit
```

执行效果如图 3-14 所示。第 1 条命令检查 zp01 密码信息，发现用户已经设置密码；第 2 条命令为用户 zp01 删除密码；第 3 条命令再次检查 zp01 密码信息，发现密码一栏为空（注意，不是"!"）；第 4 条命令再次切换 zp01 成功，但是没有提示输入密码；第 5 条命令退出该用户。注意，第 5 条命令执行前后的命令提示符内容发生了变化。

```
[zp@localhost ~]$ sudo grep zp01 /etc/shadow
[sudo] zp 的密码：
zp1:$6$C/AVxAqPKMeC0cT0$Th2L/.5sauokbiidQOxpLyQbCUr4wT3dNdlrR4tzt
bPYt/gVVP5caVj.YZG5YtRaZzU01YCryolsvMKWS3tUh71:19167:0:99999:7:::
[zp@localhost ~]$ sudo passwd -d zp01
清除用户的密码 zp01 。
passwd：操作成功
[zp@localhost ~]$ sudo qrep zp01 /etc/shadow
zp01::19167:0:99999:7:::
[zp@localhost ~]$ su zp01
[zp@localhost zp~]$ exit
exit
[zp@localhost ~]$
```

图 3-14　为用户删除密码

2. 修改用户账户信息命令 usermod

命令功能：使用 usermod 命令可以更改用户 Shell 类型、所属组、密码有效期等信息。

命令语法：

usermod [选项] [用户名]

主要选项：该命令中，主要选项的含义如表 3-9 所示。

表 3-9　usermod 命令主要选项的含义

选项	选项含义
-d	修改用户主目录
-e	修改账户的有效期限
-f	密码过期多少天后，关闭该账户
-l	修改用户登录名称
-L	锁定用户账户
-u	修改用户的 UID
-U	解除用户账户锁定

【实例 3-15】修改用户的 UID。

使用"-u"选项可以修改用户的 UID。执行如下命令：

```
[zp@ localhost ~]$ grep zp01 /etc/passwd
[zp@ localhost ~]$ sudo usermod zp01 -u 1200
[zp@ localhost ~]$ grep zp01 /etc/passwd
```

执行效果如图 3-15 所示。第 1 条命令检查修改前用户的 UID，发现为 1001。第 2 条命令通过"-u"选项来修改用户的 UID。第 3 条命令检查修改后用户的 UID，发现已经修改为 1200。

```
[zp@localhost ~]$ grep zp01 /etc/passwd
zp01:x:1001:1001::/home/zp01:/bin/bash
[zp@localhost ~]$ sudo usermod zp01 -u 1200
[sudo] zp 的密码：
[zp@localhost ~]$ grep zp01 /etc/passwd
zp01:x:1208:1001::/home/zp01:/bin/bash
```

图 3-15　修改用户的 UID

【实例 3-16】修改用户登录名称。

使用"-l"选项可以修改用户登录名称。执行如下命令：

```
[zp@ localhost ~]$ grep zp01 /etc/passwd
[zp@ localhost ~]$ sudo usermod zp01 -l zp01new
[zp@ localhost ~]$ grep 1200 /etc/passwd
```

执行效果如图 3-16 所示。第 1 条命令检查修改前的用户 zp01 对应的 UID 为 1200，后续将通过 UID 获取修改后的用户登录名称所在的列，以验证修改效果。第 2 条命令通过"-l"选项来修改用户登录名称。第 3 条命令检查 UID 为 1200 的用户，发现其登录名称已经被修改为 zp01new。

```
[zp@localhost ~]$ grep zp01 /etc/passwd
zp01:x:1200:1001::/home/zp01:/bin/bash
[zp@localhost ~]$ sudo usermod zp01 -l zp01new
[sudo] zp 的密码：
[zp@localhost ~]$ grep 1200 /etc/passwd
zp01new:x:1200:1001::/home/zp01:/bin/bash
```

图 3-16　修改用户登录名称

【实例 3-17】用户账户锁定和解锁。

使用"-L"选项和"-U"选项可以对用户账户进行锁定和解锁。执行如下命令：

```
[zp@ localhost ~]$ su zp01new
[zp01new@ localhostzp]$ exit
```

```
[zp@ localhost ~]$ sudo usermod zp01new-L
[zp@ localhost ~]$ su zp01new
[zp@ localhost ~]$ sudo usermod zp01new-U
[zp@ localhost ~]$ su zp01new
[zp01new@ localhostzp]$ exit
```

执行效果如图 3-17 所示。第 1 条命令切换 zp01new 账户成功，表明该账户正常；第 2 条命令退出 zp01new 账户；第 3 条命令使用-L 选项锁定账户；第 4 条命令尝试重新切换 zp01new 账户，提示失败；第 5 条命令使用-U 选项解锁账户；第 6 条命令尝试重新切换 zp01new 账户，提示成功；第 7 条命令退出 zp01new 账户。

```
[zp@localhost ~]$ su zp01new
密码：
[zp01new@localhost zp]$ exit
exit
[zp@localhost ~]$ sudo usermod zp01new -L
[zp@localhost ~]$ su zp01new
密码：
su: 鉴定故障
[zp@localhost ~]$ sudo usermod zp01new -U
[zp@localhost ~]$ su zp01new
密码：
[zp01new@localhost zp]$ exit
exit
```

图 3-17　用户账户锁定和解锁

在实际执行过程中，第 5 条命令使用-U 选项解锁时，可能会提示"usemiod：解锁用户密码将产生没有密码的账户。"，如图 3-18 所示。

```
[zp@localhost ~]$ sudo usermod zp01new -U
usermod: 解锁用户密码将产生没有密码的账户。
您应该使用 usermod -p 设置密码并解锁用户密码。
```

图 3-18　usermod 警告

此时读者可以使用 passwd 命令重设 zp01new 密码，执行效果如图 3-19 所示。读者如果使用 passwd 命令重设 zp01new 密码后仍然不能登录，可以尝试再次执行第 5 条命令使用-U 选项解锁。

```
[zp@localhost ~]$ sudo passwd zp01new
更改用户 zp01new 的密码。
新的密码：
重新输入新的密码：
passwd: 所有的身份验证令牌已经成功更新。
[zp@localhost ~]$ su zp01new
密码：
[zp01new@localhost zp]$ exit
exit
```

图 3-19　用户账户解锁可能遇到的问题及解决方案

【实例 3-18】为用户修改主目录。

使用"-d"选项可以为用户修改主目录。执行如下命令：

```
[zp@ localhost ~]$ grep zp01new /etc/passwd
[zp@ localhost ~]$ sudo mkdir /home/zp01new
[zp@ localhost ~]$ sudo usermod zp01new-d /home/zp01new
[zp@ localhost ~]$ grep zp01new /etc/passwd
```

执行效果如图 3-20 所示。第 1 条命令查看到 zp01new 用户的当前主目录为/home/zp01；第 2 条命令手动创建/home/zp01new 目录；第 3 条命令修改 zp01new 的主目录为/home/zp01new。第 4 条命令检查修改后的用户主目录，发现修改成功。

```
[zp@localhost ~]$ grep zp01new /etc/passwd
zp01new:x:1200:1001::/home/zp01:/bin/bash
[zp@localhost ~]$ sudo mkdir /home/zp01new
[sudo] zp 的密码：
[zp@localhost ~]$ sudo usermod zpinew -d /home/zp01new
[zp@localhost ~]$ grep zp01new /etc/passwd
zp01new:x:1200:1001::/home/zp01new:/bin/bash
```

图 3-20　为用户指定目录

3. 用户密码有效期信息管理命令 chage

命令功能：chage 命令主要用于用户密码有效期信息管理，它可以更改用户密码过期信息，修改用户账户和密码的有效期限。

命令语法：

chage [选项] [用户名]

主要选项：该命令中，主要选项的含义如表 3-10 所示。

表 3-10　chage 命令主要选项的含义

选项	选项含义
-d	指定密码最后修改日期
-E	指定密码过期日期：0 表示马上过期，-1 表示永不过期
-I	密码过期指定天数后，设置密码为失效状态
-l	列出用户账户的有效期
-m	两次改变密码之间相距的最小天数，为 0 代表任何时候都可以更改密码
-M	密码保持有效的最大天数
-W	密码过期前，提前收到警告信息的天数

【实例 3-19】查看用户密码有效期信息配置情况。

使用"-l"选项可以查看用户密码有效期信息配置情况。执行如下命令：

[zp@ localhost ~]$ sudo chage zp01new-l

执行效果如图 3-21 所示。

```
[zp@localhost ~]$ sudo chage zp01new -l
最近一次密码修改时间                      : 6月 24,
 2022
密码过期时间                     ：从不
密码失效时间                     ：从不
账户过期时间                            ：从不
两次改变密码之间相距的最小天数      : 0
两次改变密码之间相距的最大天数      :99999
在密码过期之前警告的天数        : 7
```

图 3-21　查看用户密码有效期信息配置情况

【实例 3-20】修改账户有效期信息。

执行如下命令：

[zp@ localhost ~]$ sudo chage zp01new -M 35 -m 6 -W 5

[zp@ localhost ~]$ sudo chage zp01new -l

执行效果如图 3-22 所示。第 1 条命令一次使用多个选项修改账户有效期信息，读者可以结合

表 3-10 查看每个选项的含义。第 2 条命令查看修改结果。读者可以将本实例结果与【实例 3-19】的结果进行对比，以理解相应选项的功能。

```
[zp@localhost ~]$ sudo chage zp01new -M 35 -m 6 -w 5
[sudo] zp 的密码：
[zp@localhost ~]$ sudo chage zp01new -l
最近一次密码修改时间                                        ：6月 24,
  2022
密码过期时间                                      ：7月 29, 2022
密码失效时间                                      ：从不
账户过期时间                                          ：从不
两次改变密码之间相距的最小天数          ：6
两次改变密码之间相距的最大天数          ：35
在密码过期之前警告的天数          ：5
```

图 3-22　修改账户有效期信息

【实例 3-21】使用交互方式修改账户有效期信息。

由于 chage 选项众多，记忆起来较为困难，因此，可以直接使用交互方式修改相关信息。此时，对于不打算修改的选项，我们可以直接按"Enter"键跳过。执行如下命令：

```
[zp@ localhost ~]$ sudo chage zp01new
[zp@ localhost ~]$ sudo chage zp01new -l
```

执行效果如图 3-23 所示。第 1 条命令将进入交互模式；第 2 条命令查看修改结果。读者可以将本实例结果与【实例 3-20】的结果进行对比。

```
[zp@localhost ~]$ sudo chage zp01new
[sudo] zp 的密码：
正在为 zp01new 修改年龄信息
请输入新值，或直接按"Enter"键以使用默认值

                最小密码年龄 [6]: 3
                最大密码年龄 [35]: 55
                最近一次密码修改时间 (YYYY-MM-DD)[2022-06-24]:
                密码过期警告 [5]: 8
                密码失效     [-1]:
                账户过期时间 (YYYY-MM-DD)[-1]:

[zp@localhost ~]$ sudo chage zp01new -l
最近一次密码修改时间                                        ：6月 24,
  2022
密码过期时间                                      ：8月 18, 2022
密码失效时间                                      ：从不
账户过期时间                                          ：从不
两次改变密码之间相距的最小天数          ：6
两次改变密码之间相距的最大天数          ：35
在密码过期之前警告的天数          ：8
```

图 3-23　使用交互方式修改账户有效期信息

三、删除用户账户命令 userdel

命令功能：使用 userdel 命令可删除用户账户，甚至可以连同用户主目录等内容一起删除。部分 Linux 发行版（如 Ubuntu）还增加了 deluser 命令。

命令语法

userdel [选项] [用户名]

主要选项：该命令中，主要选项的含义如表 3-11 所示。

表 3-11 usermod 命令主要选项的含义

选项	选项含义
-r	删除用户主目录等内容
-f	强制删除用户，不管用户是否登录系统

【实例 3-22】删除用户账户及用户主目录。

若已完成本章前面的实例，当前系统中存在着一个 zp04 账户。使用"-r"选项可以删除用户主目录等相关信息。执行如下命令：

```
[zp@ localhost ~]$ grep zp04 /etc/passwd
[zp@ localhost ~]$ ls /home
[zp@ localhost ~]$ sudo userdel-r zp04
[zp@ localhost ~]$ grep zp04 /etc/passwd
[zp@ localhost ~]$ ls /home
```

执行效果如图 3-24 所示。第 1 条命令查看/etc/passwd，验证存在 zp04 账户；第 2 条命令查看用户主目录，发现存在一个用户主目录/home/zp04；第 3 条命令删除该账户及用户主目录等信息；第 4 条命令再次查看/etc/passwd，发现 zp04 账户消失；第 5 条命令再次查看用户主目录，发现用户主目录/home/zp04 消失。

```
[zp@localhost ~]$ grep zp04 /etc/passwd
zp04:x:1004:1004:1 天后过期 :/home/zp04:/bin/bash
[zp@localhost ~]$ ls /home/
zp zp01 zp01new zp03 zp04
[zp@localhost ~]$ sudo userdel -r zp04
[zp@localhost ~]$ grep zp04 /etc/passwd
[zp@localhost ~]$ ls /home/
zp zp01 zp01new zp03
```

图 3-24 删除用户账户及用户主目录

【实例 3-23】强制删除用户。

使用"-f"选项可以强制删除用户，不管用户是否登录系统。若已经完成前面的实例，当前系统中存在一个 zp01new 账户。本实例将演示如何在 zp01new 账户使用过程中将其删除。本实例需要开启两个终端。一个终端使用 zp01new 账户登录系统，读者也可以使用 suzp01new 实现上述目的。接下来，打开另一个终端，执行如下命令：

```
[zp@ localhost ~]$ grep zp01new /etc/passwd
[zp@ localhost ~]$ ls /home
[zp@ localhost ~]$ sudo userdel -r zp01new
[zp@ localhost ~]$ sudo userdel -r -f zp01new
[zp@ localhost ~]$ grep zp01new /etc/passwd
[zp@ localhost ~]$ ls /home
```

执行效果如图 3-25 所示。第 1 条命令查看/etc/passwd，确认存在 zp01new 账户；第 2 条命令查看用户主目录，发现存在用户主目录/home/zp01new。在执行第 3 条命令之前，请确保已经开启另一个终端，并已经切换到 zp01new 账户；第 3 条命令执行不带"-f"选项的删除命令，系统提示 zp01new 正在被使用；第 4 条命令执行带-f 选项的删除命令。第 5 条命令查看/etc/passwd，确认 zp01new 账户被删除。第 6 条命令查看用户主目录，确认/home/zp01new 已被删除。

```
[zp@localhost ~]$ grep zp01new /etc/passwd
zp01new:x:1200:1001::/home/zp@1new:/bin/bash
[zp@localhost ~]$ ls /home
zp zp01 zp01new zp03
[zp@localhost ~]$ sudo userdel -r zp01new
[sudo] zp 的密码：
usered :user zp01new is currently used by process 43380
[zp@localhost ~]$ sudo userdel -r -f zp01new
userdel: user zp01new is currently used by process 43380
[zp@localhost ~]$ grep zp01new /etc/passwd
[zp@localhost ~]$ ls /home
zp zp01 zp03
```

图 3-25　强制删除用户

任务四　组账户管理命令

一、创建组账户命令 groupadd

命令功能：创建一个新的组账户可以使用 Linux 通用命令 groupadd。部分 Linux 发行版（如 Ubuntu）还增加了 addgroup 命令。

命令语法：

groupadd [选项] [组名]

主要选项：该命令中，主要选项的含义如表 3-12 所示。

表 3-12　groupadd 命令主要选项的含义

选项	选项含义
-f	如果组已经存在，则以执行成功状态退出，而不是报错； 如果 GID 已被使用则取消 "-g" 选项
-g	指定新组使用的 GID
-K	不使用/etc/login. defs 中的默认值
-o	允许创建有重复 GID 的组
-r	创建一个系统组账户。若不带此选项，则创建普通组账户

【实例 3-24】创建组账户并指定 GID。

组账户的 GID 默认由系统分配，但是也可以使用 "-g" 选项指定 GID。执行如下命令：

[zp@ localhost ~]$ sudo groupadd zpg01

[zp@ localhost ~]$ sudo groupadd zpg02 -g 1010

[zp@ localhost ~]$ grep zpg0 /etc/group

执行效果如图 3-26 所示。前两条命令创建两个组账户，其中 zpg02 被指定 GID。因此，zpg02 的 GID 是确定的，zpg01 的 GID 自动分配。第 3 条命令查看创建的组账户。

```
[zp@localhost ~]$ sudo groupadd zpg01
[sudo] zp 的密码：
[zp@localhost ~]$ sudo groupadd zpg02 -g 1010
[zp@localhost ~]$ grep zpg0 /etc/group
zpg01:x:1002:
zpg02:x:1010:
```

图 3-26　创建组账户并指定 GID

【**实例 3-25**】创建一个系统账户。

执行如下命令：

```
[zp@ localhost ~]$ sudo groupadd -r zpg03
[zp@ localhost ~]$ grep zpg03 /etc/group
```

执行效果如图 3-27 所示。第 1 条命令使用 "-r" 选项创建系统账户 zpg03；第 2 条命令查看系统账户 zpg03，注意与【实例 3-24】中的 GID 的取值范围进行对比。

```
[zp@localhost ~]$ sudo groupadd -r zpg03
[zp@localhost ~]$ grep zpg03 /etc/group
zpg03:x:976:
```

图 3-27 创建一个系统账户

【**实例 3-26**】选项 "-f" 的使用。

执行如下命令：

```
[zp@ localhost ~]$ sudo groupadd zpg03
[zp@ localhost ~]$ sudo groupadd -f zpg03
[zp@ localhost ~]$ grep zpg03 /etc/group
[zp@ localhost ~]$ sudo groupadd -f zpg04 -g 1010
[zp@ localhost ~]$ grep zpg04 /etc/group
```

执行效果如图 3-28 所示。第 1 条命令创建组账户 zpg03，由于之前已经存在 zpg03，因此会报错，提示 "zpg03" 组已存在。第 2 条命令再次创建 zpg03，增加 "-f" 选项，这次没有出现报错信息，而是以成功状态退出。第 3 条命令查看创建结果，注意与【实例 3-25】中 zpg03 的 GID 进行对比，发现 GID 并无变化。第 4 条命令创建新组 zpg04，指定 GID 为 1010，并且还使用了 "-f" 选项。注意，前面的实例中 zpg02 已经使用了该 GID，那么这次指定 GID 的操作会成功吗？第 5 条命令查看 zpg04 的 GID，请问该 GID 是我们指定的那个吗？

```
[zp@localhost ~]$ sudo groupadd zpg03
groupadd: "zpg03" 组已存在
[zp@localhost ~]$ sudo groupadd -f zpg03
[zp@localhost ~]$ grep zpg03 /etc/group
zpg03:x:976:
[zp@localhost ~]$ sudo groupadd -f zpg04 -g 1010
[zp@localhost ~]$ grep zpg04 /etc/group
zpg04:x:1011:
```

图 3-28 选项 "-f" 的使用

【**实例 3-27**】创建 GID 重复的组账户。

执行如下命令：

```
[zp@ localhost ~]$ sudo groupadd zpg05 -g 1010
[zp@ localhost ~]$ sudo groupadd zpg05 -o -g 1010
[zp@ localhost ~]$ grep zpg0 /etc/group
```

执行效果如图 3-29 所示。前两条命令尝试创建组账户 zpg05 并指定其 GID 为一个已经使用了的值 1010。第 1 条命令中由于缺少 "-o" 选项，系统将提示 GID "1010" 已经存在，操作失败。第 3 条命令查看创建的组，注意 zpg02 和 zpg05 的 GID 相同。创建 GID 重复的组账户并不是一个很好的习惯，不建议初学者效仿。

```
[zp@localhost ~]$ sudo groupadd zpg05 -g 1010
groupadd: GID "1010" 已经存在
[zp@localhost ~]$ sudo groupadd zpg05 -o -g 1010
[zp@localhost ~]$ grep zpg0 /etc/group
zpg01:x:1002:
zpg02:x:1010:
zpg03:x:976:
zpg04:x:1011:
zpg05:x:1010:
```

图 3-29　创建 GID 重复的组账户

二、修改组账户命令 groupmod、gpasswd

1. 修改账户属性命令 groupmod

命令功能：使用 groupmod 命令可以修改组账户属性信息，例如组账户名称、GID 等。

命令语法：

groupmod［选项］［组名］

主要选项：该命令中，主要选项的含义如表 3-13 所示。

表 3-13　groupmod 命令主要选项的含义

选项	选项含义
-g	修改组账户的 GID
-n	修改组账户名称
-o	允许使用重复的 GID

【实例 3-28】修改组账户的 GED。

执行如下命令：

```
[zp@ localhost ~]$ grep zpg01 /etc/group
[zp@ localhost ~]$ sudo groupmod zpg01 -g 1021
[zp@ localhost ~]$ grep zpg01 /etc/group
```

执行效果如图 3-30 所示。第 1 条命令查看组账户 zpg01 的 GID；第 2 条命令更改组账户 zpg01 的 GID；第 3 条命令查看修改结果。

```
[zp@localhost ~]$ grep zpg01 /etc/group
zpg01:x:1002:
[zp@localhost ~]$ sudo groupmod zpg01 -g 1021
[sudo] zp 的密码：
[zp@localhost ~]$ grep zpg01 /etc/group
zpg01:x:1021:
```

图 3-30　修改组账户的 GID

【实例 3-29】修改组账户的名称。

执行如下命令：

```
[zp@ localhost ~]$ grep zpg01 /etc/group
[zp@ localhost ~]$ sudo groupmod zpg01 -n zpg01new
[zp@ localhost ~]$ grep 1021 /etc/group
```

执行效果如图 3-31 所示。第 1 条命令查看组账户 zpg01 的 GID，后面将用 GID 来定位修改后的组名；第 2 条命令修改组名；第 3 条命令使用 GID 查看修改后的组名。

```
[zp@localhost ~]$ grep zpg01 /etc/group
zpg01:x:1021:
[zp@localhost ~]$ sudo groupmod zpg01 -n zpg01new
[zp@localhost ~]$ grep 1021 /etc/group
zpg01new:x:1021:
```

图 3-31　修改组账户的名称

2. 管理组账户配置文件命令 gpasswd

命令功能：使用 gpasswd 命令可以管理组账户配置文件。

命令语法

gpasswd［选项］［组名］

主要选项：该命令中，主要选项的含义如表 3-14 所示。

表 3-14　gpasswd 命令主要选项的含义

选项	选项含义
-a	添加用户到组
-d	删除组中的某一用户
-A	指定管理员
-M	指定组成员
-r	删除密码
-R	限制用户登录该组，只有该组中的成员才能用 newgrp 命令加入该组

【实例 3-30】将用户添加到组中。

执行如下命令：

#查看用户和组账户情况

[zp@ localhost ~]$ id zp

[zp@ localhost ~]$ sudo gpasswd -a zp zpg01new

[zp@ localhost ~]$ id zp

执行效果如图 3-32 所示。第 1 条命令使用 id 查看用户 zp 所在组信息。本实例中，id 后面的 zp 参数可以省略，默认将查看当前登录用户 zp 的用户账户和组账户信息。第 2 条命令向 zpg01new 中添加用户 zp。第 3 条命令再次查看用户 zp 所在组。

```
[zp@localhost ~]$ id zp
用户id=1000(zp) 组id=1000(zp) 组1000(zp),10(wheel)
[zp@localhost ~]$ sudo gpasswd -a zp zpg01new
[sudo] zp 的密码：
正在将用户"zp"加入到"zpg01new"组中
[zp@localhost ~]$ id zp
用户id=1000(zp) 组id=1000(zp) 组1000(zp),10(wheel),1021(zpg01new)
```

图 3-32　将用户添加到组中

【实例 3-31】从组中删除用户。

执行如下命令：

[zp@ localhost ~]$ id zp

[zp@ localhost ~]$ sudo gpasswd -d zp zpg01new

[zp@ localhost ~]$ id zp

执行效果如图 3-33 所示。第 1 条命令查看用户 zp 所在组信息。第 2 条命令将用户 zp 从 zpg01new 组中删除。第 3 条命令再次查看用户 zp 所在组信息，以确认删除成功。

```
[zp@localhost ~]$ id zp
用户id=1000(zp) 组id=1000(zp) 组1000(zp),10(wheel),1021(zpg01new)
[zp@localhost ~]$ sudo gpasswd -d zp zpg01new
[sudo] zp 的密码：
正在将用户"zp"从"zpg01new"组中删除
[zp@localhost ~]$ id zp
用户id=1000(zp) 组id=1000(zp) 组1000(zp),10(wheel)
```

图 3-33　从组中删除用户

【实例 3-32】修改和删除组账户密码。

执行如下命令：

```
[zp@ localhost ~]$ sudo grep zpg01new /etc/gshadow

[zp@ localhost ~]$ sudo gpasswd zpg01new

[zp@ localhost ~]$ sudo grep zpg01new /etc/gshadow

[zp@ localhost ~]$ sudo gpasswd zpg01new -r

[zp@ localhost ~]$ sudo grep zpg01new /etc/gshadow
```

执行效果如图 3-34 所示。第 1 条命令查看组账户密码字段；第 2 条命令修改组账户的密码；第 3 条命令再次查看组账户密码字段，密码修改成功；第 4 条命令删除组账户的密码；第 5 条命令查看密码删除结果。

```
[zp@localhost ~]$ sudo grep zpg01new /etc/gshadow
zpg01new:!::
[zp@localhost ~]$ sudo gpasswd zpg01new
正在修改 zpg01new 组的密码
新密码：
请重新输入新密码：
[zp@localhost ~]$ sudo grep zpg01new /etc/gshadow
zpg01new:$6$YqgJdCpSJCU4gtcL$63xEX8KEKDRneBRn3FuRYViNYRxp14i6GS1pAF
WjM5cd8ACxiplqK2dZMNggFzhRA/HG6T12LRNM61JF9STBz1::
[zp@localhost ~]$ sudo gpasswd zpg01new -r
[zp@localhost ~]$ sudo grep zpg01new /etc/gshadow
zpg01new :::
```

图 3-34　修改和删除组账户密码

三、删除组账户命令 groupdel

命令功能：使用 groupdel 命令可以删除组账户。如果使用 groupdel 命令后该组中仍旧存在某些用户，那么应当先从该组账户中删除这些用户，再删除该组。使用该命令时应当确认待删除的组账户存在。部分 Linux 发行版（如 Ubuntu）还增加了 delgroup 命令。

命令语法：

groupdel [组名]

【实例 3-33】删除组账户。

执行如下命令：

```
[zp@ localhost ~]$ grep zpg02 /etc/group

[zp@ localhost ~]$ sudo groupdel zpg02

[zp@ localhost ~]$ grep zpg02 /etc/group
```

执行效果如图 3-35 所示。第 1 条命令查看指定组账户 zpg02；第 2 条命令删除该组账户；第 3 条命令查看是否删除成功。

```
[zp@localhost ~]$ grep zpg02 /etc/group
zpg02:x:1010:
[zp@localhost ~]$ sudo groupdel zpg02
[zp@localhost ~]$ grep zpg02 /etc/group
[zp@localhost ~]$
```

图 3-35　删除组账户

四、登录到一个新组命令 newgrp

命令功能：newgrp 命令用于在当前登录会话过程中更改当前的真实 GID 到指定的组或默认的组。

命令语法：

newgrp [组名]

主要参数：该命令中，可以直接用组名作为参数。如果不指定组名，则切换到当前用户的默认组。

【实例 3-34】在用户所属的不同组之间切换。

我们可以通过 id 查看用户所属组，组列表中第一个组为当前登录的组。接下来我们使用 newgrp 切换到指定组。如果 newgrp 后面没有接组名作为参数，则将切换到其默认的组，也就是在/etc/passwd 中给出的 GID 所对应的组。执行如下命令：

[zp@ localhost ~]$ id
[zp@ localhost ~]$ newgrp wheel
[zp@ localhost ~]$ id
[zp@ localhost ~]$ newgrp
[zp@ localhost ~]$ id

执行效果如图 3-36 所示。第 1 条命令查看用户所属的组，组列表中 zp 位于第一位；第 2 条命令切换到用户所属的组 wheel；第 3 条命令查看用户所属的组，组列表中 wheel 位于第一位；第 4 条命令切换到默认组，这里查看/etc/passwd，可知 zp 的默认组为 zp；第 5 条命令查看用户所属的组，其中组列表中 zp（默认组）位于第一位。

```
[zp@localhost ~]$ id
用户id=1000(zp) 组id=1000(zp) 组1000(zp),10(wheel) 上下文=unconfin
ed_u:unconfined_r:unconfined_t:s0-s0:c0.c1023
[zp@localhost ~]$ newgrp wheel
[zp@localhost ~]$ id
用户id=1000(zp) 组id=10(wheel) 组=10(wheel),1000(zp) 上下文=unconfi
ned_u:unconfined_r:unconfined_t:s0-s0:c0.c1023
[zp@localhost ~]$ newgrp
[zp@localhost ~]$ id
用户id=1000(zp) 组id=1000(zp) 组1000(zp),10(wheel) 上下文=unconfin
ed_u:unconfined_r:unconfined_t:s0-s0:c0.c1023
```

图 3-36　在用户所属的不同组之间切换

任务五　访问权限管理

Linux 操作系统中的每个文件和目录都有访问许可权限。通过访问许可权限确定何种用户/组可以通过何种方式对文件和目录进行访问和操作。

一、查看访问权限信息

Linux 对文件和目录进行访问权限管理时，用户可分为三种：文件所有者、同组用户和其他用户。每一个文件和目录的访问权限标识都可以分为三组，分别对应上述三类用户。

【实例 3-35】查看访问权限信息。

读者可以通过"ls -1"查看指定目录下的文件或者文件夹的访问权限信息。如图 3-37 所示，列表的第 1 列包括 10 个字符，其中第 1 个字符代表文件类型（type）。剩余 9 个字符可以分为 3 组，每组用 3 个字符表示，分别为文件或者目录所有者（user）的读 r（read）、写 w（write）和执行 x（execute）权限；与所有者同组用户（group）的读、写和执行权限；系统中其他用户（other）的读、写和执行权限。列表的第 3 列和第 4 列分别代表文件或者目录的所有者（此处为 root 用户）和所有者所在的组（此处为 root 组）。

```
[zp@localhost ~]$ ls -l /
总用量 24
dr-xr-xr-x.    2 root root    6 8月  9  2021 afs
lrwxrwxrwx.    1 root root    7 8月  9  2021 bin ->usr/bin
dr-xr-xr-x.    5 root root 4096 6月  4 22:26 boot
drwxr-xr-x.   20 root root 3360 6月  4 22:25 dev
drwxr-xr-x.  130 root root 8192 6月 25 21:25 etc
drwxr-xr-x.    5 root root   40 6月 24 21:36 home
```

图 3-37　查看访问权限信息

以"/dev"为例，第 1 个字符 d，表示该文件目录文件。第 2 个到第 4 个字符为第 1 组，表示该目录文件的所有者具有该目录的读、写、执行三种权限。第 5 个到第 7 个字符为第 2 组，表示与所有者同组的用户具有该目录的读和执行权限，但没有写权限。第 8 个到第 10 个字符为第 3 组，表示其他用户具有该目录的读和执行权限，但没有写权限。

需要注意的是，文件和目录的访问权限的含义存在较大的区别。文件的访问权限代表用户对文件内容的权限；目录的访问权限代表用户对目录下文件的权限，以及能否将该目录作为工作目录等权限。文件和目录的访问权限的具体含义分别如表 3-15 和表 3-16 所示。例如，用户如果需要修改某个文件内容，则该用户应当具有对该文件的写（write）权限；而用户如果需要删除该文件，则应当具有对该文件所在目录的写（write）权限。

表 3-15　文件的访问权限的含义

权限	含义
read	用户可以读取文件的内容。例如，读取文本文件的内容需要该权限
write	用户可以编辑、新增或者修改文件的内容。这里的修改都是基于文件内容、文件中记录的数据而言的，并不表示用户可以删除该文件
execute	用户可以执行该文件。Linux 操作系统中，文件是否可以被执行并不是由文件的扩展名决定的。而在 Windows 操作系统中，文件是否可以被执行主要是通过扩展名来标识的，例如，"*.exe""*.bat""*.com"等通常代表可执行文件或脚本

表 3-16　目录的访问权限的含义

权限	含义
read	具有读取目录结构列表的权限。例如，用户可以使用 ls 来查询该目录的文件列表
write	具有更改该目录结构列表的权限。例如，用户可以创建新的目录和文件，删除已经存在的文件和目录，重命名已有的文件和目录，转移已有的文件和目录位置
execute	用户可以进入该目录，使其成为用户当前的工作目录。例如，用户可以使用 cd 命令进入该目录

二、修改访问权限模式命令 chmod

chmod 命令用于改变文件或目录的访问权限模式。命令语法：

chmod [选项] …模式 1 [，模式 2] …文件…

chmod 命令语法中的模式有其固定的描述方式，每个模式字符串都应该匹配如下格式：

"[ugoa] * ([-+=] ([rwxXst] * | [ugo])) +| [-+=] [0-7] +* "

其中 u、g、o 分别代表所有者、同组用户和其他用户，a 代表 u、g、o 全体，+、-、=代表加入、删除和等于对应权限。模式字符串存在两种设定方法：一种是包含字母和运算符表达式的文字设定法；另一种是包含数字的数字设定法。

1. 文字设定法

命令 chmod 可以使用文字设定法修改某个用户、组对文件或者文件夹的访问权限，即使用 r、w、x 分别表示读、写、执行三类权限。

【实例 3-36】使用文字设定法更改文件访问权限：

执行如下命令：

```
[zp@ localhost ~]$ touch zp00 zp01 zp02 zp03 zp04 zp05
[zp@ localhost ~]$ chmod u+rwx zp01
[zp@ localhost ~]$ chmod g+rwx zp02
[zp@ localhost ~]$ chmod a+rwx zp03
[zp@ localhost ~]$ chmod u-rwx zp04
[zp@ localhost ~]$ chmod u=rx, g=rx, o=rx zp05
[zp@ localhost ~]$ ls-1 zp0*
```

执行效果如图 3-38 所示。第 1 条命令创建 6 个空白文件，其中 zp00 作为参考基准，接下来将修改其他文件的权限；第 2 条命令授予用户对 zp00 拥有 rwx 权限；第 3 条命令授予同组用户对 zp02 拥有 rwx 权限；第 4 条命令授予所有者、同组用户、其他用户对 zp03 拥有 rwx 权限；第 5 条命令撤销用户对 zp04 拥有的 rwx 权限；第 6 条命令授予所有者、同组用户、其他用户对 zp05 拥有 rx 权限；第 7 条命令查看各个文件的权限设置结果。

```
[zp@localhost ~]$ touch zp00 zp01 zp02 zp03 zp04v zp05
[zp@localhost ~]$ chmod u+rwx zp01
[zp@localhost ~]$ chmod g+rwx zp02
[zp@localhost ~]$ chmod a+rwx zp03
[zp@localhost ~]$ chmod u-rwx zp04
[zp@localhost ~]$ chmod u=rx,g=rx,o=rx zp05
[zp@localhost ~]$ ls -l zp0*
-rw-r--r--. 1 zp zp 0  7月 13 08:03 zp00
-rwxr--r--. 1 zp zp 0  7月 13 08:03 zp01
-rw-rwxr--. 1 zp zp 0  7月 13 08:03 zp02
-rwxrwxrwx. 1 zp zp 0  7月 13 08:03 zp03
----r--r--. 1 zp zp 0  7月 13 08:03 zp04
-r-xr-xr-x. 1 zp zp 0  7月 13 08:03 zp05
```

图 3-38　使用文字设定法更改文件访问权限

2. 数字设定法

为了使在系统中对访问权限进行配置和修改更简单，Linux 引入二进制数字表示访问权限。数字设定法是与文字设定法等价的设定方法，比文字设定法更加简洁。数字设定法对每一类用户分别用三个二进制位来表示文件访问权限。第 1 位表示 r 权限（读），第 2 位表示 w 权限（写），第 3 位表示 x 权限（对于文件而言为执行，对于目录而言为枚举）。也就是说，对 r、w、x 三种权限分别使用一个二进制数字来表示，1 表示具有该权限，0 表示不具有该权限。例如，Linux 访问权限的二进制表示方式：rwx = 111；r-x = 101；rw- = 110；r-- = 100。

实际使用时，我们通常将二进制转换成八进制形式。每个文件或者目录的权限用三个八进制数表示，分别对应 u、g、o。用 r = 4，w = 2，x = 1 来表示权限，0 表示没有权限，1 表示 x 权限，2 表示 w 权限，4 表示 r 权限，然后将其相加。如果想让某个文件的所有者有"读""写"两种权限，此时需要将第 1 个八进制设置为：4（读）+2（写）= 6（读/写）。例如，前面使用二进制表示的案例可以按照如下方式进行转换：rwx = 111 = 4+2+1 = 7；r-x = 101 = 4+0+1 = 5；rw- = 110 = 4+2+0 = 6；r-- = 100 = 4+0+0 = 4。

【实例 3-37】使用数字设定法更改目录访问权限。

执行如下命令：

```
[zp@ localhost ~]$ mkdir zpdir00 zpdir01 zpdir02 zpdir03 zpdir04 zpdir05
[zp@ localhost ~]$ chmod 777 zpdir01
[zp@ localhost ~]$ chmod 775 zpdir02
[zp@ localhost ~]$ chmod 755 zpdir03
[zp@ localhost ~]$ chmod 666 zpdir04
[zp@ localhost ~]$ chmod 640 zpdir05
[zp@ localhost ~]$ ls -l | grep zpdir0
```

执行效果如图 3-39 所示。第 1 条命令创建 6 个空白目录，其中 zpdir00 作为参考基准，接下来将修改其他文件的权限；第 2 条命令授予用户、同组用户、其他用户 zpdir01 目录的 rwx 权限；第 3 条~第 6 条命令的权限设置结果，读者请自行分析。第 7 条命令查看各个目录的权限设置结果。

```
[zp@localhost ~]$ mkdir zpdir00 zpdir01 zpdir02 zpdir03 zpdir04 zpdir05
[zp@localhost ~]$ chmod 777 zpdir01
[zp@localhost ~]$ chmod 775 zpdir02
[zp@localhost ~]$ chmod 755 zpdir03
[zp@localhost ~]$ chmod 666 zpdir04
[zp@localhost ~]$ chmod 640 zpdir05
[zp@localhost ~]$ ls -l | grep zpdir0
drwxr-xr-x.   2 zp      zp          6   7月 13 08:18 zpdir00
drwxrwxrwx.   2 zp      zp          6   7月 13 08:18 zpdir01
drwxrwxr-x.   2 zp      zp          6   7月 13 08:18 zpdir02
drwxr-xr-x.   2 zp      zp          6   7月 13 08:18 zpdir03
drw-rw-rw-.   2 zp      zp          6   7月 13 08:18 zpdir04
drw-r-----.   2 zp      zp          6   7月 13 08:18 zpdir05
```

图 3-39　使用数字设定法更改目录访问权限

课内思考

如果你希望创建的所有新文件从一开始就只有拥有者有读写权限，那么你应该如何设置 umask？

三、管理默认访问权限命令 umask

细心的读者会发现，我们在同一个系统里面创建的文件的默认访问权限通常是一致的。同样，我们在同一个系统里面创建的目录的默认访问权限通常也是一致的。这是因为设置了权限掩码 umask 的缘故。umask 属性可以用来确定新建文件、目录的默认访问权限。

Linux 操作系统中创建文件或者目录时，文件默认访问权限是 666，而目录访问权限是 777。设置了权限掩码之后，默认的文件和目录访问权限减去掩码值才是真实的文件和目录的访问权限掩码。假定当前系统设置的权限掩码为 022，对应目录访问权限掩码为 777-022 = 755，对应文件访问权限掩码为 666-022 = 644，则该系统中，目录默认访问权限掩码为 755，而文件默认访问权限掩码为 644。

Linux 操作系统提供 umask 命令，用于显示和设置用户创建文件或目录的权限掩码。当使用不带参数的 umask 命令时，系统会输出当前掩码值。用户也可以使用"-S"选项设置默认的权限掩码，但一般不需要更改掩码值。

【实例 3-38】查看和修改权限掩码。

执行如下命令：

```
[zp@ localhost ~]$ umask
[zp@ localhost ~]$ touch maskfile01
[zp@ localhost ~]$ mkdir maskdir01
[zp@ localhost ~]$ umask-S 023
[zp@ localhost ~]$ mkdir maskdir02
[zp@ localhost ~]$ touch maskfile02
[zp@ localhost ~]$ ls -1 | grep mask
[zp@ localhost ~]$ umask -S 022
[zp@ localhost ~]$ umask
```

执行效果如图 3-40 所示。第 1 条命令查看默认权限掩码；第 2 条和第 3 条命令分别在默认的掩码状态下，创建空白文件和目录；第 4 条命令将权限掩码设置为 023；第 5 条和第 6 条命令分别在新的掩码状态下，创建目录和空白文件；第 7 条命令查看刚才创建的文件和目录。读者请注意对比分析不同掩码值对文件和目录的访问权限的影响；第 8 条命令恢复原来的掩码值。第 9 条命令查看掩码值恢复结果。

```
[zp@localhost ~]$ umask
0022
[zp@localhost ~]$ touch maskfile01
[zp@localhost ~]$ mkdir maskdir01
[zp@localhost ~]$ umask -S 023
u=rwx,g=rx,o=r
[zp@localhost ~]$ mkdir maskdir02
[zp@localhost ~]$ touch maskfile02
[zp@localhost ~]$ ls -l | grep mask
drwxr-xr-x.   2 zp    zp         6      7月 13 08:29   maskdir01
drwxr-xr--.   2 zp    zp         6      7月 13 08:29   maskdir02
-rw-r--r--.   1 zp    zp         0      7月 13 08:29   maskfile01
-rw-r--r--.   1 zp    zp         0      7月 13 08:29   maskfile02
[zp@localhost ~]$ umask -S 022
u=rwx,g=rx,o=rx
[zp@localhost ~]$ umask
0022
```

图 3-40　查看和修改权限掩码

项目实训

教师评语				成绩	
	教师签字		日期		
学生姓名			学号		
实训名称	用户和组管理综合实践				
实训准备	（1）每个参与者需要访问一个安装了 Linux 系统的电脑。 （2）每个电脑需要有 sudo 权限，以供创建和管理用户。 （3）参与者需要有基础的 Linux 知识，包括文件和目录的管理，以及用户和组的基础概念。				
实训目标	学生学习 Linux 文件权限设置，理解如何在 Linux 中创建、管理和修改用户，能够掌握/etc/skel 目录的功能并且初步了解 Shell 脚本的编程，用于完成批量操作。				

实训步骤

步骤一：换个花样来发放作业任务

如果要发放作业任务，读者最先会想到哪种方法？不过我估计大多数读者不会想到我这里要玩的小花招。执行如下命令：

```
[zp@ localhost ~]$ ls /etc/skel/
[zp@ localhost ~]$ sudo touch /etc/skel/assignment01
[zp@ localhost ~]$ ls /etc/skel/
```

执行效果如图 3-41 所示。这里我们在/etc/skel 目录下创建了一个名为 assignment01 的文件，作为我们第一次的作业。有兴趣的读者可以在 assignment01 文件中添加具体的作业内容。当然我们一个学期会有好几次作业，读者可以照葫芦画瓢，自己多添加几个类似的作业文件。

```
[zp@localhost ~]$ ls /etc/skel/
[zp@localhost ~]$ sudo touch /etc/skel/assignment01
[sudo] zp 的密码：
[zp@localhost ~]$ ls /etc/skel/
assignment01
```

图 3-41　创建文件 assignment01

步骤二：学生登场领取作业

系统里面好像还没有学生账户，那就给学生分配账户吧。理论上，此时应该用一个 Shell 循环来完成批量账户的创建。考虑到目前还没学到第 8 章 "Shell 编程"那里，我们就先手动创建两个学生账户作为示范。执行如下命令：

```
[zp@ localhost ~]$ sudo useradd stu01
[zp@ localhost ~]$ sudo useradd stu02
[zp@ localhost ~]$ grep stu /etc/passwd
```

执行效果如图 3-42 所示。第 1 条和第 2 条命令成功创建两个学生账户。

```
[zp@localhost ~]$ usdo useradd stu01
[sudo] zp 的密码：
[zp@localhost ~]$ usdo useradd stu02
[zp@localhost ~]$ grep stu /etc/passwd
stu01:x:1001:1001::/home/stu01:/bin/bash
stu02:x:1002:1002::/home/stu02:/bin/bash
```

图 3-42　创建两个学生账户

账户有了，怎么发送作业呢？执行如下命令：

```
[zp@ localhost ~]$ sudo ls/home/stu01
[zp@ localhost ~]$ sudo ls/home/stu02
```

执行效果如图 3-43 所示。看明白了吗？作业已经自动发给我们的两名学生了，分别位于他们的用户主目录中。

```
[zp@localhost ~]$ su stl01

[zp@localhost ~]$ usdo ls /home/stu02
assignment01
```

图 3-43　发送作业

步骤三：按时完成作业是一种态度

下面开始做作业吧。各名学生用自己的账户登录，大家的作业一律命名为 assignment_stu ＊＊。学生 stu01 平时比较认真，接到作业任务，马上着手完成。执行如下命令：

```
[zp@ localhost ~]$ su stu01
```

执行效果如图 3-44 所示。这里为了表达方便,直接使用 su 切换到 stu01。在实际操作时,该学生一般是直接利用 stu01 账户在本地登录或者远程登录。但为什么出错了呢?

```
[zp@localhost ~]$ su stu01
密码:
su: 鉴定故障
```

图 3-44　切换用户

目前为止,我们并没有为学生账户设置密码,因此还不能登录。执行如下命令:

[zp@ localhost ~]$ sudo passwd stu01

[zp@ localhost ~]$ sudo passwd stu02

执行效果如图 3-45 所示。

```
[zp@localhost ~]$ sudo passwd stu01
更改用户 stu01 的密码。
新的密码:
重新输入新的密码:
passwd: 所有的身份验证令牌已经成功更新。
[zp@localhost ~]$ sudo passwd stu02
更改用户 stu02 的密码。
新的密码:
重新输入新的密码:
passwd: 所有的身份验证令牌已经成功更新。
```

图 3-45　设置账户密码

认真的学生 stu01 继续做作业。执行如下命令:

[zp@ localhost ~]$ su stu01

[stu01@ localhost zp]$ cd

[stu01@ localhost~]$ ls

[stu01@ localhost~]$ cp assignment01 assignment01.stu01

[stu01@ localhost~]$ ls

执行效果如图 3-46 所示。第 1 条命令,stu01 登录自己的账户。第 2 条命令,stu01 切换到自己的主目录。第 4 条命令,stu01 做作业。这里直接复制 assignment01 来创建 assignment01.stu01,代表 stu01 完成了作业。真实应用中,该学生还应该打开 assignment01.stu01 文件,并在里面写入详细的作业内容。这里不做展开。

```
[zp@localhost ~]$ su stu01
密码:
[stu01@localhost zp]$ cd
[stu01@localhost ~]$ ls
assignment01
[stu01@localhost ~]$ cp assignment01 assignment01.stu01
[stu01@localhost ~]$ ls
assignment01 assignment01.stu01
```

图 3-46　创建作业文件

步骤四:总有学生不自觉

学习委员催交作业了,学生 stu02 大呼不妙:"我都忘记了,赶紧登录!"。执行如下命令:

[stu01@ localhost~]$ su stu02

[stu02@ localhoststu01]$ cd

[stu02@ localhost~]$ pwd

[stu02@ localhost~]$ ls

执行效果如图 3-47 所示。

```
[zp@localhost ~]$ su stu02
密码：
[stu02@localhost stu01]$ cd
[stu02@localhost ~]$ pwd
/home/stu02
[stu02@localhost ~]$ ls
assignment01
```

图 3-47　学生 stu02 查看作业任务

学生 stu02 通过分析发现了学生 stu01 的作业存放位置，灵机一动，计上心来。执行如下命令：

[stu02@ localhost ~]$ cp /home/stu01/assignment01.stu01assignment01.stu02

[stu02@ localhost ~]$ ls

执行效果如图 3-48 所示。显然，学生 stu02 的这番操作没有成功。

```
[stu02@localhost ~]$ cp /home/stu01/asignment01.stu01 assignment01.stu02
cp: 无法获取 '/home/stu01/asignment01.stu01' 的文件状态 (stat)：权限不够
[stu02@localhost ~]$ ls
assignment01
```

图 3-48　学生 stu02 在干坏事

一般而言，学生 stu02 不会就此罢休。他还会尝试各种方法，例如他甚至可能线下直接找学生 stu01 要一份作业原稿，然后按照命名规则修改作业文件名称，将其作为自己的作业，再存放于该目录下。

步骤五：有请老师闪亮登场

本来想创建一个 teacher 账户，限于篇幅，假定 zp 就是老师的账户。他比较体谅学习委员，决定自己亲自收作业。执行如下命令：

[stu02@ localhost ~]$ su zp

[zp@ localhost stu02]$ cd ~

[zp@ localhost ~]$

执行效果如图 3-49 所示。老师 zp 用自己的账户登录，并且回到自己的主目录。

```
[stu02@localhost ~]$ su zp
密码：
[zp@localhost stu02]$ cd ~
[zp@localhost ~]$ |
```

图 3-49　老师 zp 登录

先看看还有谁没做作业。执行如下命令：

[zp@ localhost ~]$ sudo find/home -mtime -10 |grep assignment01.stu

执行效果如图 3-50 所示。这里用了 find 命令来查找符合条件的内容。由于作业是 10 天前布置的，因此老师使用"-mtime -10"来忽略 10 天之内没有改动的文件。学生 stu02 还没做作业的事情很快就被发现了。

```
[zp@localhost ~]$ sudo find /home -mtime -10 |grep assignment01.stu
/home/stu01/assignment01.stu01
[zp@localhost ~]$
```

图 3-50　看看还有谁没做作业

接下来收作业，说简单也不简单。如果班上人数较多，我们有必要编写一个 Shell 循环。不过，现在还没学习此部分内容，学生数量又不多，就直接复制吧。执行如下命令：

续表

[zp@ localhost ~]$ mkdir 01

[zp@ localhost ~]$ sudo cp /home/stu01/assignment01.stu01 01/

[zp@ localhost ~]$ ls 01/

执行效果如图 3-51 所示。篇幅有限，就此打住。

```
[zp@localhost ~]$ mkdir 01
[zp@localhost ~]$ sudo cp /home/stu01/assignment01.stu01 01/
[sudo] zp 的密码：
[zp@localhost ~]$ ls 01/
assignment01.stu01
```

图 3-51　收作业

| 实训总结 | 这次实训中，参与者扮演了教师和学生的角色，了解到在 Linux 系统中用户和文件权限的运作方式。他们不只学习了眼前所见的技能，更理解了后台运作的逻辑。通过完成从发放作业、提交作业，到检查作业的整个过程，他们对 Linux 系统有了更深入的理解。此外，他们也理解了信息的安全性和原创性对于日常工作的重要性。 |

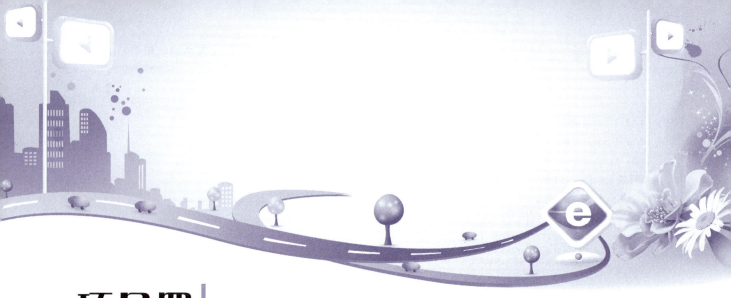

项目四 文本管理

项目概述

本项目旨在以 Vim 这款强大的、高度可配置的文本编辑器为核心，探索、学习并掌握其高效的编辑技巧和定制功能。Vim 编辑器用于各种 Unix 和 Linux 操作系统，以其强大的编辑功能，灵活的配置选项，高效的命令模式，以及独特的可定制性，打造了一种高效的文本处理环境，深受开发者们的欢迎。

Vim 编辑器拥有命令模式、插入模式和退出模式等多种模式以应对不同的编辑需求。结合多光标编辑、语法高亮、文件搜索等高级功能，学生将会学习如何通过 Vim 提高处理日常文本或进行编程开发时的编辑效率。

学习目标

知识目标

①学习和理解 Vim 编辑器的基本配置和操作方法。

②掌握如何使用 .vimrc 文件来定制 Vim 编辑器，以适应个人的编程或编辑需求。

③理解和学习使用 Vim 插件，以及如何通过插件管理器（如 Vundle、Plug）安装和管理插件。

能力目标

①能够熟练地切换并使用 Vim 编辑器的多个模式，包括命令模式和插入模式等。

②能够自定义和使用 .vimrc 文件，对自己的 Vim 编辑器进行自定义配置。

③能够使用 Vim 插件管理器安装、更新和管理插件，进一步提高 Vim 编辑器的编辑效率和便利性。

思政目标

①通过高效地使用和配置 Vim 编辑器，培养高效的编程和文本编辑习惯。

②学会自主研究和探索 Vim 插件和工具，提升自学和解决问题的能力。

③通过适应和掌握各种 Vim 操作和插件的使用，提高适应新工具和新环境的能力，为未来学习其他新的编程工具或语言打下基础。

任务一　Vim 编辑器概述

一、认识 Vim

Vim 编辑器

Vim 是一款极其高度可配置的文本编辑器，被广大开发者广泛应用于各种 Unix 和 Linux 操作系统中。其强大的编辑功能、高效的命令模式以及独特的可定制性，使得用户在处理文本时可以获得高效的生产力和优质的操作体验。

Vim 以其高度可配置性而闻名，它允许用户根据个人需求和偏好进行定制。这种灵活性使得 Vim 成为许多开发人员的首选文本编辑器。

Vim 的编辑功能非常强大，它支持各种高级编辑命令，如复制、粘贴、删除、查找和替换等。这些命令可以在命令模式下快速输入，从而大大提高用户处理文本的效率。

知识之窗

> Vim 除了高效的命令模式外，还具有独特的可定制性。用户可以通过编写脚本来扩展 Vim 的功能，以满足特定的需求。这种可定制性使得 Vim 成为一种非常强大的文本编辑器，几乎可以适应任何类型的开发任务。

二、Vim 编辑器的主要模式

Vim 是一款备受推崇的文本编辑器，它在命令模式、插入模式和退出模式下有着不同的功能和操作方式。在命令模式下，用户可以通过输入各种命令来完成复制、粘贴、删除、撤销等操作，使得文本编辑更加便捷和高效；插入模式则允许用户在文本中插入新内容；退出模式则是用于保存修改并退出 Vim 编辑器。

除了丰富的命令和功能，Vim 还支持多光标编辑、语法高亮、文件搜索等高级功能。这些功能使得用户在编辑文本时更加得心应手，无论是处理日常文本还是进行编程开发，都能获得极高的编辑效率。例如，多光标编辑功能可以让你同时对多个位置的文本进行修改，语法高亮功能则可以让你更清晰地查看代码中的语法错误或注释，文件搜索功能则可以让你快速查找和定位到需要的文件或文本。

为了帮助用户更好地掌握 Vim 的使用，有许多优秀的 Vim 教程和 Vim cheat sheet 可供参考。这些资源不仅可以帮助新手快速上手，还可以提高老用户的使用效率，使他们在处理文本时更加得心应手。例如，一些 Vim 教程可能会介绍如何使用命令模式下的常用命令、如何使用插入模式下的文本插入技巧、如何使用退出模式下的保存和退出操作等。

课内思考

请描述在 Vim 编辑器中打开、编辑和保存文件的基本过程。

_____

_____

_____

_____

_____

任务二　Vim 编辑器的操作流程

一、Vim 编辑器的操作流程

在使用 Vim 编辑器进行文本编辑时，通常需要遵循以下操作流程：

①打开文件：在终端中输入"vim 文件名"命令，即可打开指定的文件进行编辑。

②进入命令模式：在打开文件后，默认处于命令模式。在该模式下，可以通过输入命令来对文本进行操作。

③插入文本：在命令模式下，可以通过按"i"键进入插入模式，此时可以输入新的文本内容。

④移动光标：在插入模式下，可以使用方向键或"h""j""k""l"键来移动光标。

⑤编辑文本：在插入模式下，可以使用各种编辑命令来对文本进行修改、删除、复制等操作。

⑥退出插入模式：完成文本编辑后，可以通过按"Esc"键退出插入模式，回到命令模式。

⑦保存修改：在命令模式下，输入"：w"命令可以保存修改后的文件内容。

⑧退出 Vim 编辑器：在命令模式下，输入"：q"命令可以尝试退出 Vim 编辑器。如果修改后的文件已保存，则可以成功退出；否则会提示是否放弃修改。

课内思考

在使用 Vim 编辑器进行文本编辑时，如何复制和粘贴文本？请详细描述步骤和使用的命令。

_____

_____

_____

_____

二、Vim 编辑器的常用命令和功能

以下是一些 Vim 编辑器的常用命令和功能：

①复制/粘贴文本：使用"yy"命令复制当前行，使用"p"命令粘贴到当前行之后，使用"i"命令进入插入模式。

②删除/撤销文本：使用"dd"命令删除当前行，使用"u"命令撤销上一次操作。

③查找文本：使用"/"命令后输入要查找的文本，可以实现在文件中查找指定的内容。

④多光标编辑：使用"v"命令可以选择多个文本块，并对它们进行复制、粘贴、删除等操作。

⑤语法高亮：使用"syntax on"命令可以启用语法高亮功能，使得代码更加易读和美观。

课内思考

为什么 Vim 编辑器会有这么高的可配置性和定制性？这对用户有哪些好处？

_____

_____

_____

_____

项目实训

教师评语	教师签字　　　　　　　日期	成绩	
学生姓名		学号	
实训名称	Vim 之旅——探索职场实用技能		
实训准备	在活动前进行最后的设备检查，确保所有的硬件、软件以及其他所需物资准备就绪。同时，确认教师和其他辅助人员对整个活动流程了然于心。		
实训目标	通过此次实训活动，期望学生掌握 Vim 的基础操作，提升文本编辑能力，提高职场竞争力，并通过团队协作任务加深对 Vim 的应用理解。		
实训步骤			

1. 培训讲解：由教师介绍 Vim 的起源，使用范围，以及基本操作和命令，大约 1 小时。

2. 个人实践：学生自行实践刚刚学习的 Vim 基本操作，游戏化的任务设置帮助参与者更好地理解和记忆，持续 1 小时。

3. 分组合作：将学生分为每组 5 人，采用 Vim 完成一个小组任务（如共同编写一个文本文档），体验 Vim 在团队中的应用，持续 1 小时。

4. 任务展示：每个团队展示他们的成果，分享在团队合作过程中 Vim 的优势及困难，并由其他团队和教师点评，持续 1 小时。

5. 总结反馈：教师结合参与者反馈，总结本次活动所学，持续 30 分钟。

实训总结	这是一个提升学生职场技能的机会，也是一个团队合作与自我挑战的机会。希望大家能在活动中学到知识，提升技能，也能感受到学习的乐趣和团队合作的力量。

项目五 配置网络功能

项目概述

本项目旨在帮助学生理解和掌握配置网络功能，包括使用 VMware 和 SSH 的关键技术和策略。项目分为三个核心任务，涵盖了虚拟机和虚拟网络的管理、远程控制以及网络安全问题。

通过这个项目，学生不仅可以获得实践经验，更能够提升网络管理技能，并了解到网络安全和远程控制的重要概念。

学习目标

知识目标
①理解虚拟机的工作原理，如 VMware 及其网络设置的基本框架和工作机制。
②掌握如何查询和修改 VMware 虚拟机的硬件配置。
③学习如何创建、配置和管理虚拟网络，以及如何适应不同的网络环境需求。
④学习如何管理远程虚拟机，并利用命令行接口进行高级管理。
⑤理解安全外壳协议（secure shell，SSH）以及 OpenSSH 服务器的工作原理和配置方法。
⑥学习使用 SSH 客户端，进行远程登录。

能力目标
①提升使用虚拟机管理器的能力，学会调整虚拟机的网络和其他硬件设置。
②学习并操练使用 VMware 配置虚拟网络和进行远程虚拟机管理的技能。
③掌握使用命令行接口进行虚拟机和网络配置，提升系统管理能力。
④学习并应用 SSH 服务的配置运用，提升网络安全管理能力。

思政目标
①培养解决问题的能力：通过处理虚拟机网络的配置，解决实际问题，提升解决问题能力。
②提高团队合作的能力：通过配置和管理虚拟网络的任务，增强团队合作和沟通能力。
③培养自主学习的能力：通过对 SSH 服务器配置和客户端应用的学习，培养自主研发、快速学习的能力。
④提升适应能力：通过各种虚拟机和网络环境的配置管理，提升适应不确定环境和需求的能力。
⑤培育责任心：通过配置和管理远程虚拟机的任务，培育对任务的责任心和隐私保护意识。

任务一　了解 VMware 的网络工作

通常情况下，系统管理员可以通过虚拟机管理器来完成对虚拟机的日常管理，例如修改虚拟 CPU 的数量、重新分配内存以及更改硬件配置等。除此之外，系统管理员还可以使用命令行工具来完成虚拟机的维护。本节介绍如何通过这两种方式来管理虚拟机。

一、虚拟机管理器简介

在安装虚拟机的时候，我们已经使用过虚拟机管理器了。虚拟机管理器是一套图形界面的虚拟机管理工具。通过它，系统管理员可以非常方便地管理虚拟机。启动虚拟机管理器的方法有两种。

①通过在命令行中输入以下命令来启动：

```
[root@ localhostdata] #virt-manager
```

②通过【活动】｜【显示应用程序】｜【系统工具】【虚拟系统管理器】命令来启动。

虚拟系统管理器的主界面如图 5-1 所示。

在图 5-1 中，顶部是菜单栏，接下来是工具栏。对虚拟机的所有操作都可以通过菜单栏和工具栏来完成。窗口的下面以表格的形式中列出了所有的虚拟机。表格分为两列：第 1 列是主机名称及其当前的状态，第 2 列以波幅的形式显示出当前虚拟主机的 CPU 占用率。

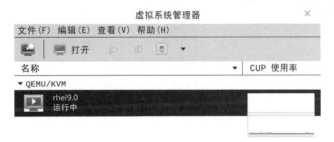

图 5-1　虚拟系统管理器主界面

如果想要管理某个虚拟机，可以双击该主机所在的行，也可以右击该主机所在的行，然后选择【打开】命令。之后，可以进入该主机的控制台界面。图 5-2 显示了一台 RHEL 虚拟机的控制台界面。

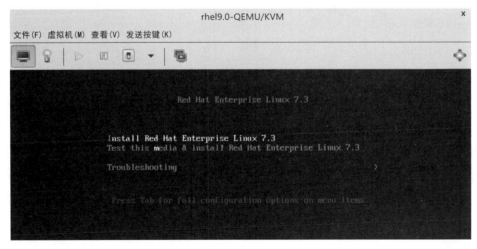

图 5-2　RHEL 虚拟机控制台

课内思考

虚拟机在构建复杂网络环境中有哪些关键作用？请列举一些实际应用场景。

二、查询或者修改虚拟机硬件配置

用户可以通过虚拟机控制台来查询和修改虚拟机的硬件配置。在虚拟机控制台的工具栏中选择【显示虚拟硬件详情】按钮 ，打开虚拟机的硬件配置窗口，如图 5-3 所示。

在图 5-3 中，窗口的左侧是虚拟硬件名称，右侧是该硬件的相关配置信息。虚拟机控制台列出了主要的虚拟硬件，如 CPU、内存、引导选项、磁盘、光驱、网卡、鼠标、显卡以及 USB 口等。

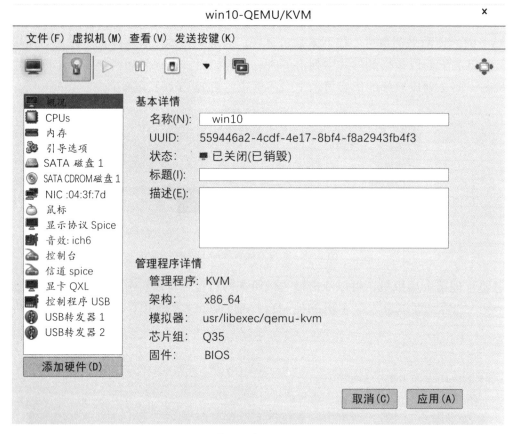

图 5-3　虚拟机虚拟硬件详细信息

单击左侧的【概况】选项，窗口右侧会列出该虚拟机的硬件配置概括，包括名称、状态、管理程序的类型和硬件架构等。

单击左侧的【性能】选项，右侧会显示出与性能有关的信息，包括 CPU 的利用率、内存的利用率、磁盘 I/O 以及网络 I/O 等，如图 5-4 所示。

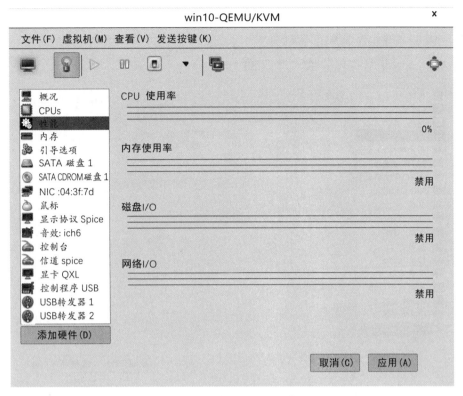

图 5-4　虚拟机性能图表

单击【CPUs】选项，右侧显示出当前的虚拟处理器配置情况，如图 5-5 所示。用户可以修改虚拟 CPU 的个数。选择【内存】选项，用户可以修改虚拟机的内存大小，如图 5-6 所示。

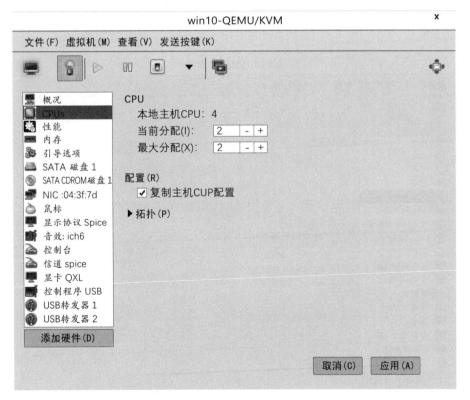

图 5-5　虚拟 CPU 配置

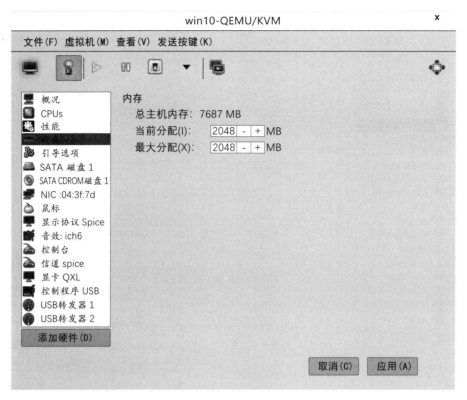

图 5-6　设置内存

选择【引导选项】选项，用户可以修改与虚拟机引导有关的选项，例如引导顺序等，如图 5-7 所示。选择【SATA 磁盘 1】选项，可以设置与磁盘有关的参数，如图 5-8 所示。其他选项的查看或者修改与上面介绍的基本相同，不再赘述。当用户修改了参数之后，需要单击右下角的【应用】按钮，使得修改生效。

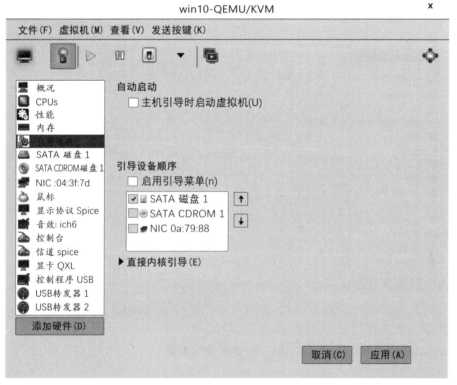

图 5-7　修改引导选项

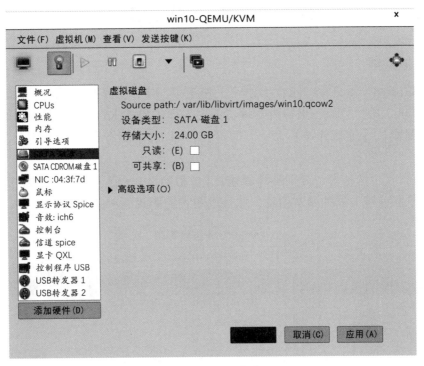

图 5-8 修改磁盘参数

如果用户需要添加其他的虚拟硬件，则可以在左侧列表的下方选择【添加硬件】按钮，打开【添加新虚拟硬件】窗口，如图 5-9 所示。选择所需的硬件类型，然后配置相关的参数，单击【完成】按钮，即可完成添加操作。

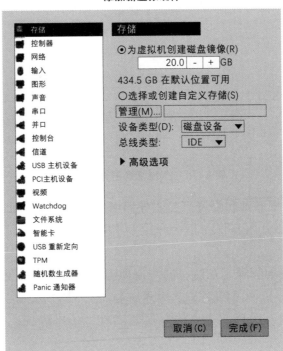

图 5-9 添加新虚拟硬件

任务二　配置网络功能

一、管理虚拟网络

KVM（kernel-based virtual machine）维护着一组虚拟网络，供虚拟机使用。虚拟机管理器提供了虚拟网络的管理功能。用户可以在虚拟机管理器的主界面中单击 KVM 服务器列表中相应的服务器，选择菜单中的【编辑】【连接详情】命令，即可打开该 KVM 服务器的详细信息窗口，如图 5-10所示。

图 5-10 共包含 4 个选项卡，分别是【概述】【虚拟网络】【存储】和【网络接口】。其中【概述】选项卡显示了当前服务器的基本信息，并且以图表的形式显示其性能。

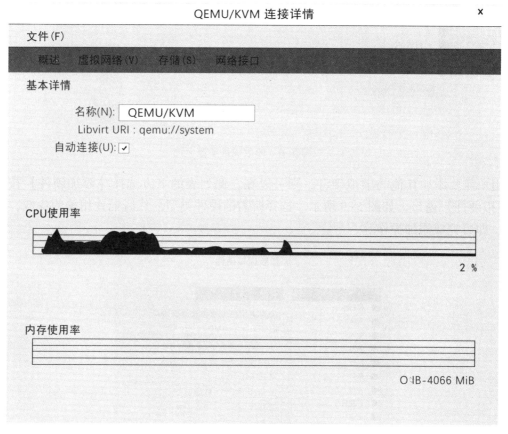

图 5-10　KVM 服务器详细信息

【虚拟网络】选项卡用来显示和配置当前服务器中的虚拟网络，如图 5-11 所示。【存储】选项卡用来管理存储池，此部分内容将在稍后介绍。【网络接口】选项卡用来管理服务器的网络接口。

下面详细介绍虚拟网络的管理。在窗口的左边列出了所有的虚拟网络，右边则显示了当前虚拟网络的配置信息，包括虚拟网络的名称、设备、状态、是否自动启动以及 IPv4 的相关参数，如网络 ID、DHCPIP 地址池的起点和终点等。除此之外，还可以在此界面中添加一个新的虚拟网络。

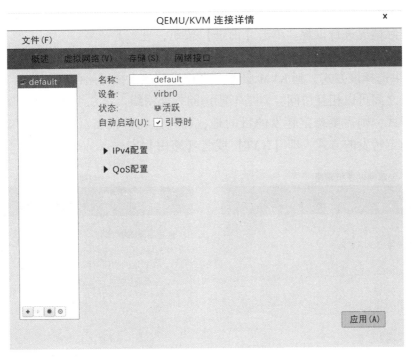

图5-11 虚拟网络选项

①单击左下角的【添加网络】按钮，打开虚拟网络添加向导，如图5-12所示。在【网络名称】文本框中为新网络输入名称，然后单击【前进】按钮，进入下一步。

②选择IPv4地址空间。用户可以从私有IP地址中选择部分IP地址段作为虚拟机的IP地址空间，例如10.0.0.0/8、172.16.0.0/12或者192.168.0.0/16。在本例中，选择192.168.100.0/24作为虚拟机的IP地址空间，如图5-13所示。同时，还可以启用DHCP，为DHCP设置可分配的IP地址范围。完成后单击【前进】按钮，进入下一步。

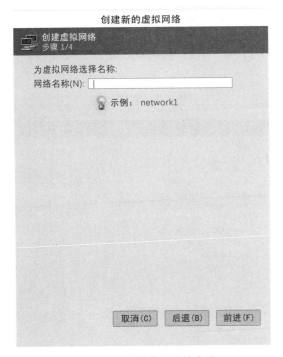

图5-12 设置虚拟网络名称

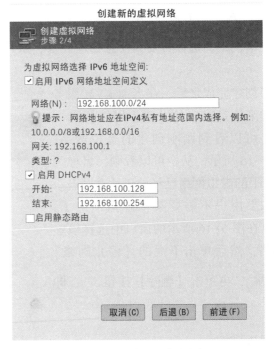

图5-13 选择IP地址空间

③接下来选择 IPv6 地址相关设置，如图 5-14 所示。目前大部分网络仍然采用 IPv4，IPv6 较少，因此可根据实际情况进行设置。单击【前进】按钮，进入下一步。

④选择虚拟网络与物理网络的连接方式，如图 5-15 所示。一共有两个选项，第一个为【隔离的虚拟网络】。如果选择该方式，则 KVM 服务器中连接到该虚拟网络的虚拟机将位于一个独立的虚拟网络中，虚拟机之间可以相互访问，但是不能访问外部网络。第二个选项为【转发到物理网络】。如果用户选择该方式，则需要指定转发的目的地，即任意物理设备或者某个特定的物理设备。另外，用户还需要指定转发的方式，即【NAT】或者【路由】方式。

图 5-14　IPv6 设置

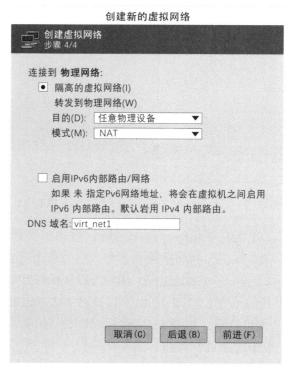

图 5-15　选择虚拟网络与物理网络的连接方式

在本例中，选择转发到任意物理设备，采用 NAT 方式。单击【完成】按钮，此虚拟网络创建完成。

当创建完成之后，在当前 KVM 服务器的详细信息窗口的【虚拟网络】选项卡中，可以看到刚刚创建的虚拟网络，如图 5-16 所示。从中可以看到，名称为 virt_net1 的虚拟网络已经处于活动状态。

如果用户不需要某个虚拟网络了，就可以在图 5-16 所示的窗口中选择该虚拟网络，然后单击下面的【停止网络】按钮 ●，再单击【删除】按钮 ⊗，即可将其删除。

课内思考

创建和配置虚拟网络时需要注意什

图 5-16　查看虚拟网络状态

么？如何根据不同环境来优化你的网络配置？

二、管理远程虚拟机

除了访问和管理本地 KVM 系统中的虚拟机之外，利用虚拟机管理器，用户还可以管理远程 KVM 系统中的虚拟机。在虚拟机管理器的窗口中，选择【文件】→【添加连接】命令，打开【添加连接】对话框，如图 5-17 所示。从图 5-17 中可知，虚拟机管理器可以连接 KVM、Xen 等虚拟化平台。

对于 RHEL 8.0 而言，在【管理程序】文本框中需要选择【QEMU/KVM】选项。勾选【连接到远程主机】复选框，在【方法】下拉菜单中选择【SSH】选项，在【用户名】文本框中输入建立连接的用户名，一般为【root】，在【主机名】文本框中输入远程 KVM 系统的 IP 地址，单击【连接】按钮，即可连接到远程的 KVM 系统，同时该 KVM 系统的虚拟机也会显示出来。

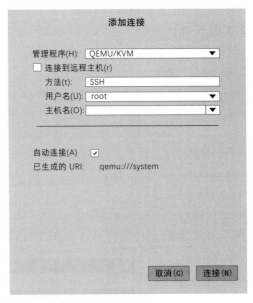

图 5-17 连接到远程 KVM 系统

三、使用命令行执行高级管理

尽管使用虚拟机管理器可以很方便地通过图形界面管理虚拟机，但是这需要 RHEL 8.0 支持图形界面才可以。实际上，在大部分情况下，RHEL 服务器并不一定安装桌面环境。另外，系统管理员通常通过终端以 SSH 的方式连接到 RHEL 服务器进行管理。在这些场合下，都不可以通过虚拟机管理器来管理虚拟机。

virsh 软件包提供了一组基于命令行的工具来管理虚拟机。virsh 包含许多命令，用户可以通过 virsh--help 命令查看这些命令。下面分别介绍如何通过命令行来完成常用的虚拟机操作。

1. 创建虚拟机

用户可以通过 virt-install 命令来创建一个新的虚拟机。该命令的基本语法如下：

```
virt-install--name NAME--ram RAM STORAGE INSTALL [options]
```

其中，--name 参数用来指定虚拟机的名称，--ram 参数用来指定虚拟机的内存大小，STORAGE 参数是指虚拟机的存储设备，INSTALL 参数代表安装的相关选项。virt-install 命令的选项非常多，下面把常用的一些选项列出来：

--vcpus：指定虚拟机的虚拟 CPU 配置。例如，--vcpus5 表示指定 5 个虚拟 CPU；--vcpus5,maxcpus=10 表示指定当前默认虚拟 CPU 为 5 个、最大为 10 个。通常虚拟 CPU 个数不能超过物理 CPU 个数。

--cdrom：指定安装介质为光驱，例如--cdrom/dev/hda 表示指定安装介质位于光驱/dev/hda。

--location：指定其他的安装源，例如 nfs：host：/path、http：//host/path 或者 ftp：//host/path。

--os-type：指定操作系统类型，例如 Linux、UNIX 或者 Windows。

--os-variant：指定操作系统的子类型，例如 fedora6、rhel5、solaris10、win2k 或者 winxp 等。

--disk：指定虚拟机的磁盘，可以是一个已经存在的虚拟磁盘或者新的虚拟磁盘，例如--disk-

path=/my/existing/disk。

--network：指定虚拟机使用的虚拟网络，例如-network network=my_libvirt_virtual_net。

--graphics：图形选项，例如--graphicsvnc 表示使用 VNC 图形界面、--graphics none 表示不使用图形界面。

例如，实例 5-1 的命令创建一个名称为 winxp2 的虚拟机，其操作系统为 Windows XP。

【实例 5-1】

```
[root@ localhost ~] #virt-install – name winxp2--hvm-ram 1024 – disk
/var/lib/libvirt/images/winxp2.img, size=10 – network network: default
--os-variant winxp – cdrom /root/winxp.iso
WARNING Graphics requested but DISPLAY is not set. Not runningvirt-viewer.
WARNING No console to launch for the guest, defaulting to – wait-1
Starting install…
Allocating' winxp2.img'                        | 10GB    00: 00
Creating domain…                               | 0B      00: 001
Domain installation stillin progress. Waiting for installation to complete.
```

图形安装界面会自动打开，如图 5-18 所示。

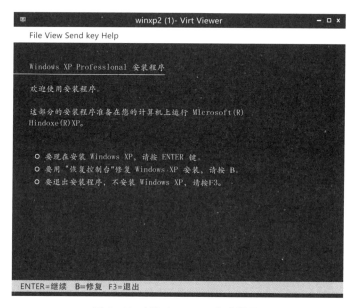

图 5-18　Windows XP 安装界面

2. 查看虚拟机

用户可以通过 virsh 命令查看虚拟机的状态，如实例 5-2 所示。

【实例 5-2】

```
[root@ localhost ~] #virsh-c qemu: ///system list
Id    Name                   State
--------------------------------------------------
7    winxp2                  running
```

在上面的输出结果中，Name 表示虚拟机的名称，State 表示虚拟机的状态。

3. 关闭虚拟机

virsh 命令的子命令 shutdown 可以关闭指定的虚拟机。例如，实例 5-3 的命令关闭名称为 winxp 的虚拟机。

【实例 5-3】

```
[root@ localhost ~] #virsh shutdown winxp
Domain winxp is being shutdown
```

4. 启动虚拟机

与 shutdown 子命令相对应，start 子命令可以启动某个虚拟机，如实例 5-4 所示。

【实例 5-4】

```
[root@ localhost ~] #virsh start winxp
Domain winxp started
```

5. 监控虚拟机

virt-top 命令类似于 top 命令，用来动态监控虚拟机的状态。在命令行中直接输入 virt-top 命令即可启动，其界面如图 5-19 所示。

root@localhost:"							− □ x
文件(F)　编辑(E)　查看(V)　搜索(S)　终端(T)　帮助(H)							

virt-top 18:44:53 - x86_64 4/4CPU 3163MHz 4066MB 1.6%
2 donains, 2 active, 2 running, 0 sleeping, 0 paused, 0 inactive D:0 0:0 X:0
CPU: 1.6% Mem: 3072 MB(客户端 3072 B)

ID	S	PDRQ	WRRQ	RXBY	TXBY	%CPU	%MEM	TIME	NAME
3	R	0	0	52	208	1.5	50.0	8:19.18	win7
1	R	0	0	260	0	0.1	25.0	0:47.08	rhel7.3

图 5-19　virt-top 主界面

在图 5-19 所示的界面中，用户按 "1" 键，可以切换到 CPU 使用统计界面，如图 5-20 所示；按 "2" 键，可以切换到网络接口状态界面，如图 5-21 所示。

root@localhost:"				− □ x
文件(F)　编辑(E)　查看(V)　搜索(S)　终端(T)　帮助(H)				

virt-top 20:47:00 - x86_64 4/4CPU 3399MHz 4066MB
2 donains, 2 active, 2 running, 0 sleeping, 0 paused, 0 inactive D:0 0:0 X:0
CPU: 25.3% Mem: 3072 MB(客户端 3072 B)

PHYCPU	%CPU	win7		rhel7.3	
0	100	100	100		
1	0.6	0.2		0.4	0.1
2	0.0	0.0		0.0	
3	0.9	0.1		0.8	0.6

图 5-20　CPU 使用统计界面

root@localhost:"				− □ x
文件(F)　编辑(E)　查看(V)　搜索(S)　终端(T)　帮助(H)				

virt-top 20:47:00 - x86_64 4/4CPU 3399MHz 4066MB 14.7% 32.7%
2 donains, 2 active, 2 running, 0 sleeping, 0 paused, 0 inactive D:0 0:0 X:0
CPU: 2% Mem: 3072 MB(客户端 3072 MB)

ID	S	RXBY	TXBY	RXPK	TXPK	DOMAIN	INTERFACE
1	R	1273	0	14	0	rhel7.3	vnet0
2	R	243	1254	4	13	vin7	vnet1

图 5-21　网络接口状态界面

6. 列出所有的虚拟机

virsh 的 list 子命令可以列出所有的虚拟机，无论是否启动，如实例 5-5 所示。

【实例 5-5】

```
[root@ localhost ~] #virsh list--all
Id    Name              State
-----------------------------------------------------
1    rhe18.0           running
2    win7              running
```

任务三   配置和使用 SSH 服务

一、SSH 服务器的工作原理

（一）SSH 服务器和客户端的工作流程

SSH 服务器和客户端的工作流程如图 5-22 所示。

①SSH 客户端发出连接 SSH 服务器的请求。

②SSH 服务器检查 SSH 客户端发送的数据包和 IP 地址，这个步骤是在 SSH 服务内完成的。

③SSH 服务器通过安全验证后发送密钥给 SSH 客户端。

④本地 SSHD 守护进程将密钥送回远程 SSH 服务器。

至此 SSH 客户端和远程 SSH 服务器建立了一个加密会话。

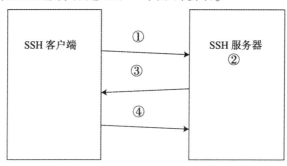

图 5-22   SSH 服务器和客户端的工作流程

（二）关于 OpenSSH

OpenSSH 是网络连接工具，可为系统间提供安全的通信。OpenSSH 主要包括如下工具：

scp：安全文件复制工具。

FTP：安全文件传输协议工具（FTP）。

SSH：登录到远程系统或在远程系统上运行命令。

sshd：OpenSSH 守护程序。

ssh-keygen：创建 RSA 身份验证密钥。

不建议使用数字签名算法（DSA）。OpenSSH 客户端不接受 DSA 主机密钥。与 rep、FTP、tel-net、rsh 和 rlogin 等实用程序不同，OpenSSH 会对客户端和服务器间的所有网络数据包进行加密，包括密码验证。OpenSSH 支持 SSH 版本 2（SSH 2）协议。另外，OpenSSH 通过 xll 转发提供了一种在网络上使用图形应用程序的安全方式。OpenSSH 使用端口转发，以保护不安全的 TCP/IP。

课内思考

SSH 服务有哪些主要的应用场景？它在网络安全中扮演了什么角色？

二、配置 OpenSSH 服务器

SSH 是以远程联机服务方式操作服务器时较为安全的解决方案，最初由芬兰的一家公司开发。但受版权和加密算法的限制，很多人转而使用免费的替代软件——OpenSSH。ssh_config 和 sshd_config 是 SSH 服务器的配置文件，前者是针对客户端的配置文件，后者则是针对服务端的配置文件。两个配置文件都允许通过设置不同的选项来改变客户端程序的运行方式。

（一）安装并启动 OpenSSH

①先安装软件包：

```
# yum insatll openssh openssh-clients
```

②安装完成后，使用如下命令启动：

```
#systemctl start sshd
```

③使用如下命令查看 opensshd 进程和端口号是否正常：

```
#netstat-nutap | grep sshd; ps-ef | grep sshd
```

④如果需要在系统启动时自动运行该服务，则运行如下命令：

```
#systemctl enable sshd
```

⑤打开防火墙规则以接受 SSH 端口 22 上的传入流量：

```
# firewall-cmd--zone = public--permanent--add-service = ssh
```

⑥使用如下命令测试 OpenSSH 工作是否正常：

```
ssh-1 [username] [address of the remote host]
```

⑦如果 OpenSSH 工作正常，则会看到如下提示信息：

```
The authenticity of host [hostname] can' t be established.
Key fingerprint is 1 024 5f: a0: 0b: 65: d3: 82: df: ab: 44: 62: 6d: 98: 9c: fe: e9: 52.
Are you sure you want to continue connecting (yes/no) ?
```

在第一次登录时，OpenSSH 将会弹出第一次登录的提示符。只要键入"yes"，OpenSSH 就会把这台登录主机的"识别标记"加到~/. ssh/know_hosts 文件中，如此当再次访问这台主机时就不会显示这条提示信息了。然后 SSH 提示用户输入与远程主机的用户账号相符合的口令，口令输入成功后即可建立 SSH 连接，之后就可以如同使用 telnet 那样，方便地使用 SSH 了。

（二）配置文件

OpenSSH 的配置文件和主要文件存放在/etc/ssh/目录中，主要包括如下文件：

sshd_config：SSH 服务器的配置文件。

ssh_config：SSH 客户端的配置文件。

ssh_host_ecdsa_key：ecdsa 私钥文件。

ssh_host_ecdsa_key. pub：ecdsa 公钥文件。

ssh_host_ed25519_key：ed25519 私钥文件。

ssh_host_ed25519_key. pub：ed25519 公钥文件。

ssh_host_rsa_key：SSH2 用的 RSA 私钥。

ssh_host_dsa_key. pub：SSH2 用的 DSA 公钥。

moduli：包含用于建立安全连接的密钥交换信息。

~/. ssh/known_hosts：包含 OpenSSH 从 SSH 服务器获得的公共主机密钥。

（三）理解配置文件/etc/ssh/sshd_config

配置文件/etc/ssh/sshd_config 是 OpenSSH 的关键文件：

```
# Port 22                            //监听端口，默认监听端口 22
# AddressFamily any                  //IPv4 和 IPv6 协议家族用哪个，any 表示二者均有
# ListenAddress 0.0.0.0              //指明监控地址，0.0.0.0 表示本机所有地址，默认可修改
# ListenAddress : :                  //指明监听的 IPv6 的所有地址格式
# Protocol 2                         //使用 SSH2，默认第一版本已拒绝使用
# HostKey for protocol version 1
# HostKey /etc/ssh/ssh_host_key      //第一版本的 SSH 支持此种密钥形式
# HostKeys for protocol version      //使用第二版本发送密钥，支持以下四种密钥认证的存放位置
HostKey /etc/ssh/ssh_host_rsa_key       //RAS 私钥认证
HostKey /etc/ssh/ssh_host_dsa_key       //DAS 私钥认证
HostKey /etc/ssh/ssh_host_ecdsa_key       //ecdsa 私钥认证
HostKey /etc/ssh/ssh_host_ed25519_key     //ed25519 私钥认证
# KeyRegenerationinterval lh
# ServerKeyBits 1024                 //主机密钥长度
# Ciphers and keying
# Logging
# SyslogFacility AUTH
// 当有人使用 SSH 登录系统时，SSH 会记录信息，信息保存在/var/log/secure 目录下
SyslogFacility AUTHPRIV
# LogLevel INFO                      //日志的等级
# Authentication：
# LoginGraceTime 2m                  //登录的宽限时间，默认 2 分钟没有输入密码，将自动断开连接
PermitRootLogin yes                  //是否允许管理员直接登录，yes 表示允许
#StrictModes yes                     //是否让 sshd 去检查用户主目录或相关文件的权限数据
//最大认证尝试次数，最多可以输入 6 次密码，输入 6 次密码后需要等待一段时间后才能再次输入密码
# MaxAuthTries 6
# MaxSessions 10                     //允许的最大会话数
# RSAAuthentication yes
# PubkeyAuthentication yes
//服务器生成一对公私钥之后，会将公钥存放到.ssh/authorizd_keys 文件内，将私钥发给客户端
AuthorizedKeysFile .ssh/authorized_keys
# AuthorizedPrincipalsFile none
# AuthorizedKeysCommand none
# AuthorizedKeysCommandUser nobody
# RhostsRSAAuthentication no
# HostbasedAuthentication no
# IgnoreUserKnownHosts no
# IgnoreRhosts yes
# PasswordAuthentication yes
# PermitEmptyPasswords no
PasswordAuthentication yes                  //是否支持基于口令的认证
# ChallengeResponseAuthentication yes
```

ChallengeResponseAuthentication no　　　　　　　//是否允许任何密码认证

Kerberos options //是否支持 Kerberos（基于第三方的认证，如 LDAP）认证方式，默认为 no

KerberosAuthentication no

KerberosOrLocalPasswd yes

KerberosTicketCleanup yes

KerberosGetAFSToken no

KerberosUseKuserok yes

GSSAPI options

GSSAPIStrictAcceptorCheck yes

GSSAPIKeyExchange no

GSSAPIEnablek5users no

UsePAM yes

AllowAgentForwarding yes

AllowTcpForwarding yes

GatewayPorts no

X11Forwarding yes　　　　//是否允许 x11 转发

X11DisplayOffset 10

X11UseLocalhost yes

PermitTTY yes

PrintMotd yes

PrintLastLog yes

TCPKeepAlive yes

UseLogin no

UsePrivilegeSeparation sandbox

PermitUserEnvironment no

Compression delayed

ClientAliveInterval 0

ClientAliveCountMax 3

ShowPatchLevel no

UseDNS yes 　//是否反解 DNS，如果想让客户端连接服务器端的速度快一些，该选项可以设置为 no

PidFile /var/run/sshd.pid

MaxStartups 10：30：100

PermitTunnel no

ChrootDirectory none

VersionAddendum none

no default banner path

Banner none

Accept locale-related environment variables

//支持 sftp，如果注释掉，则不支持 sftp 连接

Subsystem sftp /usr/libexec/openssh/sftp-server

X11Forwarding no

AllowTcpForwarding no

PermitTTY no

ForceCommand cvs server

//登录白名单（默认没有这个配置，需要自己手动添加），允许远程登录的用户

//如果名单中没有的用户，则提示拒绝登录

AllowUsers user1 user2

（四）配置使用口令验证登录服务器实例

在 Linux 系统中，OpenSSH 服务器和客户端的相关软件包是默认安装的，并已将 sshd 服务添加为标准的系统服务，因此，只需要在服务器的命令行中执行"service sshd start"命令就可以开启默认配置 sshd 服务，包括 root 在内的大部分用户（只要有能执行命令的有效 shell 就可以远程登录系统。但这样做并不安全，需要修改配置文件（/etc/ssh/sshd_config），以允许指定的用户访问 SSH 服务器。允许 root 账户从任何客户端远程登录服务器，允许用户 cjhl 只能从 Linux 客户端（192.168.0.1）远程登录 Web 服务器，SSH 默认监听的端口号是 22，将其修改为 3000，以提高安全性的例子如下。

配置文件中有许多注释行和空行，可以使用 grep-V"^#" sshd_ctconfig 命令去掉注释行，其中，-v 表示取相反；^#表示以#开头的行。

```
# grep-v "^#"  sshd_config
Port   3000                          #将监听端口号修改为3000，默认为22
ListenAddress 192.168.0.1            #只监听192.168.0.1的SSH请求
PermitRootLogin    no                #禁止root账户远程登录
PermitEmptyPassword    no            #禁止空密码账户登录
LoginGraceTime     lm                #登录验证过程时间为1分钟
MaxAuthTries    3                    #允许用户登录验证的最大重试次数为3
PasswordAuthentication    yes        #允许使用密码验证
```

#此项需要手动添加，允许 root 账户从任何客户端登录，允许用户 cjhl 只能从 192.168.0.1 客户端登录，其他用户均拒绝登录

```
AllowUsers    root        cjhl@ 192.168.0.1
```

知识之窗

当 root 账户被禁止登录时，可以先使用普通账户远程进入系统，在需要执行管理任务时再使用"su-"命令切换为 root 账户，或者在服务器上配置 sudo，以执行部分管理命令，这样可以提高系统的安全性。

①创建允许远程登录 Web 服务器的账户：

```
# useradd cjhl
# passwd cjhl
```

②重新启动 sshd 服务：

```
# systemctl restart sshd
```

接下来就可以在客户端使用密码验证方式远程登录 Web 服务器了。

将端口 3000 添加到 SELinux：

```
# semanage port-a-t ssh_port_t-p tcp 3000
```

③将防火墙设置添加到端口 3000：

```
# firewall-cmd--add-port=3000/tcp--permananet
# firewall-cmd-reload
```

④使用 Linux 客户端验证：

```
# ssh-p 3000 cjhl@ 192.168.0.10
```

使用 Linux 客户端验证界面如图 5-23 所示。

图 5-23　使用 Linux 客户端验证界面

⑤验证从 Windows 客户端通过 PuTTY 工具登录服务器。

"putty 配置"界面如图 5-24 所示。用户 cjhl 登录成功界面如图 5-25 所示。

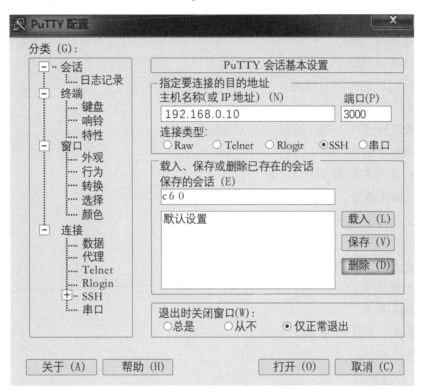

图 5-24　"PuTTY 配置"界面

图 5-25　用户 cjhl 登录成功界面

课内思考

在配置 OpenSSH 服务器时，如何确保 SSH 连接的安全性？请介绍至少两种安全措施及其作用。

三、应用 SSH 客户端

（一）SSH 客户端工具

在 Linux 命令行下常用的是 SSH、sftp 和 scp 命令。

1. SSH

SSH 命令的格式为：

```
SSH    SSH（选项）（参数）
```

主要参数如下：

-1：强制使用 SSH 协议版本 1。

-2：强制使用 SSH 协议版本 2。

-4：强制使用 IPv4 地址。

-6：强制使用 IPv6 地址。

-A：开启认证代理连接转发功能。

-a：关闭认证代理连接转发功能。

-b：将本机指定地址作为对应连接的源 IP 地址。

-C：请求压缩所有数据。

-F：指定 SSH 指令的配置文件。

-f：后台执行 SSH 指令。

-g：允许远程主机连接主机的转发端口。

-i：指定身份文件。

-1：指定连接远程服务器登录用户名。

-N：不执行远程指令。

-o：指定配置选项。

-P：指定远程服务器上的端口。

-q：开启静默模式。

-X：开启 xll 转发功能。

-x：关闭 xll 转发功能。

-y：开启信任 xl1 转发功能。

2. sftp

sftp 可以用来打开安全互动的 FTP 会话，与 FTP 相似，只不过 sftp 使用安全且加密的连接，其一般语法是 "sftp usemame@ hostname. com"，一旦通过验证，就可以使用一组和 FTP 相似的命令。

sftp 命令格式如下：

```
Sftp [选项] host
```

主要选项如下：

-c cipher：和 SSH 命令中定义的参数相同，直接被传送到 SSH。

-d debug_level_spec：定义接收的调试信息的数量，和 SSH2 使用的参数相同。

-p port：可以指定客户端连接到哪个端口的服务器，默认设置为端口 22，该端口是为 Secureshell 保留的。除非另外指定，否则一般情况下用于服务器的端口被定义在 /etc/services 文件中，也可以在配置文件中为每台主机单独指定端口。

-V：冗余模式，与其他 Secureshell 客户端一样，用 sftp 打印调试级为 2 的信息。

-B：指定传输文件时缓冲区的大小。

-1：使用 SSH 协议版本 1。

-b：指定批处理文件。

-C：使用压缩。

-o：指定 SSH 选项。

-F：指定 SSH 配置文件。

-R：指定一次可以容忍多少请求数。

【实例 5-6】

sftp 命令登录过程如下：

```
sftp dmtsai@ 192.1614.1.4
Connecting to 192.1614.1.4...
dmtsai@ localhost' spassword：<== 输入密码
sftp>
```

sftp 相关子命令及其说明如表 5-1 所示。

表 5-1　sftp 相关子命令及其说明

子命令名称	说明
cd	变换目录
mkdir	建立子目录
Is	显示文件名称
pwd	列出当前目录名称
rm	删除文件
In	建立文件链接
charp	修改文件组属性
chmod	修改文件权限
rename	修改文件或目录名称
lpwd	显示当前位置
lmkdir	建立本地目录

3. scp

scp 的作用是将文件复制到远程主机或本地主机上，具体复制到哪里取决于所要发送的文件的位置，必须指定用户名、主机名、目录和文件。这听上去有点复杂，但只要正确地使用了这些参数就会得到正确的结果，如使用 scp 在 Linux 笔记本电脑与 ISP 中心的服务器的账号间进行文件复制。

scp 命令格式如下：

```
scp [参数] 文件 1 [...] 文件 2
```

主要参数如下：

-4：使用 IPv4。

-6：使用 IPv6。

-B：以批处理模式运行。

-C：使用压缩。

-F：指定 SSH 配置文件。

-l：指定宽带限制。

-o：指定使用的 SSH 选项。

-P：指定远程主机的端口号。

-p：保留文件的最后修改时间、最后访问时间和权限模式。

-q：不显示复制进度。

-r：以递归方式复制。

【实例 5-7】

①从远程主机复制文件到本地目录。

从 10.10.10.10 机器上的/opt/soft/目录中下载 nginx-0.4.3.tar.gz 文件到本地的/opt/soft/目录下：

```
# scproot@ 10.10.10.10：/opt/soft/nginx-0.4.3.tar.gz /opt/soft/
```

②从远程主机复制目录到本地目录。

从 10.10.10.10 机器上的/opt/soft/目录中下载 db 目录到本地的/opt/sofi/目录下。

```
#scp-r root@ 10.10.10.10：/opt/soft/db /opt/soft/
```

③上传本地文件到远程机器指定目录。

上传本地/opt/soft/目录下的文件 nginx.tar.gz 到远程机器 10.10.10.10 上的 opt/soft/scptest 目录下：

```
# scp /opt/soft/nginx。tar.gz root@ 10.10.10.10：/opt/soft/scptest
```

（4）上传本地目录到远程机器指定目录。

上传本地目录/opt/soft/db 到远程机器 10.10.10.10 上的/opt/soft/test 目录下：

```
# scp-r /opt/soft/db root@ 10.10.10.10：/opt/soft/test
```

（二）使用 ssh-keygen 命令生成一对认证密钥

如果不想在每次使用 SSH、scp 或 sftp 时都要输入口令来连接远程主机，则可以生成一对授权密钥（必须为每个用户生成一对认证密钥）：

```
# ssh-keygen
Generating public/private rsa key pair.
Enter file in which to save the key (/home/guest/.ssh/id_rsa)：<Enter>
Created directory ' /home/guest/.ssh' .
Enter passphrase (empty for no passphrase)：password
Enter same passphrase again：password
Your identification has been saved in /home/guest/.ssh/id_rsa.
Your public key has been saved in /home/guest/.ssh/id_rsa.pub.
The key fingerprint is：
5e：d2：66：f4：2c：c5：cc：07：92：97：c9：30：0b：11：90：59 guest@ host01
The key' s randomart image is：
+-- [ RSA 2048] ----+
|.=Eo++.o    |
|o ..B=.     |
|o.=.        |
|o +.        |
|S *  o      |
|. =.        |
|.           |
|.           |
|            |
+----------------+
```

知识之窗

要使用默认 RSA 算法以外的算法创建 SSH 密钥对，请使用 -t 选项，可用选项有：dsa、ecdsa、ed25519 和 rsa。为了防止其他人访问私钥，可以指定密码来加密私钥。如果对私钥进行加密，则每次使用密钥时都必须输入此密码。在默认情况下，ssh-keygen 在 ~/.ssh 文件中生成私钥文件和公钥文件（除非你为私钥文件指定备用目录）：

```
# Is-1 ~/.ssh
Total 8
-rw-------. 1 guest guest 1743 Apr 13 12：07 id_rsa
-rw-r--r--. 1 guest guest  397 Apr 13 12：07 id_rsa.pub
# mv ~/.ssh/id_rsa.pub ~/.ssh/authorized_keys
```

（三）访问远程系统而无须输入密码

如果想使用 OpenSSH 客户端访问远程系统，且不必每次连接都提供密码，请执行以下步骤：

①用 ssh-keygen 生成公共和私有密钥对：

```
$ ssh-keygen
Generating public/private rsa key pair.
Enter file in which to save the key (/home/user/.ssh/id_rsa): <Enter>
Created directory ' /home/user/.ssh' .
Enter passphrase (empty for no passphrase): <Enter>
Enter same passphrase again: <Enter>
...
```

②用 ssh-copy-id 将本地 ~/.ssh/id_rsa.pub 文件中的公钥附加到远程系统上的 ~/.ssh/authorized_keys 文件中：

```
$ ssh-copy-id remote_user@ host
```

③验证远程系统上的 ~/.ssh 目录和 ~/.ssh/authorized_keys 文件的权限：

```
$ ssh remote_user@ host Is-al .ssh
total 4
drwx------+ 2 remote_user group  5 Jun 12 08：33 .
drwxr-xr-x+ 3 remote_user group  9 Jun 12 08：32 ..
-rw-------+ 1 remote_user group 397 Jun 12 08：33 authorized_keys
```

④如果客户端和服务器系统上的用户名相同，则无须指定远程用户名和 @ 符号。如果客户端和服务器系统上的用户名不同，则须在 ~/.ssh/config 文件中定义一个包含本地用户名的权限为 600 的文件：

```
$ ssh remote_user@ host echo-e "Host * \ \ \nUser local－user"' >>' .ssh/config
$ ssh remote_user© host cat .ssh/config
```

（四）创建无 shell 访问权限的 sftp 用户

1. sftp 安全简介

在向服务器上传文件时，通常是用服务器的登录用户，通过第三方工具（如 wincp、xftp 等）直接上传，这些用户可以进入服务器的大部分目录，并下载拥有可读权限的文件，直接用登录账户使用 sftp 服务是存在风险的，尤其是向第三方人员或服务提供 sftp 服务时，所以在使用 sftp 应用时要做好权限控制。sftp（SSH 文件传输协议）是两个系统之间的安全文件传输协议，通过 SSH 协议在 22 端口运行。下面的内容将帮助你在系统上创建仅 sftp 访问用户（无 SSH 访问），用户只能将服务器与 sftp 连接，并只允许访问指定的目录，且用户无法通过 SSH 进入服务器根目录。

2. 创建账户

创建 sftp 用户名和密码：

```
# adduser--shell /bin/false sftpuser
# passwd sftpuser
```

3. 创建家目录

现在创建目录以供 sftp 用户访问。这里仅将新用户访问限制为自己的用户目录，此用户无法访问其他目录中的文件：

```
# mkdir-p /var/sftp/files
```

将目录的所有权更改为新创建的 sftp 用户，使 sftp 用户在此目录上进行读/写操作：

```
# chown sftpuser: sftpuser /var/sftp/files
```

将/var/sftp 的所有者和组所有者设置为 root（root 账户对此访问具有读/写访问权限，组成员和其他账户仅具有读取和执行权限）：

```
# chown root: root /var/sftp
# chmod 755 /var/sftp
```

4. 为 sftp 配置 SSH 服务器

sftp 是通过 SSH 协议运行的，因此需要在配置文件中进行配置：

```
# vi /etc/ssh/sshd_config
# 在/etc/ssh/sshd_config 文件后添加几行
Match Users ftpuser
ForceCommand internal-sftp
PasswordAuthentication yes
ChrootDirectory/var/sftp
PermitTunnel no
AllowAgentForwarding no
AllowTcpForwarding no
X11Forwarding no
```

保存文件重启服务：

```
# systemctl restart sshd.service
```

（五）使用 fail2ban 防御 SSH 服务器的暴力破解攻击

1. fail2ban 简介

常见的对于 SSH 服务器的攻击就是暴力破解攻击，即远程攻击者通过不同的密码来无限次地进行登录尝试。当然 SSH 服务器可以通过设置使用非密码验证方式来对抗这种攻击，如公钥验证或者双重验证。如果必须使用密码验证方式，则可以使用 fail2ban。fail2ban 是 Linux 系统中的一个著名的入侵保护的开源框架，fail2ban 用于扫描系统日志文件（如/var/log/pwdfail 或/var/log/apache/error_log），从中找出多次尝试登录失败的 IP 地址，并将该 IP 地址加入防火墙的拒绝访问列表中，Fail2ban 在防御对 SSH 服务器的暴力破解方面非常有用。下文将演示如何安装并配置 fail2ban，以使 SSH 服务器免受来自远程 IP 地址的暴力攻击。

2. 安装 fail2ban

通过如下命令安装 fail2ban：

```
# dnf install epel-release
# dnf install fail2ban
```

3. 配置 fail2ban

fail2ban 将配置文件保留在 /etc/fail2ban 目录下，将此文件的副本创建为 jail. local：

```
# cp/etc/fail2ban/jail.conf /etc/fail2ban/jail.local
```

在 jail. local 文件中进行必要的更改以创建禁止规则。编辑 jail. local 文件，然后在 ［DEFAULT］部分进行更改：

```
# vi /etc/fail2ban/jail.local
# 以空格分隔的列表，可以是 IP 地址、CIDR 前缀、DNS 主机名
# 用于指定哪些地址可以忽略 fail2ban 防御
ignoreip = 127.0.0.1 172.31.0.0/24 10.10.0.0/24 192.168.0.0/24
# 客户端主机被禁止的时长
bantime = 60m
# 客户端主机被禁止前允许失败的次数
maxretry = 5
# 查找失败次数的时长
findtime = 5m
[ssh-iptables]
enabled = true
filter   = sshd
action   = iptables [name=SSH, port=22, protocol=tcp]
sendmail - whois [name = SSH, dest = root, sender = fail2ban @ example.com, sendername = "Fail2Ban"]
logpath = /var/log/secure
maxretry = 3
```

根据上述配置，fail2ban 会自动禁止在最近 5 分钟内有超过 5 次访问尝试失败的任意 IP 地址。一旦被禁，这个 IP 地址将会在 60 分钟内一直被禁止访问 SSH 服务。配置文件准备就绪后，按照如下方式重启 fail2ban 服务，即可完成设置：

```
#systemctl start fail2ban.service
#systemctl enable fail2ban.service
```

4. fail2ban 测试

在一台客户端登录服务器，故意输错 5 次密码，将看到如下日志：

```
# tail-1 /var/log/fail2ban.log
2020-01-05 17：39：19, 647 fail2ban.actions [1313]: WARNING [ssh-iptables] Ban 192.168.214.1
```

查看系统登录日志可以看到，192.168.214.1 被禁止访问了：

```
# cat /var/log/secure ##

Jun 5 17：39：01 localhost sshd [1341]: Failed password for root from 192.168.214.1 port
2444 ssh2
Jun 5 17：39：06 localhost sshd [1341]: Failed password for root from 192.168.214.1 port
2444 ssh2
Jun 5 17：39：11 localhost sshd [1341]: Failed password for root from 192.168.214.1 port
2444 ssh2
Jun 5 17：39：14 localhost sshd [1341]: Failed password for root from 192.168.214.1 port
2444 ssh2
Jun 5 17：39：18 localhost sshd [1341]: Failed password for root from 192.168.214.1 port
2444 ssh2
Jun 5 17：41：39 localhost login: pam_unix (login: session): session opened for user root by
```

LOGIN (uid=0)

5. fail2ban 常用命令

①启动 fail2ban：

```
#systemctl start fail2ban
```

②停止 fail2ban：

```
#systemctl stop fail2ban
```

③开机启动 fail2ban：

```
#systemctl enable fail2ban
```

④查看被禁止访问的 ip 地址：

```
# fail2ban-client status ssh-iptables
```

⑤添加白名单：

```
# fail2ban-client set ssh-iptables addignoreip IP 地址
```

⑥删除白名单：

```
# fail2ban-client set ssh-iptables delignoreip IP 地址
```

⑦查看被禁止的 ip 地址：

```
#iptables-L-n
```

（六）使用 WindowsSSH 客户端登录 OpenSSH 服务器

在 Windows 系统下的 SSH 客户端软件相当多，有些是商业化软件，有些是免费软件或共享软件，也有 OpenSSH 这样的开放源代码软件。虽然有些软件（如 cygwin）属于 Unix 模拟器外壳的一部分，但仍然是命令行方式的客户端，且大部分软件都已经配合 Windows 系统开发了图形界面。在这些带有图形界面的免费软件中，PuTTY 支持 ssh 外壳，在配置和使用上都方便、易懂。Windows 系统下的 OpenSSH 也称作 "OpenSSH for Windows"，同样支持端口设定。

知识之窗

目前 Windows 系统下的 PuTTY 使用很普遍，可以从网上免费下载。目前网上的最新版本为 PuTTY0.58，是一个免费的 Windows 32 平台下的 telnet、rlogin 和 SSH 客户端，其功能丝毫不逊色于商业类的 Unix 工具，用来远程管理 Linux 十分好用，主要优点如下：

①完全免费。

②在各个 Windows 版本下都运行得非常好。

③全面支持 SSH1 和 SSH2。

④绿色软件，无须安装，下载后在桌面上建个快捷方式即可使用。

⑤操作简单，所有操作都在一个控制面板中实现。

1. 应用入门

以 Windows 7 为例对 PuTTY 进行介绍，其他 Windows 操作系统与此类似。

①启动 PuTTY，弹出如图 5-26 所示的 "PuTTY Configuration" 对话框。

②在【Host Name（or IP address）】文本框中输入 OpenSSH 的 IP 地址或域名，将【Protocol】设置为 SSH，将【Port】设置为 22，然后单击右下角的 "Open" 按钮。

③在第一次使用 PuTTY 连接远程服务器时，会出现一个询问是否要将远程服务器的公钥保存在本地计算机的登录文件中（为了避免远程机器被仿冒，每台 SSH 服务器均有不同的公钥）的提示对话框。若要继续联机，则单击 "是" 按钮，如图 5-27 所示。

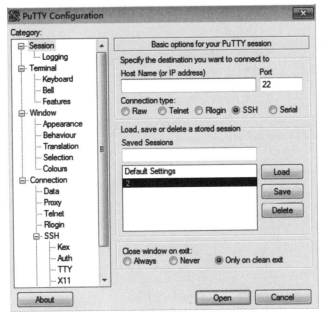

图 5-26 "PuTTY Configuration" 对话框

图 5-27 提示对话框

2. 应用进阶

①使用 PuTTY 保存地址信息。打开 PuTTY 的 "Session" 界面，在【Saved Sessions】文本框中输入要保存的 IP 地址的名字，然后在【Host Name（or IP address）】文本框中输入要保存的 IP 地址或域名。单击 "Save" 按钮，将该地址保存在 "Saved Sessions" 下拉列表框中，如图 5-28 所示。连接该地址时，只需双击该地址即可。

②使用 PuTTY 延长连接后的在线时间。启动 PuTTY，弹出 "PuTTY Configuration" 对话框，单击 "Connection" 选项。

在 "Seconds between keepalives（0 to turn off）" 文本框中输入整数 n（$n \geq 1$），该数值表示 PuTTY 将每隔 n 秒向 SSH 服务器端发送一次

图 5-28 使用 PuTTY 保存地址信息

空信息，表明其还在线，以防 SSH 服务器端自动切断与自己的连接，推荐 n 值为 150。

③在命令行下使用 PuTTY。依次单击 "开始"→"运行" 选项，打开【运行】对话框，输入 "cmd"，按 Enter 键，弹出命令提示窗口，通过如下命令将目录转移到 PuTTY 所在目录：

```
putty.exe [options][user@ ] host
```

3. 高级应用

在上面介绍的 SSH 客户端的使用过程中，用户每次登录服务器都需要输入密码，这未免有些麻烦。由于 SSH 客户端充分使用了密钥机制，所以可以通过一定的系统设置，实现以后不用输入密码即可登录 SSH 客户端。下面以 Windows 2000 系统中的 SSH 客户端为例，来说明如何使用 PuTTY 自带的 PuTTYgen 产生公钥/私钥对来实现自动登录 SSH 客户端。

①准备生成公钥/私钥对。打开 PuTTYgen，准备生成公钥/私钥对，SSH 版本及公钥如图 5-29 所示。

图 5-29 SSH 版本及公钥

②生成公钥/私钥对。单击"Generate"按钮，打开进入公钥/私钥对生成界面。在空白处不断移动鼠标，以保证密钥生成的随机性能。

③保存公钥/私钥对。更改公钥的备注，输入易记的句子作为启动私钥的通行码，然后将私钥保存在安全的地方，如图 5-30 所示。

图 5-30 保存公钥/私钥对

生成公钥的算法：SSH1 仅能使用 RSA 作为生成公钥的算法，而 SSH2 支持 RSA 及 DSA 两种算法，PuTTY 的开发者强烈建议使用者使用 RSA 算法来生成公钥。因为 DSA 算法存在设计不良的地方，可能会导致使用者的私钥被有心人士窃取。若使用 DSA 算法，则不要在每台远程服务器上使用同样的公钥。

公钥的长度：公钥的长度越长，越安全。一般情况下，1024 位足以满足需求。

保存私钥：当保存私钥至本地计算机时，若没有输入通行码，则不再加密私钥，即任何人取得此私钥都很容易。若输入通行码，即使私钥被他人得到，对方也无法取用其中的内容。

关于兼容性的问题：大部分 SSH 1 客户端使用的是遵循标准定义的私钥，PuTTY 也遵循标准来执行，所以不会与其他 SSH 客户端冲突。然而 SSH 2 的私钥并没有一个标准的格式，所以任意软件生成的公钥都无法立即在其他软件上执行。

④分发公钥。上传密钥，用自己的账号登录远程系统，然后执行如下命令：

```
    cd ~
    mkdir .ssh
chmod 700 .ssh
    cat id_rsal.pub>.ssh/authorized_keys
chmod 600 .ssh/authorized－keys
```

启动 PuTTY，设置"Session"的各项参数。单击"Browse"按钮，选择"id_rsal. prv"文件，然后单击"Open"按钮。如果上面的操作正常，则可自动登录 SSH 客户端，无须输入密码。在正常情况下会显示如图 5-31 所示的提示信息。

⑤使用 SSH 认证通行码的代理程序。每次登录 SSH 服务器并重新打开 PuTTY 终端都要输入通行码，有些很麻烦，但不使用密码登录又不安全，可以借助 PuTTY 中的 Pageant. exe 工具来解决这个问题。运行 Pageant. exe，在系统托盘中创建一个图标，双击该图标弹出"Add Key"对话框。单击"Add Key"按钮，或者右击系统托盘中的"Pageant"图标，在弹出的快捷菜单中选择"Add-Key"选项，如图 5-32 所示。选中保存在本地的私有密钥文件，弹出输入该密钥通行码的提示对话框。输入通行码后，该私钥被加入 Pageant 的管理下。回到前面的 PuTTY 中，运行 Pageant 并添加密钥。单击 PuTTY 主界面中的"Open"按钮，此后登录 SSH 服务器并重新打开 PuTTY 终端时将不再要求输入通行码，在完成工作后停止运行 Pageant，即可保证私钥的安全性。

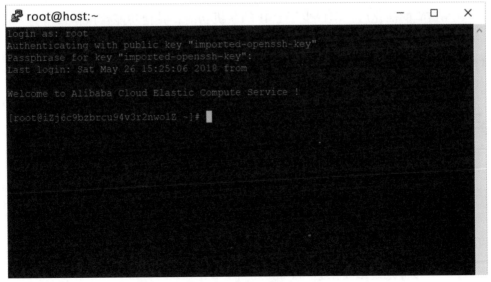

图 5-31　提示信息

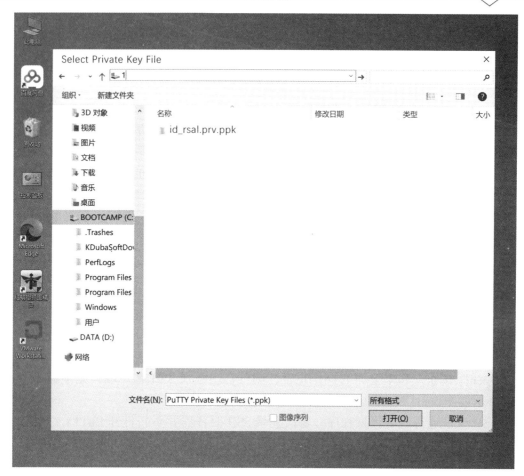

图 5-32　"Add Key" 选项

⑥其他软件包。PuTTY 实际包括一组软件，共 7 个，其中使用最多的是 putty. exe。PuTTY 提供的其他各软件及其功能如下。

PSCP：提供 SCP 客户端的功能（基于命令行模式工作，进行安全加密的网络文件复制）。

PSFTP：提供 PSFTP 客户端的功能。

PuTTYtel：PuTTY 的简化版，但仅少了 SSH 的联机功能，其他功能及操作接口与 PuTTY 相同。

Plink：提供 SSH 客户端的功能，基于命令提示行模式工作。

Pageant：SSH 认证通行码的代理程序。

PuTTYgen：提供产生 RSA 金钥的工具。

项目实训

教师评语			成绩	
	教师签字	日期		
学生姓名		学号		
实训名称	实战尝试：配置管理虚拟网络和 SSH 服务			
实训准备	确保每个学生的电脑都有足够的性能来运行虚拟机。具体来说，每台电脑至少需要有 4 GB 以上的内存，并拥有足够的硬盘空间来安装 VMware 和至少一个虚拟机。			

实训目标	通过本次实训活动，学生可了解并掌握虚拟网络配置和 SSH 服务的管理。成功配置和使用虚拟网络以及 SSH 服务，提升实战能力。
实训步骤	

1. 环境设定

所有学生将会在自己的计算机上安装 VMware 并创建一些虚拟机。

2. 虚拟网络配置

学生将被指导在 VMware 环境中创建和配置虚拟网络。学生需要模拟实际企业环境，根据需求配置不同的网络接口、路由和防火墙规则。

3. 远程管理实践

及时掌握远程管理虚拟机的技能。在本环节中，学生将从自己的主机上通过命令行 SSH 登录到其虚拟机。

4. SSH 服务配置

学生将设置自己的 OpenSSH 服务器，理解并修改不同配置文件参数的实际影响。

5. 快速故障处理：

指导学生应对一些预设的常见问题，例如网络中断、SSH 连接失败等，培养解决问题的能力。

6. 分享与反馈：

活动结束后，将有一个反馈和问题解答的环节，每个学生都将分享他们的经验和学习心得。

实训总结	通过该实训，学生将能熟练配置和管理虚拟网络，可以有效操作并理解 SSH 服务，同时提升了解决网络故障的能力。

项目六 文件系统和磁盘管理

项目概述

本项目主要侧重于 Linux 环境下的文件系统和磁盘管理知识与技能，包含四个主要任务，旨在帮助学生深入理解和熟练操作 Linux 中的文件系统和磁盘管理。该课程向学员介绍了 Linux 文件系统的基础知识，包括文件类型、文件属性与权限以及如何修改它们以满足特定需求。

学习目标

知识目标

①学习和理解 Linux 的文件类型，识别文件的属性以及权限。

②掌握如何改变文件所有权和权限。

③学会查看磁盘空间占用情况和文件或目录所占用的空间。

④学习如何调整和查看文件系统参数，了解如何格式化文件系统。

⑤理解挂载/卸载文件系统的概念及操作。

⑥掌握基本的磁盘管理，包括创建、删除、分区等操作。

⑦学习磁盘冗余阵列（RAID）技术及其在 Linux 操作系统中的应用，理解 RAID 的概念和用途。

⑧学习和理解 LVM 逻辑卷管理器的基础知识和工作原理。

⑨熟悉命令行 LVM 配置和使用 ssm 管理逻辑卷的实践。

能力目标

①能够识别不同的 Linux 文件类型，并能够查看并修改他们的所有权和权限。

②能够有效地管理磁盘空间，查看磁盘空间占用情况，检查文件或目录所占用的空间。

③能够调整和查看文件系统参数，执行文件系统的格式化操作。

④能够理解并执行挂载/卸载文件系统的操作。

⑤能够进行基本的磁盘管理操作，包括创建、删除、分区等。

⑥能够在 Linux 中正确配置和应用 RAID。

⑦能够理解和应用 LVM 逻辑卷管理器，进行有效的存储空间管理。

思政目标

①培养良好的问题分析和解决能力，对于遇到的存储和文件系统管理问题能独立思考，找到问题的解决方案。

②提升自我学习能力，能独立掌握新的系统和软件工具的使用方法，随着技术的更迭，能够自我更新相关知识。

③培养良好的团队协作和交流能力，对于困难问题，能及时和团队成员沟通交流，共同解决问题。

④提高对信息安全的认识，理解和认同信息安全的重要性，能够遵循相关规范，确保信息系统的安全运行。

任务一　了解文件系统

与 Windows 系统通过盘符管理各个分区不同，Linux 系统把所有文件和设备都当作文件来管理，这些文件都在根目录下，同时 Linux 中的文件名区分字母的大小写。本节主要介绍文件的属性和权限管理。

一、文件的类型

Linux 系统是一种典型的多用户系统，不同的用户处在不同的地位，拥有不同的权限。为了保护系统的安全性，对于同一资源来说，不同的用户具有不同的权限，Linux 系统对不同的用户访问同一文件（包括目录文件）的权限做了不同的规定。实例 6-1 用于认识 Linux 系统中的文件类型。

【实例 6-1】

```
#查看系统文件类型。
#使用 1s-1 命令时，每行表示一个文件，每行的第 1 个字符表示文件的类型。
#普通文件。
    [root@ localhost ~]# 1s -1 /etc/resolv.conf
    -rw-r--r--. 1 root root 53 7 月 2 08：32 /etc/resolv.conf
    #目录文件
    [root@ localhost ~]# ls -1 /dr-xr-xr-x.    6 root root 4096 6 月 19 22：45boot
    #普通文件
    [root@ localhost ~]# 1s -1 /etc/shadow
    ----------. 1 root root 1502 6 月 19 22：38 /etc/shadow #块设备文件
    [root@ localhost ~]# 1s -1 /dev/sr0
brw-rw----+ 1 root cdrom 11, 0 7 月 1 23：57 /dev/sr0 #链接文件
    [root@ localhost ~]# 1s -1 /sys/class/rtc/
    1rwxrwxrwx. 1 root root 0 7 月  1 23：57 rtc0->../../devices/pnp0/00：01/rtc/rtc0
    #字符设备文件
    [root@ localhost ~]# 1s -1 /dev/tty0
crw--w----. 1 root tty 4, 0 7 月  1 23：57 /dev/tty0
    #socket 文件
    [root@ localhost ~]# 1s /run/systemd/journal/dev-log-1
srw-rw-rw-. 1 root root 0 7 月  1 23：57 /run/systemd/journal/dev-1og
```

在实例 6-1 的输出代码中：

①第 1 列表示文件的类型，如表 6-1 所示。

②第 2 列表示文件权限。例如，文件权限是"rw-r--r--"，表示文件所有者可读、可写，文

件所归属的用户组可读，其他用户可读此文件。

③第 3 列为硬链接个数。

④第 4 列表示文件所有者，即文件属于哪个用户。

⑤第 5 列表示文件所属的组。

⑥第 6 列表示文件大小，通过选项 h 可以显示为可读的格式，如 K/M/G 等。

⑦第 7 列表示文件修改时间。

⑧第 8 列表示文件名或目录名。

表 6-1　Linux 文件类型

参数	说明
-	表示普通文件，是 Linux 系统中最常见的文件，第 1 位标识是 "-"，比如常见的脚本等文本文件和常用软件的配置文件，可执行的二进制文件也属于此类
d	表示目录文件，第 1 位标识为 "d"，和 Windows 系统中文件夹的概念类似
l	表示符号链接文件，第 1 位标识为 "1"，软链接相当于 Windows 中的快捷方式，而硬链接则可以认为是具有相同内容的不同文件，不同之处在于更改其中一个时另外一个文件内容会做同样改变
b/c	表示设备文件，第 1 位标识是 "b" 或 "c"。第 1 位标识为 "b" 表示块设备文件。块设备文件的访问每次以块为单位，比如 512 字节或 1024 字节等，类似 Windows 系统中 "簇" 的概念。b/c 块设备可随机读取，硬盘、光盘等属于此类。第 1 位为 "c" 表示字符设备文件。字符设备文件每次访问以字节为单位，不可随机读取，如常用的键盘就属于此类
s	表示套接字文件，第 1 位标识为 "s"，程序间可通过套接字进行网络数据通信
p	表示管道文件，第 1 位标识为 "p"。管道是 Linux 系统中一种进程通信的机制。生产者写数据到管道中，消费者可以通过进程读取数据

二、文件的属性与权限

为了系统的安全性，Linux 为文件赋予了 3 种属性：可读、可写和可执行。在 Linux 系统中，每个文件都有唯一的属主，同时 Linux 系统中的用户可以属于同一个组，通过权限位的控制定义了每个文件的属主，同组用户和其他用户对该文件具有不同的读、写和可执行权限。

①读权限：对应标志位为 "r"，表示具有读取文件或目录的权限，对应的使用者可以查看文件内容。

②写权限：对应标志位为 "w"，用户可以变更此文件，比如删除、移动等。写权限依赖于该文件父目录的权限设置。实例 6-2 说明了即使文件其他用户权限标志位为可写，其他用户仍然不能操作此文件。

【实例 6-2】

```
[test2@ localhost test1]$ ls -1 /data/ | grep test
drwxr-xr-x  2  root   root       4096 May 30 16：18 test
-rwxr-xr-x  1  root   root  190926848 Apr 18 11：42 test.file
-rwxr-xr-x  1  root   root      10240 Apr 18 17：00 test.tar
drwxr-xr-x  3  test1  users      4096 May 30 19：05 test1
drwxr-xr-x  3  test2  users      4096 May 30 18：55 test2
drwxr-xr-x  4  root   root       4096 Apr 18  17：01 testdir
[test2@ localhost test1]$ ls -1
total 0
-rw-rw-rw-1 test1 test1 0 May 30 19：05 s
```

#虽然文件具有写权限，但仍然不能删除。

```
[test2@ localhost test1]$ rm -f s
rm: cannot remove ' s': Permission denied
```

③可执行权限：对应标志位为"x"，一些可执行文件（比如 C 程序）必须有可执行权限才可以运行。对于目录而言，可执行权限表示其他用户可以进入此目录，如目录没有可执行权限，则其他用户不能进入此目录。

注意：文件拥有执行权限才可以运行，比如二进制文件和脚本文件。目录文件要有执行权限才可以进入。

在 Linux 系统中文件权限标志位由三部分组成。例如，在"-rwxrw-r--"中，第 1 位表示普通文件，然后"rwx"表示文件属主具有可读可写可执行的权限，"rw-表示与属主属于同一组的用户就有读写权限，"r--"表示其他用户对该文件只有读权限。"-rwxrwxrwx"为文件最大权限，对应编码为 777，表示任何用户都可以读写和执行此文件。

课内思考

请全面解释 Linux 系统中有哪些类型的文件。它们之间有什么区别？

三、改变文件所有权

一个文件属于特定的所有者，如果更改文件的属主或属组可以使用 chown 和 chgrp 命令。chown 命令可以将文件变更为新的属主或属组，只有 root 用户或拥有该文件的用户才可以更改文件的所有者。如果拥有文件但不是 root 用户，那么只可以将组更改为当前用户所在的组。chown 常用参数说明如表 6-2 所示。

表 6-2　chown 常用参数说明

参数	说明
-f	禁止除用法消息之外的所有错误消息
-h	更改遇到的符号链接的所有权，而不是符号链接指向的文件或目录的所有权，如未指定则更改链接指向目录或文件的所有权
-H	如果指定了-R 选项，并且引用类型目录的文件的符号链接在命令行上指定，chown 变量会更改由符号引用的目录的用户标识（和组标识，如果已指定）和所有在该目录下的文件层次结构中的所有文件
-L	如果指定了-R 选项，并且引用类型目录的文件的符号在命令行上指定或在遍历文件层次结构期间遇到，chown 命令会更改由符号链接引用的目录的用户标识和在该目录之下的文件层次结构中的所有文件
-R	递归地更改指定文件夹的所有权，但不更改链接指向的目录

chown 经常使用的参数为"-R"参数，表示递归地更改目录文件的属主或属组。更改时可以使用用户名或用户名对应的 UID。操作方法如实例 6-3 所示。

【实例 6-3】

```
[root@ localhost ~]#  useradd test
[root@ localhost ~]#  mkdir /data/test
[root@ localhost ~]#  ls -1 /datalgrep test
drwxr-xr-x. 2 root  root  4096  Jun 4 20：39 test
[root@ localhost ~]#  chown -R test.users /data/test
[root@ localhost ~]#  ls -1 /datalgrep  test
drwxr-xr-x. 2  test  users 4096  Jun 4 20：39  test
```

```
[root@ localhost ~]#  su -test
[test@ localhost ~]$   cd /data/test
[test@ localhost test]$ touch file
[test@ localhost test]$ ls -1
total 0
-rw-rw-r--.  1 test test 0 Jun 4 20：39  file
[test@ localhost test]$ chown root.root  file
chown: changing  ownership  of  ' file' ：Operation  not  permitted
[root@ localhost ~]# useradd test2
[root@ localhost ~]#  grep test2 /etc/passwd
test2: x：502：502:: /home/test2: /bin/bash
[root@ localhost ~]#  mkdir /data/test2
#按用户 ID 更改目录所有者。
[root@ localhost ~]#  chown-R 502.users /data/test2
[root@ localhost ~]#  ls -1 /data/ | grep test2
drwxr-xr-x. 2 test2 users 4096 Jun 4 20：44 test2
#更改文件所有者。
[root@ localhost test]#  chown  test2.users file
[root@ localhost test]#  ls -1 file
-rw-rw-r--. 1 test2 users 0 Jun 4 20：39 file
```

Linux 系统中 chgrp 命令用于改变指定文件或目录所属的用户组。使用方法与 chown 类似，此处不再赘述。chgrp 命令的操作方法如实例 6-4 所示。

【实例 6-4】

```
#更改文件所属的用户组。
[root@ localhost test]#  ls -1 file
-rw-rw-r--. 1 test test 0 Jun 4 20：39 file
[root@ localhost test]#  groupadd testgroup
[root@ localhost test]#  chgrp testgroup file
[root@ localhost test]#  ls -1 file
-rw-rw-r--.  1  test  testgroup 0 Jun 4 20：39 file
```

四、改变文件权限

chmod 是用来改变文件或目录权限的命令，可以将指定文件的拥有者改为指定的用户或组。其中，用户可以是用户名或用户 ID；组可以是组名或组 ID；文件是以空格分开的要改变权限的文件列表，支持通配符。只有文件的所有者或 root 用户可以执行，普通用户不能将自己的文件更改成其他的拥有者。更改文件权限时 u 表示文件所有者，g 表示文件所属的组，o 表示其他用户，a 表示所有。通过它们可以详细控制文件的权限位。chmod 除了可以使用符号更改文件权限外，还可以利用数字来更改文件权限。"r"对应数字 4，"w"对应数字 2，"x"对应数字 1，如可读写则为 4+2=6。chmod 常用参数如表 6-3 所示，操作方法如实例 6-5 所示。

表 6-3 chmod 命令常用参数

参数	说明
-c	显示更改部分的信息
-f	忽略错误信息
-h	修复符号链接
-R	处理指定目录及其子目录下的所有文件

参数	说明
–v	显示详细的处理信息
–reference	把指定的目录/文件作为参考，把操作的文件/目录设成与参考文件/目录相同的拥有者和群组
--from	只在当前用户/群组与指定的用户/群组相同时才进行改变
--help	显示帮助信息
–version	显示版本信息

【实例 6-5】

```
#新建文件 test.sh。
[test2@ localhost ~]$ cat test.sh
#! /bin/sh
echo "Hello World"
#文件所有者没有可执行权限。
[test2@ localhost ~]$ ./test.sh
-bash：./test.sh：Permission  denied
[test2@ localhost ~]$ ls -1 test.sh
-rw-rw-r--1 test2 test2  29 May 30 19：39 test.sh
#给文件所有者加上可执行权限。
[test2@ localhost ~]$ chmod u+x test.sh
[test2@ localhost ~]$ ./test.sh
#设置文件其他用户不可以读
[test2@ localhost ~]$ chmod o-r test.sh
[test2@ localhost ~]$ logout
[root@ localhost test1]#  su -test1
[test1@ localhost ~]$ cd /data/test2
[test1@ localhost test2]$ cat test.sh
cat：test.sh：Permission denied
#采用数字设置文件权限。
[test2@ localhost ~]$ chmod 775 test.sh
[test2@ localhost ~]$ ls -1 test.sh
-rwxrwxr-x 1 test2 test2 29 May 30 19：39 test.sh
#将文件 file1.txt 设为所有人都可读取。
[test2@ localhost ~]$ chmod ugo+r  file1.txt
#将文件 file1.txt 设为所有人都可读取。
[test2@ localhost ~]$ chmod a+r file1.txt
#将文件 file1.txt 与 file2.txt 设为文件拥有者，与其所属同一群体者可写入，其他人不可写入。
[test2@ localhost ~]$ chmod ug+w, o-w file1.txt file2.txt
#将 ex1.py 设定为只有文件拥有者可以执行。
[test2@ localhost ~]$ chmod u+x  ex1.py
#将当前目录下的所有文件与子目录都设为任何人可读取。
[test2@ localhost ~]$ chmod -R a+r *
#收回所有用户对 file1 的执行权限。
[test2@ localhost ~]$ chmod a -x file1
```

任务二　管理磁盘

Linux 提供了丰富的磁盘管理命令，如查看硬盘使用率、进行硬盘分区、挂载分区等，本节主要介绍此方面的知识。

一、查看磁盘空间占用情况

df 命令用于查看磁盘空间的使用情况，还可以查看磁盘分区的类型或 inode 节点的使用情况等。命令 df 常用参数说明如表 6-4 所示，常见用法如实例 6-6 所示。

表 6-4　df 命令常用参数说明参数

参数	说明
-a	显示所有文件系统的磁盘使用情况，包括 0 块（block）的文件系统，如/proc 文件系统
-k	以 k 字节为单位显示
-i	显示 i 节点信息，而不是磁盘块
-t	显示各指定类型的文件系统的磁盘空间使用情况
-x	列出不是某一指定类型文件系统的磁盘空间使用情况（与 t 选项相反）
-h	以更直观的方式显示磁盘空间
-T	显示文件系统类型

【实例 6-6】

#查看当前系统所有分区使用情况。

```
[root@ localhost ~]# df -ah
Filesystem      Size    Used    Avail   Use%    Mounted     on
rootfs          -       -       -       -       /
sysfs           0       0       0       -       /sys
  proc          0       0       0       -       /proc
devtmpfs        473M    0       473M    0%      /dev
securityfs      0       0       0       -       /sys/kernel/security
tmpfs           489M    84K     489M    1%      /dev/shm
devpts          0       0       0       -       /dev/pts
tmpfs           489M    7.2M    482M    2%      /run
tmpfs           489M    0       489M    0%      /sys/fs/cgroup
cgroup          0       0       0       -       /sys/fs/cgroup/system
pstore          0       0       0       -       /sys/fs/pstore
cgroup          0       0       0       -       /sys/fs/cgroup/devices
cgroup          0       0       0       -       /sys/fs/cgroup/memory
cgroup          0       0       0       -       /sys/fs/cgroup/net_cls, net_prio
cgroup          0       0       0       -       /sys/fs/cgroup/cpu, cpuacct
cgroup          0       0       0       -       /sys/fs/cgroup/hugetlb
cgroup          0       0       0       -       /sys/fs/cgroup/blkio
cgroup          0       0       0       -       /sys/fs/cgroup/perf_event
cgroup          0       0       0       -       /sys/fs/cgroup/cpuset
cgroup          0       0       0       -       /sys/fs/cgroup/freezer
```

```
cgroup              0       0       0       -       /sys/fs/cgroup/pids
configfs            0       0       0       -       /sys/kernel/config
/dev/mapper/rhel-root  17G  3.1G    14G    19%     /
selinuxfs           0       0       0       -       /sys/fs/selinux
systemd-1           0       0       0       -       /proc/sys/fs/binfmt_misc
hugetlbfs           0       0       0       -       /dev/hugepages
debugfs             0       0       0       -       /sys/kernel/debug
mqueue              0       0       0       -       /dev/mqueue
sunrpc              0       0       0       -       /var/lib/nfs/rpc_pipefs
nfsd                0       0       0       -       /proc/fs/nfsd
/dev/nvme0n1p1    1014M    155M    860M    16%     /boot
tmpfs              98M      16K     98M     1%      /run/user/42
tmpfs              98M      0       98M     0%      /run/user/0
/dev/sdb2         5.0G     17M     4.2G    1%      /sf
```

#查看每个分区 inode 节点占用情况。

```
[root@ localhost ~]#  df -i
Filesystem         Inodes    IUsed   IFree    IUse% Mounted  on
/dev/mapper/rhel-root 8910848  120233  8790615  2%   /
devtmpfs           121024    420     120604   1% /dev
tmpfs              124992    6       124986   1% /dev/shm
tmpfs              124992    619     124373   1% /run
tmpfs              124992    16      124976   1% /sys/fs/cgroup
/dev/nvme0n1p1     524288    327     523961   1% /boot
tmpfs              124992    17      124975   1% /run/user/42
tmpfs              124992    1       124991   1% /run/user/0
/dev/sdb2          0         0       0        -  /sf
```

#显示分区类型。

```
[root@ localhost~]#  df -T
Filesystem         Type      1K-blocks   Used Available Use% Mounted on
/dev/mapper/rhel-root  xfs    17811456   3249540  14561916 19% /
devtmpfs           devtmpfs  484096      0     484096 0% /dev
tmpfs              tmpfs     499968      84    499884 1% /dev/shm
tmpfs              tmpfs     499968      7296  492672 2% /run
tmpfs              tmpfs     499968      0     499968 0% /sys/fs/cgroup
/dev/nvme0n1p1     xfs       1038336     158340 879996 16% /boot
tmpfs              tmpfs     99996       16    99980 1% /run/user/42
tmpfs              tmpfs     99996       0     99996 0% /run/user/0
```

#显示指定文件类型的磁盘使用状况。

```
[root@ localhost ~]#  df -txfs
Filesystem         1K-blocks    Used Available  Use% Mounted on
/dev/mapper/rhel-root  17811456  3249540  14561916  198 /
/dev/nvme0n1p1         1038336   158340   879996    16% /boot
```

二、查看文件或目录所占用的空间

使用 du 命令可以查看磁盘或某个目录占用的磁盘空间，常见的应用场景如硬盘满时需要找到占用空间最多的目录或文件。du 命令常见的参数如表 6-5 所示。

表 6-5　du 命令常用参数说明

参数	说明
-a	显示全部目录和其子目录下的每个文件所占的磁盘空间
-b	大小用 bytes 来表示（默认值为 k bytes）
-c	最后加上总计（默认值）
-h	以直观的方式显示大小，如 1 KB、234 MB、5 GB
--max-depth＝N	只打印层级小于或等于指定数值的文件夹的大小
-s	只显示各文件大小的总和
-x	只计算属于同一个文件系统的文件
-L	计算所有文件的大小

du 的一些使用方法如实例 6-7 所示，更多用法可参考 "mandu"。

【实例 6-7】

```
#统计当前文件夹的大小，默认不统计软链接指向的目的文件夹。
 [root@ localhost usr]# du-sh
2.9G    .
#按层级统计文件夹大小，在定位占用磁盘大的文件夹时比较有用。
 [root@ localhost usr]# du--max-depth=1 -h
130M    ./bin
56M     ./sbin
580M    ./lib
796M    ./lib64
1.3G    ./share
0       ./etc
0       ./games
8.5M    ./include
66M     ./libexec
4.0K    ./local
0       ./src
2.9G    .
```

课内思考

你如何查看 Linux 系统空间的使用情况？如何查看特定文件或目录占用的空间大小？

三、调整和查看文件系统参数

tune2fs 命令用于查看和调整文件系统参数，类似于 Windows 下的异常关机启动时的自检，Linux 下此命令可设置自检次数和周期。需要注意的是，tune2fs 命令只能用在 ext2、ext3 和 ext4 文件系统上。tune2fs 命令常用参数如表 6-6 所示。

表 6-6　tune2fs 命令常用参数说明

参数	说明
-l	查看详细信息
-c	设置自检次数，每挂载一次，mount conut 就会加 1，超过次数就会强制自检
-e	设置当错误发生时内核的处理方式

续表

参数	说明
-i	设置自检天数，d 表示天，m 为月，w 为周
-m	设置预留空间
-j	用于文件系统格式转换
-L	修改文件系统的标签
-r	调整系统保留空间

使用方法如实例 6-8 所示。

【实例 6-8】

```
#查看分区信息。
[root@ localhost ~]#  tune2fs -1 /dev/sdb
tune2fs 1.42.9 (28-Dec-2013)
Filesystem volume name:   <none>
Last mounted on:          <not available>
Filesystem UUID:          ddfb53a4-89c8-4035-8405-6824bc2710a6
Filesystem magic number:  0xEF53
#部分结果省略。
#设置一个月后自检。
[root@ localhost~]#  tune2fs -i 1m /dev/sdb1
tune2fs 1.42.9 (28-Dec-2013)
Setting interval between checks to 2592000 seconds
#设置当磁盘发生错误时重新挂载为只读模式。
[root@ localhost data]#  tune2fs -e remount-ro /dev/hdal
#设置磁盘永久不自检。
[root@ localhost data]#  tune2fs -c-1-i 0/dev/hdal
```

四、格式化文件系统

当完成硬盘分区以后要进行硬盘的格式化，mkfs 系列对应的命令用于将硬盘格式化为指定格式的文件系统。mkfs 本身并不执行建立文件系统的工作，而是去调用相关的程序来执行。例如，若在 -t 参数中指定 ext2，则 mkfs 会调用 mke2fs 来建立文件系统。使用 mkfs 时若省略指定"块数"参数，则 mkfs 会自动设置适当的块数。此命令不仅可以格式化 Linux 格式的文件系统，还可以格式化 DOS 或 Windows 下的文件系统。mkfs 常用的参数如表 6-7 所示。

表 6-7　mkfs 命令常用参数说明

参数	说明
-V	详细显示模式
-t：	给定文件系统类型，支持的格式有 ext2、ext3、ext4、xfs、btrfs 等
-c	操作之前检查分区是否有坏道
-1	记录坏道的数据
block	指定 block 的大小
-L：	建立卷标

Linux 系统中 mkfs 支持的文件格式取决于当前系统中有没有对应的命令，比如要把分区格式化为 ext3 文件系统，系统中要存在对应的 mkfs.ext3 命令，其他类似。在具体使用时也可以省略参数 t，使用 mkfs.ext4、mkfs.xfs 等命令来指定文件系统类型，如实例 6-9 所示。

【实例 6-9】

#查看当前系统 mkfs 命令支持的文件系统格式。

```
[root@ localhost~]#  ls -1/usr/sbin/mkfs. *
-rwxr-xr-x.  1  root  root  287400  Apr  16  2015  /usr/sbin/mkfs. btrfs
-rwxr-xr-x.  1  root  root  32760   Aug  21  2015  /usr/sbin/mkfs. cramfs
-rwxr-xr-x.  4  root  root  96240   Jan  23  2015  /usr/sbin/mkfs. ext2
-rwxr-xr-x.  4  root  root  96240   Jan  23  2015  /usr/sbin/mkfs. ext3
-rwxr-xr-x.  4  root  root  96240   Jan  23  2015  /usr/sbin/mkfs. ext4
-rwxr-xr-x.  1  root  root  28624   Mar  5   2014  /usr/sbin/mkfs. fat
-rwxr-xr-x.  1  root  root  32856   Aug  21  2015  /usr/sbin/mkfs. minix
lrwxrwxrwx.1  root  root  8 Mar 18  21：14  /usr/sbin/mkfs.msdos-> mkfs. fat
lrwxrwxrwx.1  root  root  8 Mar 18  21：14  /usr/sbin/mkfs.vfat-> mkfs. fat
-rwxr-xr-x.  1  root  root  351480  Aug  8   2015  /usr/sbin/mkfs. xfs
```

#将分区格式化为 ext4 文件系统

```
[root@ localhost ~]#  mkfs -t ext4/dev/sdb1
mke2fs 1.42.9 (28-Dec-2013)
Filesystem label=
  OS type：Linux
  Block size=4096 (1og=2)
  Fragment size=4096 (1og=2)
  Stride=0 blocks, Stripe width=0 blocks
  655360inodes, 2621184 blocks
  131059 blocks (5.00% ) reserved for the super user
  First data block=0
  Maximumfilesystem blocks=2151677952
  80 block groups
  32768 blocks per group, 32768 fragments per group
  8192inodes per group
  Superblock backups stored on blocks：
      32768, 98304, 163840, 229376, 294912, 819200, 884736, 1605632
  Allocating group tables：done
  Writinginode tables：done
  Creating journal (32768 blocks)：done
      Writingsuperblocks and filesystem accounting information：done
```

五、挂载/卸载文件系统

mount 命令用于挂载分区，对应的卸载分区命令为 umount。这两个命令一般由 root 用户执行。除可以挂载硬盘分区之外，光盘、内存都可以使用该命令挂载到用户指定的目录。mount 命令常用参数如表 6-8 所示。

表 6-8　mount 命令常用参数说明

参数	说明
-V	显示程序版本
-h	显示帮助信息
-v	显示详细信息
-a	加载文件/etc/fstab 中设置的所有设备

参数	说明
-F	需与-a 参数同时使用。所有在/etc/fstab 中设置的设备会被同时加载，可加快执行速度
-f	不实际加载设备。可与-v 等参数同时使用，以查看 mount 的执行过程
-n	不将加载信息记录在/etc/mtab 文件中
-L	加载指定卷标的文件系统
-r	挂载为只读模式
-w	挂载为读写模式
-t	指定文件系统的形态，通常不必指定，mount 会自动选择正确的形态。常见的文件类型有 ext2、msdos、nfs、iso9660、ntfs 等
-o	指定加载文件系统时的选项，如 noatime 每次存取时不更新 inode 的存取时间
-h	显示在线帮助信息

　　在 Linux 操作系统中挂载分区是一个使用非常频繁的命令。mount 命令可以挂载多种介质，如硬盘、光盘、NFS 等，U 盘也可以挂载到指定的目录。mount 使用方法如实例 6-10 所示。

【实例 6-10】

```
#挂载指定分区到指定目录。
[root@ localhost ~]#  mount /dev/sdbl/data
#将分区挂载为只读模式
[root@ localhost ~]#  mount -o re /dev/sdbl /data2
#挂载光驱，使用 ISO 文件时可避免将文件解压，可以挂载后直接访问。
[root@ localhost~]#  mount -t iso9660 /dev/cdrom /media
mount: /dev/sr0 is write-protected, mounting read-only
[root@ localhost media]#  1s /media/
EFI       Packagesaddons    release-notes
EULARPM-GPG-KEY-redhat-beta     images     repodata
GPLRPM-GPG-KEY-redhat-release    isolinux
LiveOS    TRANS.TBL         media.repo
#挂载 NFS。
[root@ localhost test]#  mount -tnfs 192.168.1.91：/data/nfsshare  /data/nfsshare
#挂载/etc/fstab 里面的所有分区。
[root@ localhost test]#  mount -a
#挂载 windows 下分区格式的分区，fat32 分区格式可指定参数 vfat。
[root@ localhost test]#  mount -tntfs  /dev/sdc1  /mnt/usbhd1
#查看系统中的挂载。
[root@ localhost~]#  mount
sysfs on /sys type sysfs（rw, nosuid, nodev, noexec, relatime, seclabel）
proc on /proc type proc（rw, nosuid, nodev, noexec, relatime）
devtmpfs on /dev type devtmpfs
（rw, nosuid, seclabel, size=485124k, nr_inodes=121281, mode=755）
securityfs on/sys/kernel/security type securityfs
（rw, nosuid, nodev, noexec, relatime）
……
```

　　注意：挂载点必须是一个目录，如果该目录有内容，那么挂载成功后将看不到该目录原有的文件，卸载后可以重新使用。

如果要挂载的分区经常使用，需要自动挂载，可以将分区挂载信息加入/etc/fstab。该文件说明如下：

```
/dev/sda3    /data    ext3    noatime, acl, user_xattr    0  2
```

①第 1 列表示要挂载的文件系统的设备名称，可以是硬盘分区、光盘、U 盘、设备的 UUID、卷标或 ISO 文件，还可以是 NFS。

②第 2 列表示挂载点，挂载点实际上就是一个目录。

③ 第 3 列为挂载的文件类型，Linux 能支持大部分分区格式，Windows 下的分区系统也可支持，如常见的 ext3、ext2、iso9660、NTFS 等。

④第 4 列为设置挂载参数，各个选项用逗号隔开。例如，设置为 defaults，表示使用挂载参数 rw，suid，dev，exec，auto，nouser 和 async。

⑤第 5 列为文件备份设置。若为 1，则表示要将整个文件系统里的内容备份；若为 0，则表示不进行备份。这里一般设置为 0。

⑥最后一列为是否运行 fsck 命令检查文件系统：0 表示不运行，1 表示每次都运行，2 表示非正常关机或达到最大加载次数或达到一定天数才运行。

课内思考

你如何在 Linux 系统中进行基本的磁盘管理操作，如创建、删除、分区等？

六、基本磁盘管理

fdisk 命令为 Linux 系统下的分区管理工具，类似于 Windows 下的 PQMagic 等工具软件。分过区、装过操作系统的读者都知道硬盘分区是必要和重要的。fdisk 的帮助信息如实例 6-11 所示。

【实例 6-11】

```
[root@ localhost test]# fdisk  /dev/sdc
Welcome to fdisk (util-linux 2.23.2).
Changes will remain in memory only, until you decide to write them.
Be careful before using the write command.
Command (m for help): m
Command action
a    toggle a bootable flag
b    edit bsd disklabel
c    toggle the dos compatibility flag
d    delete a partition
g    create a new empty GPT partition table
G    create an IRIX (SGI) partition table
l    list known partition types
m    print this menu
n    add a new partition
o    create a new empty DOS partition table
p    print the partition table
q    quit without saving changes
s    create a new empty Sun disklabel
t    change a partition's system id
```

```
u    change display/entry units
v    verify the partition table
w    write table to disk and exit
x    extra functionality (experts only)
```

以上参数中常用的参数说明如表6-9所示。

表6-9 fdisk命令常用参数说明

参数	说明
d	删除存在的硬盘分区
n	添加分区
p	查看分区信息
w	保存变更信息
q	不保存退出

详细分区过程如实例6-12所示。

【实例6-12】

```
[root@ localhost ~]#  fdisk -1
Disk /dev/sdb: 10.7 GB, 10737418240 bytes, 20971520 sectors
Units =sectors of 1* 512=512 bytes
Sector size (logical1/physical): 512 bytes / 512 bytes
I/O size (minimum/optimal): 512 bytes / 512 bytes
Disk label type: dos
Disk identifier: 0xacf2e88a
#以下输出表示没有分区表。
Device Boot    Start    End    Blocks    Id    System
Disk/dev/sda: 21.5 GB, 21474836480 bytes, 41943040    sectors
#部分结果省略。
#创建分区并格式化硬盘。
[root@ localhost ~]#  fdisk /dev/sdb
#部分结果省略。
#查看帮助。
Command (m for help): m
Command action
a    toggle a bootable flag
b    edit bsd disklabel
c    toggle the dos compatibility flag
d    delete a partition
g    create a new empty GPT partition table
G    create an IRIX (SGI) partition table
1    list known partition types
m    print this menu
n    add a new partition
o    create a new empty DOS partition table
p    print the partition table
q    quit without saving changes
s    create a new empty Sun disklabel
```

```
t    change a partition's system id
u    change display/entry units
v    verify the partition table
w    write table to disk and exit
w    extra functionality (experts only)
```

#创建新分区。

```
Command (m for help): n
```

#询问分区类型，此处输入 p 表示主分区。

```
Partition type:
p    primary (0 primary, 0 extended, 4 free)
e    extended
Select (default p): p
```

#输入分区号，由于之前选择的是主分区，因此此处只能选择 1-4。

```
Partition number (1-4, default 1): 1
```

#选择起始柱面，通常保持默认即可。

```
First sector (2048-20971519, default 2048):
Using default value 2048
```

#输入结束柱面，这决定了分区大小，也可以使用如+500M、+5G 等代替

#此处使用默认，即将所有空间都分给分区 1。

```
Last sector, +sectors or +size {K, M, G} (2048-20971519, default 20971519):
Using default value 20971519
Partition 1 of type Linux and of size 10 GiB is set
```

#保存更改。

```
Command (m for help): w
The partition table has been altered!
Calling ioctl () to re-read partition table.
```

#查看分区情况。

```
[root@ localhost ~]#  fdisk -1
Disk /dev/sdb: 10.7 GB, 10737418240 bytes, 20971520 sectors
Units = sectors of 1* 512=512 bytes
Sector size (logical/physical): 512 bytes /512 bytes
I/O size (minimum/optimal): 512 bytes / 512 bytes
Disk label type: dos
Disk identifier: 0xacf2e88a
```

#sdb 的分区表。

```
Device Boot    Start      End      Blocks    Id    System
/dev/sdb1      2048    20971519   10484736   83    Linux
Disk /dev/sda: 21.5 GB, 21474836480  bytes, 41943040   sectors
……
```

#为新建的分区创建文件系统，或称格式化。

```
[root@ localhost ~]#  mkfs.ext4 /dev/sdb1
mke2fs 1.42.9 (28-Dec-2013)
Filesystem label=
OS type: Linux
Block size=4096 (1og=2)
Fragment size=4096 (1og=2)
Stride=0 blocks, Stripe width=0 blocks
```

```
655360 inodes, 2621184 blocks
131059 blocks (5.00% ) reserved for the super user
First data block=0
Maximum filesystem blocks=2151677952
80 block groups
32768 blocks per group, 32768 fragments per group
8192 inodes per group
Superblock backups stored on blocks:
32768, 98304, 163840, 229376, 294912, 819200, 884736, 1605632
Allocating group tables: done
Writing inode tables: done
Creating journal (32768 blocks): done
Writing superblocks and filesystem accounting information: done
```
#编辑系统挂载表，加入新增的分区。
```
[root@ localhost ~]#  vi /etc/fstab
```
#添加以下内容。
```
/dev/sdb1  /data  ext4  defaults  0  0
```
#退出保存。
#创建挂载目录。
```
[root@ localhost ~]#  mkdir  /data
[root@ localhost ~]#  mount -a
```
#查看分区是否已经正常挂载
```
[root@ localhost ~]#  df -h
Filesystem      Size  Used Avail Use%  Mounted on
```
#部分输出省略
```
......
/dev/sdb1      9.8G  37M  9.2G  1%  /data
```
#文件测试
```
[root@ localhost ~]#  cd  /data
[root@ localhost data]#  touch  test.txt
```

任务三　在 Linux 中配置软 RAID

一、Linux 中的 RAID 技术

在 Linux 系统中，RAID（redundant array of independent disks）是一种通过将多个独立的物理磁盘组合在一起来提供更高性能和数据冗余的技术。以下是几种常见的 Linux RAID 级别：

①RAID 0：也被称为条带化（striping），它将数据均匀地分布在多个磁盘上，从而提高性能。然而，RAID 0 没有冗余功能，如果其中一个磁盘故障，所有数据都会丢失。

②RAID 1：也被称为镜像（mirroring），它将数据同时写入两个磁盘，从而实现数据冗余。如果一个磁盘故障，数据仍然可从另一个磁盘访问。

③RAID 5：通过将数据和校验信息分布在多个磁盘上来实现数据冗余和性能提升。RAID 5 至少需要三个磁盘，并且可以容忍一个磁盘的故障。

④RAID 6：与 RAID 5 类似，但使用两个磁盘来存储校验信息，可以容忍两个磁盘的故障。

在 Linux 中，可以使用 mdadm（多重设备管理员）工具来创建和管理软件 RAID。该工具提供

了一组命令行工具，用于创建、管理和监控 RAID 设备。

例如，要创建一个 RAID 1 设备，可以使用以下命令：

```
mdadm--create /dev/md0--level=1--raid-devices=2 /dev/sdx1 /dev/sdy1
```

其中，/dev/md0 是 RAID 设备的名称，--level=1 指定了 RAID 级别为 1，--raid-devices=2 指定了磁盘数量，/dev/sdx1 和/dev/sdy1 是要包含在 RAID 中的磁盘。

请注意，创建 RAID 设备会毁坏磁盘上的数据，请务必在执行此类操作之前备份数据，并在理解 RAID 的原理和操作细节之后进行操作。

课内思考

简述下什么是 RAID？RAID 对于数据的冗余和性能有何影响？如何在 Linux 中配置和管理软 RAID？

二、磁盘冗余阵列 RAID

RAID 的基本目的是把多个小型廉价的硬盘合并成一组大容量的硬盘，用于解决数据冗余性并降低硬件成本，使用时如同单一的硬盘。RAID 的好处很明显，由于是多块硬盘组合而成，因此可以获得更好的读写性能（同时读写）及数据冗余功能（一个数据多个备份）等。

知识之窗

> RAID 技术有两种：硬件 RAID 和软件 RAID。基于硬件的系统从主机之外独立地管理 RAID 子系统，并且它在主机处把每一组 RAID 阵列只显示为一个磁盘。软件 RAID 在系统中实现各种 RAID 级别，因此不需要 RAID 控制器。在生产环境中，硬件 RAID 控制器由于自带计算芯片，无须额外消耗系统计算资源，被广泛使用。

软件 RAID 分为各种级别，比较常见的有 RAID 0、RAID 1、RAID 5、RAID 10 和 RAID 50。其中主要 RAID 级别的定义如下：

①RAID 0 数据被随机分片写入每个磁盘，此种模式下存储能力等同于每个硬盘的存储能力之和，但并没有冗余性，任何一块硬盘的损坏都将导致数据丢失。好处是 RAID0 能同时读写，因此读写性能较好。

②RAID 1 被称作镜像，会在每个成员磁盘上写入相同的数据，此种模式比较简单，可以提供高度的数据可用性和更好的读性能（同时读），它目前仍然很流行。但对应的存储能力有所降低，如两块相同硬盘组成 RAID 1，则总存储容量只为其中一块硬盘的大小。

③RAID 5 是最普遍的 RAID 类型。RAID 5 更适合于小数据块和随机读写的数据。RAID 5 是一种存储性能、数据安全和存储成本兼顾的存储解决方案。磁盘空间利用率要比 RAID 1 高，存储成本相对较低。RAID 5 不单独指定奇偶盘，而是在所有磁盘上交叉地存取数据和奇偶校验信息。组建 RAID 5 至少需要三块硬盘。如 N 块硬盘组成 RAID 5，则硬盘的总存储容量为 $N-1$，如果其中一块硬盘损坏，数据可以根据其他硬盘存储的校验信息进行恢复。

RAID 磁盘阵列是目前生产环境中应用的成熟技术之一，在服务器中配置也较为简单，只需选择相应的阵列级别，然后添加磁盘即可。关于 RAID 的更多技术细节，读者可参考相关的文档。

任务四 LVM 逻辑卷管理器

逻辑卷管理（logical volume manager，LVM）是 Linux 操作系统对硬盘分区管理的一种形式，最早在 Linux 内核 2.4 版上实现。早期，Linux 用户在安装系统时，经常无法正确评估分区大小，造成后期使用系统时分区空间不足的情况。一旦某个分区空间不足，无论采用何种解决方案都很难从根本上解决问题。随着 LVM 的出现，用户可以在不停机的情况下随意调整分区大小。

逻辑卷管理

一、LVM 基础

LVM 的实质是将多个物理卷（physical volume，PV，实质是分区）组合成一块更大的磁盘，称为卷组（volume group，VG）。然后从卷组上划分新的逻辑卷（logical volume，LV），最后在逻辑卷上建立文件系统的挂载系统即可。

当逻辑卷足够大时可能会跨越数个物理卷，因此传统的磁盘寻址方式在逻辑卷中无法使用。LVM 重新建立了新的寻址方式，首先在物理卷中创建物理块（physical extent，PE），物理块是 LVM 中最小的可寻址单元。创建卷组时，在卷组上创建与物理块一一对应的逻辑块（logical extent，LE）。创建逻辑卷时只需要将逻辑块划分给对应的逻辑卷即可。LVM 的抽象模型如图 6-1 所示。

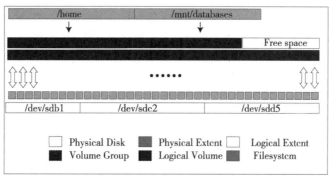

图 6-1 LVM 抽象模型

从抽象模型中可以看到，LVM 用逻辑块将物理磁盘与文件系统分隔开了，这样做的好处是 LVM 可以修改逻辑块与物理块的对应关系，从而实现将数据从一个物理卷移动到另一个物理卷。这个过程文件系统无法感知，从而保证了文件系统读写数据的稳定。

二、命令行 LVM 配置实战

建立 LVM 时应该先是物理卷，其次是卷组、逻辑卷，然后在逻辑卷上建立文件系统，最后挂载文件系统。

1. 创建物理卷和卷组

实现 LVM 的第一步是创建物理卷，然后使用物理卷创建卷组，过程如实例 6-13 所示。

【实例 6-13】

```
#创建物理卷 sdc1 和 sdb1。
[root@ localhost ~]#  pvcreate/dev/sdcl/dev/sdb1
Physical volume "/dev/sdc1"successfully created.
Physical volume "/dev/sdb1"successfully created.
#创建卷组 VG01。
[root@ localhost~]#  vgcreate VG01 /dev/sdbl /dev/sdc1
Volume group "VG01"successfully created
```

#查看卷组情况。

[root@ localhost ~]# vgdisplay

#系统创建的卷组省略

......

---Volume group---

VG Name   VG01

System ID

Format   1vm2

Metadata Areas   2

Metadata Sequence No   1

VG Access   read/write

VG Status   resizable

MAX LV   0

Cur LV   0

Open LV   0

Max PV   0

Cur PV   2

Act PV   2

VG Size   39.99 GiB

PE Size   4.00 MiB

Total PE   10238

Alloc PE / Size   0 / 0

Free PE / Size   10238 / 39.99 GiB

VG UUID   jhoBIP-YeJL-x281-i7Zo-9r6k-vx3t-OTGIwa

#查看卷组详细情况。

[root@ localhost ~]# vgdisplay -v

#系统创建的卷组省略

......

---Volume group----

VG Name   VG01

System ID

Format   1vm2

Metadata Areas   2

Metadata Sequence No   1

VG Access   read/write

VG Status   resizable

MAX LV   0

Cur LV   0

Open LV   0

Max PV   0

Cur PV   2

Act PV   2

VG Size   39.99 GiB

PE Size   4.00 MiB

Total PE   10238

Alloc PE / Size   0 /0

Free PE/Size   10238 / 39.99 GiB

```
VG UUID            jhoBIP-YeJL-x281-i7Zo-9r6k-vx3t-oTGIwa
---Physical volumes---
PV Name            /dev/sdb1
PV UUID            i7NgMb-Gi7M-M3Dc-oP6P-b0KF-dK1m-oU5jZu
PV Status          allocatable
Total PE/Free PE   5119/5119
PV Name            /dev/sdc1.
PV UUID            drg5RO-N1nb-KOff-3kY2-DumS-2UxF-oHWzrQ
PV Status          allocatable
Total PE / Free PE   5119/ 5119
```

在实例 6-13 的输出代码中，系统已经成功创建卷组 VG01。由于目前还没有创建逻辑卷，因此所有物理块都还处于空闲状态。

2. 创建和使用逻辑卷

完成卷组的创建后，接下来需要在卷组这块大"磁盘"创建逻辑卷。创建和使用逻辑卷如实例 6-14 所示。

【实例 6-14】

```
#创建一个名为 file、大小为 5 GB 的逻辑卷。
[root@ localhost ~]#1vcreate-n file-L 5G VG01
Logical volume "file"created.
[root@ localhost ~]# 1vdisplay
#省略由系统创建的逻辑卷。
......
---Logical volume---
LV Path            /dev/VG01/file
LV Name            file
VG Name            VG01
LV UUID            FSOSpx-tLAW-jisv-KWU2-nFjp-ZnCi-ANeQTP
LV Write Access    read/write
LV Creation host, time localhost. localdomain, 2019-03-19 12: 56: 52+0800
LV Status          available
# open             0
LV Size            5.00 GiB
Current LE         1280
Segments           1
Allocation         inherit
Read ahead sectors   auto
-currently set to    8192
Block device       253: 2
#在逻辑卷上创建文件系统。
[root@ localhost ~]#mkfs. ext4   /dev/VG01/file
mke2fs 1.42.9 (28-Dec-2013)
Filesystem label=
OS type: Linux
Block size=4096 (1og=2)
Fragment size=4096 (1og=2)
Stride=0 blocks, Stripe width=0 blocks
```

```
327680 inodes, 1310720 blocks
65536 blocks (5.00%) reserved for the super user
First data block=0
Maximum filesystem blocks=1342177280
40 block groups
32768 blocks per group, 32768 fragments per group
8192 inodes per group
Superblock backups stored on blocks:
32768, 98304, 163840, 229376, 294912, 819200, 884736
Allocating group tables: done
Writing inode tables: done
Creating journal (32768 blocks): done
Writing superblocks and filesystem accounting information: done
#挂载并查看逻辑卷。
[root@ localhost ~]# mkdir /file
[root@ localhost ~]# mount /dev/VG01/file /file
[root@ localhost ~]# df -h
Filesystem            Size Used Avail Use% Mounted on
/dev/mapper/rhel-root   17G  3.2G  14G  19%  /
devtmpfs              473M    0  473M  0%  /dev
tmpfs                 489M 144K  489M  1%  /dev/shm
tmpfs                 489M 7.1M  482M  2%  /run
tmpfs                 489M    0  489M  0%  /sys/fs/cgroup
/dev/nvme0n1p1        1014M 155M  860M 16%  /boot
tmpfs                  98M  16K   98M  1%  /run/user/0
/dev/mapper/VG01-file  4.8G  20M  4.6G  1%  /file
```

现在已经成功创建逻辑卷 file 了，LVM 还支持对逻辑卷进行在线扩展，而且在线扩展不需要卸载正在使用的文件系统。

3. 扩展文件系统

LVM 可以在线扩展文件系统。需要注意的是，扩展文件系统的命令随文件系统类型不同而有所变化，EXT 文件系统使用的命令是 resize2fs，XFS 文件系统是 xfs_growfs。在线扩展文件系统如实例 6-15 所示。

【实例 6-15】

```
#查看文件系统使用情况。
[root@ localhost ~]# df -h
Filesystem            Size Used Avail Use% Mounted on
/dev/mapper/rhel-root   17G  3.1G  14G  19%  /
......
/dev/mapper/VG01-file  4.8G  3.5G  1.1G 76%  /file
#查看卷组空闲空间
[root@ localhost ~]# vgdisplay
......
---Volume group---
VG Name               VG01
System ID
Format                lvm2
```

```
Metadata Areas        2
Metadata Sequence No  2
VG Access         read/write
VG Status         resizable
MAX LV        0
Cur LV        1
Open LV       1
Max PV        0
Cur PV        2
Act PV        2
VG Size       39.99 GiB
PE Size       4.00 MiB
Total PE      10238
Alloc PE / Size   1280 / 5.00 GiB
Free PE / Size    8958 / 34.99 GiB
VG UUID       jhoBIP-YeJL-x281-i7Zo-9r6k-vx3t-oTGIwa
```

#扩展逻辑卷, 将逻辑卷 file 的容量扩展 5GB (增加 5GB)。

```
[root@ localhost ~]# 1vextend-L +5G /dev/VG01/file
Size of logical volume VG01/file changed from 5.00 GiB (1280 extents) to 10.00
GiB (2560 extents) .
Logical volume VG01/file successfully resized.
```

#逻辑卷扩展完成后, 还需要扩展文件系统。

```
[root@ localhost~]# resize2fs /dev/VG01/file
resize2fs 1.42.9 (28-Dec-2013)
Filesystem at /dev/VG01/file is mounted on/file; on-line resizing required
old_desc_blocks =1, new_desc_blocks=2
The filesystem on /dev/VG01/file is now 2621440 blocks long.
[root@ localhost~]# df-h
Filesystem      Size Used Avail Use% Mounted on
/dev/mapper/rhel-root   17G   3.1G   14G   19%   /
devtmpfs         473M   0   473M   0%   /dev
......
dev/mapper/VG01-file   9.8G   3.5G   5.9G   38%   /file
```

从 df 命令的输出中可以看到, 文件系统/file 已经成功进行了扩展。

三、使用 ssm 管理逻辑卷

ssm (system storage manager) 是系统存储管理器, 是一个功能强大的存储管理工具, 也可用于管理逻辑卷。默认情况下 RHEL8 不会安装此工具, 其安装和使用方法如实例 6-16 所示。

【实例 6-16】

#ssm 工具已经包含在安装光盘中了。

#挂载光盘就可以直接进行安装。

```
[root@ localhost~]#   mount   /dev/cdrom/media/
mount: /dev/sr0 is write-protected, mounting read-only
[root@ localhost ~]#   cd /media/BaseOs/Packages/
[root@ localhost Packages]#   rpm-ivh system-storage-manager-1.2-2. e18. noarch. rpm
Verifying...          ############################### [100]%
```

```
准备中...              ############################### [100]%
正在升级/安装... ############################### [100]%
1: system-storage-manager-1.2-2.e18    ########### [100]%
```

#使用 ssm 工具查看系统中硬盘使用情况。

```
[root@ localhost ~]#  ssm list
```

#第一部分是物理设备。

```
------------------------------------------------------------------------------
Device          Free     Used     Total    Pool    Mount     point
/dev/sda                 20.00 GB          PARTITIONED
/dev/nvme0n1p1           1.00 GB                     /boot
/dev/sda2       0.00 KB  19.00 GB  19.00 GB  rhel
/dev/sdb                 20.00 GB
/dev/sdb1       10.00 GB  10.00 GB  20.00 GB  VG01
/dev/sdc                 20.00 GB
/dev/sdc1       20.00 GB  0.00 KB  20.00 GB  VG01
/dev/sdd                 20.00 GB
/dev/sdd1                20.00 GB
------------------------------------------------------------------------------
```

#第二部分是存储池。

```
------------------------------------------------------------------------------
Pool     Type      Devices    Free      Used     Total
VG01     1vm    2       29.99 GB      10.00 GB   39.99GB
rhel     1vm    1        0.00 KB      19.00 GB   19.00GB
```

#存储池中的逻辑卷。

```
------------------------------------------------------------------------------
Volume    Pool    Volume    size FS    FS size    Free Type    Mount    point
------------------------------------------------------------------------------
/dev/rhel/root
rhel    17.00 GB    xfs    16.99 GB    13.92 GB    linear    /
/dev/rhel/swap
rhel    2.00 GB                                    linear
/dev/VG01/file
VG01    10.00 GB    ext4    10.00 GB    9.24 GB    linear    /file
/dev/nvme0n1p1
1.00 GB    xfs    1014.00 MB    891.40 MB    part    /boot
------------------------------------------------------------------------------
```

#创建物理卷。

```
[root@ localhost ~]# pvcreate/dev/sdd1
Physical volume "/dev/sddl"successfully created.
```

#将物理卷添加到卷组 VG01 中。

```
[root@ localhost ~]#  ssm add -p VG01 /dev/sdd1
Volume group "VG01"successfully extended
```

#在卷组 VG01 上创建一个新逻辑卷，大小为 2 GB，名称为 1v1。
#文件系统类型为 xfs，挂载到/1v1。

```
[root@ localhost ~]# ssm create-s 2G-n lv1--fstype xfs-p VG01 /1v1
Logical volume "1v1"created.
meta-data=/dev/VG01/1v1    isize=512    agcount=4, agsize=131072  blks
```

```
=                    sectsz=512   attr=2, projid32bit=1
=                    crc=1       finobt=0, sparse=0
data     =                bsize=4096  blocks=524288, imaxpct=25
=              sunit=0    swidth=0 b1ks
naming   =version 2    bsize=4096  ascii-ci=0  ftype=1
1og      =internal log bsize=4096  blocks=2560, version=2
=                    sectsz=512   sunit=0 blks, lazy-count=1
realtime =none        extsz=4096  blocks=0, rtextents=0
```
#验证挂载。
```
[root@ localhost ~]# df -h
Filesystem          Size  Used Avail Use%  Mounted on
/dev/mapper/rhel-root   17G   3.1G  14G   19%   /
/devtmpfs           473M    0    473M  0%   /dev
tmpfs               489M   84K   489M  1%   /dev/shm
......
/dev/nvme0n1p1      1014M  155M  860M  16%  /boot
/dev/mapper/VG01-1v1  2.0G   33M   2.0G  2%   /1v1
```
#在现有基础上为1v1扩容2 GB。
```
[root@ localhost ~]# ssm resize-s +2G /dev/VG01/1v1
Size of logical volume VG01/1v1 changed from 2.00 GiB (512 extents) to 4.00 GiB
(1024 extents) .
Logical volume VG01/1v1 successfully resized.
meta-data=/dev/mapper/VG01-1v1   isize=512  agcount=4, agsize=131072  blks
=                    sectsz=512   attr=2, projid32bit=1
=                    crc=1   finobt=0  spinodes=0
data     =                bsize=4096  blocks=524288, imaxpct=25
=                    sunit=0   swidth=0  blks
naming   =version 2       bsize=4096   ascii-ci=0  ftype=1
1og      =internal        bsize=4096   blocks=2560, version=2
=                    sectsz=512   sunit=0 blks, lazy-count=1
realtime =none      extsz=4096   blocks=0, rtextents=0
data blocks changed from 524288 to 1048576
```
#验证文件系统是否已扩展。
```
[root@ localhost ~]# df -h
Filesystem          Size  Used Avail Use% Mounted on
/dev/mapper/rhel-root   17G  3.1G  14G   19%   /
devtmpfs            473M  0   473M  0%   /dev
......
/dev/nvme0n1p1      1014M  155M  860M  16%  /boot
/dev/mapper/VG01-1v1  4.0G   33M  4.0G  1%   /1v1
```
#删除逻辑卷。
```
[root@ localhost~]# umount /1v1
[root@ localhost ~]# ssm remove /dev/VG01/1v1
Do you really want to remove active logical volume VG01/1v1? [y/n]: y
Logical volume "1v1"successfully removed
```

课内思考

如何使用 ssm 来管理逻辑卷？与直接使用 LVM 有何优势与不足？

项目实训

教师评语	教师签字	日期	成绩	
学生姓名		学号		
实训名称	使用软 RAID 增强 LINUX 数据冗余和性能			
实训准备	每个学生将需要访问具有至少两个硬盘驱动器的 Linux 系统。虚拟机也可以，但它们应该配置有独立的虚拟磁盘。			
实训目标	能够理解和解释 RAID 技术以及 RAID 的不同级别（RAID 0、RAID 1、RAID 5 等），学会使用 Linux 操作系统配置、测试和管理 RAID 阵列			
实训步骤				

1. 理论讲解

开始时，教师将解释 RAID 的含义，包括其优势以及 RAID 0、RAID 1、RAID 5 等不同级别的特点。为学生提供背景知识，使他们做好配置 RAID 的准备。

2. 配置 RAID

学生将按照提供的步骤和指示在 Linux 系统上配置 RAID。这将包括安装必要的软件包，设置磁盘分区，以及根据选择的 RAID 级别建立和配置 RAID。未能完成的学生将有机会向讲师或高级的同学求助。

3. 测试 RAID

学生将在他们的 RAID 系统上进行一系列的读写测试，以了解 RAID 给系统性能和数据安全性带来的影响。

4. RAID 管理和故障处理

最后，学生将学习如何管理和监视他们的 RAID 系统，包括如何检测并处理硬盘故障。这可以包括模拟硬盘故障，然后观察 RAID 如何处理这种故障。

5. 评估

每个学生在活动结束时都应提交一个实训报告，包含他们所执行的所有步骤，测试结果以及他们对 RAID 性能和数据冗余的理解。

实训总结	透过这个活动，学生应能理解与应用 RAID 技术，同时从实际操作中理解这种技术是如何增强数据安全性和性能的。

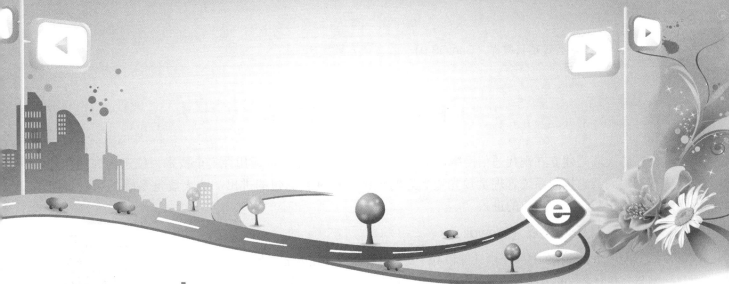

项目七 配置与管理防火墙和 SELinux

项目概述

在信息安全日益重要的今天，防火墙与 SELinux 是 Linux 系统中非常重要的安全工具。在这个项目中，你将有机会学习并理解防火墙的基本概念、功能和配置方法，尤其是 Linux 的内置防火墙 iptables 和动态防火墙 Firewalld。你将深入学习理论知识和实战经验，以巩固你的 Linux 安全基础，工作并提升个人技能。

学习目标

知识目标

①学习并理解防火墙的概念，特别是 Linux 防火墙的运行机制。

②理解 iptables 规则的分层结构，学习数据包过滤匹配流程。

③学习并理解 SELinux 的起源、概述和架构。

④学习 SELinux 相关的文件和命令，理解 SELinux 安全上下文。

⑤理解 SELinux 的管理布尔值以及如何进行 SELinux 的故障排除。

能力目标

①能够配置和使用动态防火墙 Firewalld，包括基本的安装配置和高级用法，例如定制 Firewalld 区域。

②具备处理 iptables 规则和数据包过滤的能力。

③能进行 SELinux 的设置和管理，包括掌握 SELinux 的文件和命令操作，理解和设定 SELinux 的安全上下文。

④具备使用 SELinux 管理布尔值和故障排除的能力。

思政目标

①提高信息安全意识和风险评估能力，如对防火墙的重要性和作用的理解，以及对可能遇到的安全问题的预防和解决方法的了解。

②提高独立解决问题和自我学习的能力。例如，探索使用 Firewalld 和 SELinux 中遇到的问题的解决方法。

③提高对新知识的掌握和应用能力，例如能够学习、理解和实践防火墙和 SELinux 相关知识和技能。

任务一　防火墙概述

防火墙是建立在现代通信网络技术和信息安全技术基础上的应用性安全技术，位于内部网和外部网之间，它按照系统管理员预先定义好的规则来控制数据包的进出。防火墙是系统的第一道防线，用于防止非法用户的进入。

一、认识防火墙（firewall）

认识防火墙

所谓防火墙指的是一个由软件和硬件设备组合而成，在内部网和外部网之间、专用网与公共网之间的边界上构造的保护屏障。它在 Internet 与内部网络之间建立起一个安全网关（security gateway），从而保护内部网免受非法用户的侵入，如图 7-1 所示。

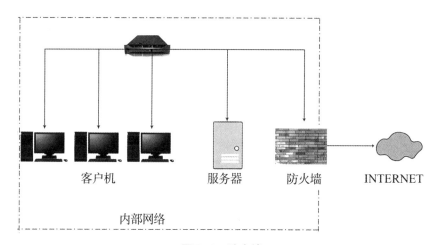

图 7-1　防火墙

1. 防火墙的主要功能

防火墙的主要功能如下：

①过滤进出网络的数据包，封堵某些禁止的访问行为。

②对进出网络的访问行为做出日志记录，并提供网络使用情况的统计数据，实现对网络存取和访问的监控审计。

③对网络攻击进行检测和告警。

④防火墙可以保护网络免受基于路由的攻击，如 IP 选项中的源路由攻击和 ICMP 重定向中的重定向路径，并通知防火墙管理员。

⑤提供数据包的路由选择和网络地址转换（NAT），从而满足局域网中主机使用内部 IP 地址也能够顺利访问外部网络的应用需求。

2. 防火墙分类

从实现技术上，防火墙可以分为包过滤防火墙和代理服务型防火墙两种。

数据包过滤（packet filtering）技术是在网络层对数据包进行选择，选择的依据是系统内设置的过滤逻辑，称为访问控制表（access control list，ACL）。通过检查数据流中每个数据包的源地址和目的地址，所用的端口号和协议状态等因素，或他们的组合来确定是否允许该数据包通过。包过滤防火墙的优点是它对用户来说是透明的，处理速度快且易于维护。缺点是非法访问一旦突破防火墙，即可对主机上的软件和配置漏洞进行攻击；数据包的源地址、目的地址和 IP 的端口号都在数据包的头部，可以很轻易地伪造。"IP 地址欺骗"是黑客针对该类型防火墙比较常用的攻击手段。

代理服务（proxy service）型防火墙也称链路级网关或 TCP 通道，它是针对数据包过滤和应用网关技术存在的缺点而引入的防火墙技术，其特点是将所有跨越防火墙的网络通信链路分为两段。当代理服务器接收到用户对某个站点的访问请求后就会检查请求是否符合控制规则。如果规则允许用户访问该站点，代理服务器就会替用户去那个站点取回所需的信息，再转发给用户，内外网用户的访问都是通过代理服务器上的"链接"来实现的，从而起到隔离防火墙内外计算机系统的作用。此外，代理服务型防火墙也对过往的数据包进行分析和注册登记，并形成报告，同时当发现有被攻击迹象时会向网络管理员发出警告，并保留攻击记录，为证据收集和网络维护提供帮助。

3. 防火墙的接口

防火墙上提供三个接口，分别用于连接不同的网络。其中，外网接口用于连接 Internet 网；内网接口用于连接代理服务器或内部网络；DMZ 接口（非军事化区）专用于连接提供服务的服务器群，如图 7-2 所示。

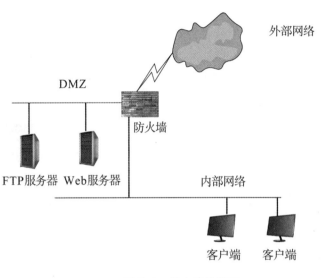

图 7-2　防火墙的接口

二、Firewalld 的简介

在 Red Hat Enterprise Linux 7 之前的版本中，防火墙管理工具使用的是 iptables 和 ip6tables。从 Red Hat Enterprise Linux 7 开始，防火墙管理工具变成了 Firewalld，Red Hat Enterprise Linux 9 也默认是 Firewalld。Firewalld 是一个支持定义网络区域（zone）及接口安全等级的动态防火墙管理工具。利用 Firewalld，用户可以实现许多强大的网络功能，例如防火墙、代理服务器以及网络地址转换等。

之前版本的 system-config-firewall 和 lokkit 防火墙模型是静态的，每次修改防火墙规则都需要完全重启，在此过程中包括提供防火墙功能的内核模块 netfilter 都需要卸载和重新加载。卸载会破坏已经建立的连接和状态防火墙。与之前的静态模型不同，Firewalld 动态地管理防火墙，不需要重新启动防火墙，也不需要重新加载内核模块；但 Firewalld 服务要求所有关于防火墙的变更都要通过守护进程来完成，从而确保守护进程中的状态与内核防火墙之间的一致性。

许多人都认为 Red Hat Enterprise Linux 中的防火墙从 iptables 变成了 Firewalld，其实不然，无论 iptables 还是 Firewalld 都无法提供防火墙功能，它们都只是 Linux 系统中的一个防火墙管理工具，负责生成防火墙规则并与内核模块 netfilter 进行"交流"，真正实现防火墙功能的是内核模块 netfilter。

Firewalld 提供了两种管理方式：其一是 firewall-cmd 命令行管理工具，其二是 firewall-config 图形化管理工具。之前版本中的 iptables 将规则保存在文件/etc/sysconfig/iptables 中，现在 Firewalld 将配置文件保存在/usr/lib/firewalld 和/etc/firewalld 目录下的 XML 文件中。

虽然 Red Hat Enterprise Linux 9 中默认的防火墙工具是 Firewalld，但在 Red Hat Enterprise Linux 9 中仍然可以继续使用 iptables，Red Hat 将这个选择权交给了用户。Red Hat Enterprise Linux 9 的防火墙堆栈如图 7-3 所示。

从图 7-3 中可以看出，无论使用的是 Firewalld 还是 iptables，最终都由 iptables 命令来为内核模块 netfilter 提交防火墙规则。另外，如果决定使用 iptables，就应该将 Firewalld 禁用，以免出现混乱。

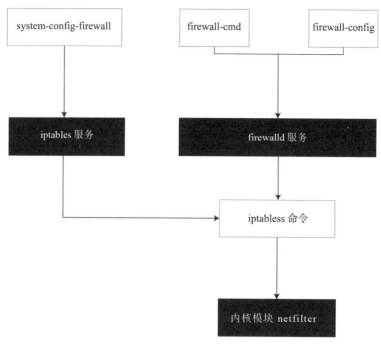

图 7-3　Red Hat Enterprise Linux 9 防火墙堆栈

课内思考

什么是防火墙？为什么需要防火墙，它在网络中起到什么作用？

三、iptables 规则的分层结构

iptables 是组成 Linux 平台下的包过滤防火墙，与大多数的 Linux 软件一样，这个包过滤防火墙是免费的，它可以代替昂贵的商业防火墙解决方案，完成封包过滤、封包重定向和网络地址转换（NAT）等功能。在日常 Linux 运行维护工作中，经常会设置 iptables 防火墙规则，用来加固服务安全。

Linux 防火墙系统由 netfilter 和 iptables 两个组件组成。

1. netfilter

netfilter 是集成在内核中的一部分，也称为内核空间。它的作用是定义、保存相应的过滤规则。提供了一系列的表，每个表由若干个链组成，而每条链可以由一条或若干条规则组成。

netfilter 是表的容器，表是链的容器，而链又是规则的容器。认表→链→规则的分层结构来组织规则，如图 7-4 所示。

2. iptables

iptables 组件是 Linux 系统为用户提供的管理 netfilter 的一种工具，是编辑、修改防火墙过滤规则的编辑器。它使插入、修改和除去信息包过滤表中的规则变得容易。

在图 7-4 中，iptables 采用四张表、五个链的"表"和"链"的分层结构对数据包进行操作。这些规则表提供特定的功能：

filter 表：主要进行包过滤，含 INPUT、FORWARD、OUTPUT 三个链。内核模块：iptables_filter。

nat 表：用于修改数据包的 IP 地址和端口号，即进行网络地址转换。含 PREROUTING、POS-TROUTING、OUTPUT 三个链。内核模块：iptable_nat。

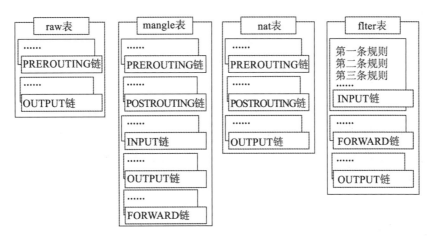

图 7-4 netfilter 结构

mangle 表：包重构，用于修改包的服务类型、生存周期以及为数据包设置 Mark 标记，以实现 Qos（服务质量）、策略路由和网络流量整形等特殊应用。含 PREROUTING、POSTROUTING、INPUT、OUTPUT 和 FORWARD 五个链。内核模块：iptable_mangle。

raw 表：数据跟踪，用于数据包是否被状态跟踪机制处理，包含 PREROUTING、OUTPUT 两个链。内核模块：iptable_raw。

链（chains）是数据包传播的路径，每一条链就是众多规则中的一个检查清单，每一条链中可以有一条或数条规则。当一个数据包到达一个链时，iptables 就会从链中第一条规则开始检查，看该数据包是否满足规则所定义的条件。如果满足，系统就会根据该条规则所定义的方法处理该数据包；否则 iptables 将继续检查下一条规则，如果该数据包不符合链中任意一条规则，iptables 就会根据该链预先定义的默认策略来处理数据包。

INPUT 链：当数据包源自外界并前往防火墙所在的本机（入站）时，即数据包的目的地址是本机时，则应用此链中的规则。

OUTPUT 链：当数据包源自防火墙所在的主机并要向外发送（出站）时，即数据包的源地址是本机时，则应用此链中的规则。

FORWARD 链：当数据包源自外部系统，并经过防火墙所在主机前往另一个外部系统（转发）时，则应用此链中的规则。

PREROUTING 链：当数据包到达防火墙所在的主机在作路由选择之前，且其源地址要被修改（源地址转换）时，则应用此链中的规则。

POSTROUTING 链：当数据包在路由选择之后即将离开防火墙所在主机，且其目的地址要被修改（目的地址转换）时，则应用此链中的规则。

规则（rules）就是网络管理员预定义的条件，规则一般的定义为"如果数据包头符合这样的条件，就这样处理这个数据包"。规则存储在内核空间的信息包过滤表中，这些规则分别指定了源地址、目的地址、传输协议（如 TCP、UDP、ICMP）和服务类型（如 HTTP、FTP 和 SMTP）等。当数据包与规则匹配时，iptables 就根据规则所定义的方法来处理这些数据包，如放行（accept），拒绝（reject）和丢弃（drop）等。

配置防火墙的主要工作是添加、修改和删除规则等。

匹配（match）：符合指定的条件，比如指定的 IP 地址和端口。

丢弃（drop）：当一个包到达时，简单地丢弃，不做其他任何处理。

接受（accept）：和丢弃相反，接受这个包，让这个包通过。

拒绝（reject）：和丢弃相似，但它还会向发送这个包的源主机发送错误消息。这个错误消息可以指定，也可以自动产生。

目标（target）：指定的动作，说明如何处理一个包，比如丢弃、接受，或拒绝。

跳转（jump）：和目标类似，不过它指定的不是一个具体的动作，而是另一个链，表示要跳转到那个链上。

规则（rule）：一个或多个匹配及其对应的目标。

四、数据包过滤匹配流程

表的处理优先级：raw>mangle>nat>filter。默认表是 filter（没有指定表的时候就是 fifilter 表）。

链间的匹配顺序：

入站数据：PREROUTING、INPUT

出站数据：OUTPUT、POSTROUTING

转发数据：PREROUTING、FORWARD、POSTROUTING

链内规则的匹配顺序：按顺序依次进行检查，找到相匹配的规则即停止（LOG 策略会有例外）；若在该链内找不到相匹配的规则，则按该链的默认策略处理。经过 iptables 的数据包流程如图 7-5 所示。

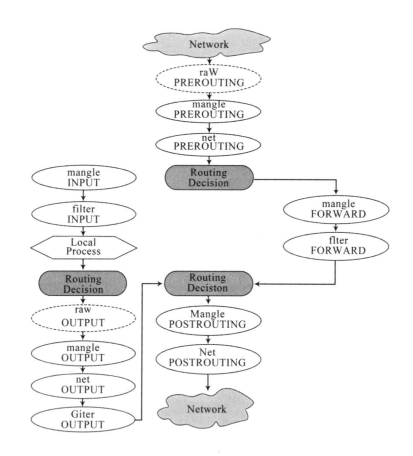

图 7-5　经过 iptables 的数据包流程

例如，一个数据包到达时，是怎么依次穿过各个链和表的？基本步骤如下：

①数据包到达网络接口，比如 eth0。

②进入 raw 表的 PREROUTING 链，这个链的作用是赶在连接跟踪之前处理数据包。

③如果进行了连接跟踪，在此处理。

④进入 mangle 表的 PREROUTING 链，在此可以修改数据包，比如 TOS 等。

⑤进入 nat 表的 PREROUTING 链，可以在此做 DNAT，但不要做过滤。

⑥决定路由，看是交给本地主机还是转发给其他主机，然后进行下一步处理。根据路由表决定将数据包发给哪一条链，则可能有以下 3 种情况：

a. 数据包的目的地址是本机，则系统将数据包送往 INPUT 链，如果通过规则检查，则该包被发给相应的本地进程处理；如果没有通过规则检查，系统将丢弃该包。

b. 数据包上的地址不是本机，也就是说这个包将被转发，则系统将数据包送往 FORWARD 链，如果通过规则检查，该包被发给相应的本地进程处理；如果没有通过规则检查，系统将丢弃该包。

c. 数据包是由本地系统进程产生的，则系统将其送往 OUTPUT 链，如果通过规则检查，则该包被发给相应的本地进程处理；如果没有通过规则检查，系统将丢弃该包。

用户可以给各链定义规则，当数据包到达其中的每一条链，iptables 就会根据链中定义的规则来处理这个包。iptables 将数据包的头信息与它所传递到的链中的每条规则进行比较，看它是否和每条规则完全匹配。

知识之窗

如果数据包与某条规则匹配，iptables 就对该数据包执行由该规则指定的操作。例如某条链中的规则决定要丢弃（DROP）数据包，数据包就会在该链处丢弃；如果链中规则接受（ACCEPT）数据包，数据包就可以继续前进；但是，如果数据包与这条规则不匹配，那么它将与链中的下一条规则进行比较。如果该数据包不符合该链中的任何一条规则，那么 iptables 将根据该链预先定义的默认策略来决定如何处理该数据包，理想的默认策略应该告诉 iptables 丢弃（DROP）该数据包。

任务二　使用 firewalld 服务

一、使用动态防火墙 Firewalld

在 RHEL 8 中，默认的防火墙 iptables 被一款名为 Firewalld 的防火墙取代，为什么要将经典且功能强大的 iptables 撤下呢？Firewalld 是一款较新的动态防火墙，与 UFW 类似也是基于 iptables 的。Firewalld 不仅完全支持 IPv4 和 IPv6 防火墙设置，而且不需要重启整个防火墙便可应用更改，让配置立即生效，被称为动态管理防火墙，并且强大的区域（zone）功能令其使用起来更加便捷和高效。Firewalld 的内部结构如图 7-6 所示。

Firewalld 使用区域的概念来管理，使用起来类似于较新的硬件防火墙，虽然改变不了其采用包过滤防火墙技术的本质，这里的区域其实就是网络端口的集合，每个网卡都属于一个区域，这些区域的配置文件保存在/usr/lib/firewalld/zones/目录下，默认的区域为 public，该区域默认网络中其他计算机不能信任，只允许所选中的服务通过。Fiewalld 默认的区域为 public，该区域只

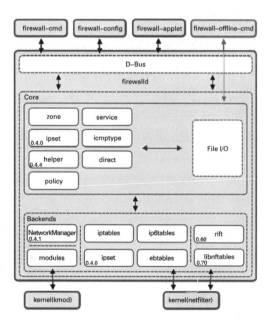

图 7-6　Firewalld 的内部结构

允许 SSH 及 DHCP 客户端通过防火墙。此外，还有很多其他区域可用：

①Block。Block 区域拒绝任何进入的网络连接，并返回 icmp-host-prohibited 报文（IPv4）或 icmp6-adm-prohibited 报文（IPv6），当然初始化的网络连接是个例外。

②DMZ。DMZ 区域就是非军事区的意思，是一个介于信任网络和非信任网络之间的隔离区域，处于该区域的计算机将有限地被外界网络所访问，且只允许指定的服务通过。

③Drop。Drop 区域中任何流入网络的数据包都将被丢弃，也不做任何响应。

④Home。Home 区域用在家庭网络，默认信任网络中的大多数主机，且只允许指定的服务通过。

⑤Internal。Internal 网络区域信任网络中的大多数计算机，且只允许指定的服务通过。

⑥Trusted。Trusted 区域允许所有网络连接，即使没有开放任何服务，那么使用 Zone 区域的流量同样可以通过。

⑦Work。Work 区域用于工作网络环境，默认信任网络中的大多数计算机，且只允许指定的服务通过。

知识之窗

防火墙分类

防火墙技术发展到今天，从最初的包过滤技术一直到最新的 NG 防火墙，经历了以下几代：

包过滤技术防火墙：又称为无状态防火墙，即第一代防火墙技术，基于所定义的过滤规则过滤或丢弃流量。

状态包过滤技术防火墙：又称为状态防火墙，即第二代防火墙技术，基于包过滤技术并添加状态保存功能，可以监控和保存会话、连接状态等信息。

代理服务器：可以有效隔离内部网络或外部网络的防火墙技术。

下一代（NG）防火墙：第三代防火墙技术，可以实现应用可视性与可控性、深度包检测、高级威胁保护和服务质量。

二、Firewalld 安装和配置

通常情况下，系统会默认安装 Firewalld，若系统没有安装，则可通过如下命令安装 Firewalld 防火墙：

```
dnf install-yfirewalld
```

成功执行上述操作后，执行如下命令检查 Firewalld 的允许状态：

```
systemctl status firewalld
firewalld.service-firewalld-dynamic firewall daemon
Loaded: loaded ( /lib/systemd/system/firewalld.service; enabled; vendor preset: enabled)
Active: active ( running ) since Sat 2019-03-09 01:58:55 UTC; 8s ago
...
```

看到如上信息，说明 Firewalld 正在运行。

管理 Firewalld 防火墙可以使用如下命令：

```
systemctl start firewalld          #启动 Firewalld。
systemctl restart firewalld        #重新启动 Firewalld。
systemctl stop firewalld           #停止 Firewalld。
```

```
systemctl enable firewalld          #启用 Firewalld。
systemctl disable firewalld         #停用 Firewalld。
```

通常使用默认区域 public，若需设置，则可使用如下命令来配置 Firewalld 的默认区域。。

```
firewall-cmd--set-default-zone=public
success
```

红帽服务器端通常使用命令行进行各种配置，由于防火墙配置灵活和复杂，因此下面只列出高频配置。

①获得防火墙的工作状态。

运行如下命令实现：

```
firewall-cmd--state
running
```

或

```
not running
```

②获得 Firewalld 当前的开放信息。

运行如下命令实现：

```
firewall-cmd--list-all
```

③获得当前的开放端口。

运行如下命令实现：

```
firewall-cmd--list-port
```

④获得当前的默认区域。

运行如下命令实现：

```
firewall-cmd--get-default-zone
public
```

⑤获得当前的激活区域。

运行如下命令实现：

```
firewall-cmd--get-active-zones
```

⑥获得当前活动的服务。

运行如下命令实现：

```
firewall-cmd--get-service
```

⑦获得永久启用的服务。

运行如下命令实现：

```
firewall-cmd--get-service--permanent
```

⑧重新加载防火墙配置。

运行如下命令实现：

```
firewall-cmd--reload
```

⑨设置默认区域为 trusted。

运行如下命令实现：

```
firewall-cmd--set-default-zone=trusted          #可以设置任意区域为默认区域。
```

需要强调的是，Trusted 是信任等级最高的区域，安全度最低，默认允许所有连接，即使没有设置任何服务。

⑩查看端口是否开放。

运行如下命令实现：

```
firewall-cmd--query-port=22/tcp          #查询 SSH 的端口 22。
```

```
firewall-cmd--query-port=80/tcp                    #查询 HTTP 端口 80。
firewall-cmd--query-port=443/tcp                   #查询 HTTP 端口 443。
```

⑪添加所开放的端口。

运行如下命令实现：

```
firewall-cmd--add-port=22/tcp--permanent           #添加 SSH 的端口 443。
firewall-cmd--add-port=80/tcp--permanent           #添加 HTTP 的端口 1812。
firewall-cmd--add-port=443/tcp--permanent          #添加 HTTPS 的端口 1813。
```

⑫开启或禁用服务端口。

运行如下命令实现：

```
firewall-cmd--add-service=ssh--permanent           #开启 SSH 的端口 22。
firewall-cmd--remove-service=http--permanent       #禁用 HTTP 的端口 80。
```

上述仅是笔者认为的高频操作，大家可以灵活地套用，并根据实际需求修改定制，可以应用到各种网络服务上，至于 Firewalld 的更多操作请参考官方网站主页。

课内思考

简述 Firewalld 的安装和配置过程。如何校验配置的正确性？

三、Firewalld 高级用法：定制 Firewalld 区域

无论是默认区域，还是 Fierwalld 防火墙，都可以直接修改配置文件进行配置，也可以通过配置工具的命令进行配置，这里因为是远程操作，为了确保开启后 SSH 端口是开放的，所以直接修改配置文件。

使用如下命令查看默认区域的配置：

```
vi/etc/firewalld/firewalld.conf
```

文件内容如下：

```
#firewalld config file
# default zone
# The default zone used if an empty zone string is used.
# Default:   public
DefaultZone=public
...
```

定位到 Default Zone 关键字，可以看到默认区域为 public，下面可以针对默认区域开始定制了，具体操作如下：

```
cp /usr/lib/firewalld/zones/public.xml /usr/lib/firewalld/zones/public.xml
.bak          #备份默认规则。
vi/usr/lib/firewalld/zones/public.xml
```

根据如下配置修改 public.xml 文件：

```
<? xml version = "1.0" encoding = "utf-8" ? >
<zone>
<short>Public</short>
<description>For use in public areas. You do not trust the other computers on networks to not harm your computer. Only selected incoming connections are accepted.</description>
<service name = "ssh" />
```

```
<service name="dhcpv6-client" />
<service name="cockpit" />
</zone>
```

上述配置表示在默认区域 public 中默认开启了 SSH 端口、dhcpv6-client 端口和 cockpit 端口，需要添加 HTTP 和 HTTPS 端口，将 public. xml 文件修改为如下内容：

```
<? xml version="1.0" encoding="utf-8" ? >
<zone>
<short>Public</short>
<description>For use in public areas. You do not trust the other computers on networks to not harm your computer. Only selected incoming connections are accepted.</description>
<service name="ssh" />
<service name="dhcpv6-client" />
<service name="cockpit" >
<service name="http" >                    #添加默认开启 HTTP 端口。
<service name="https" />                  #添加默认开启 HTTPS 端口。
</zone>
```

保存配置后重启 Firewalld 生效，再查询 HTTP 和 HTTPS 服务，默认已经打开了。此外，如果要使上述定义的每个服务都对应为/usr/lib/firewalld/services/目录下的一个 XML 文件，需要进一步配置，先备份再编辑相应文件。下面是几个常用的服务配置文件，可以根据需要修改。

```
/usr/lib/firewalld/services/dhcpv6-client.xml
/usr/lib/firewalld/services/ssh.xml
/usr/lib/firewalld/services/http.xml
/usr/lib/fircwalld/scrvices/https.xml
```

如果觉得编辑配置文件修改不方便，那么可以使用 firewall-cmd 命令进行配置。毫无疑问，基于 Zone 的 Firewalld 使用起来要比前面的 UFW 及将要介绍的 iptables 更加简单方便，其可以动态生效，且可以灵活定制。需要再次强调的是，本书为了操作及演示方便，默认所有的服务及配置都是在关闭防火墙下进行的，如需启用防火墙，请参考上述内容，在部署和配置好服务后自行配置并启用 Firewalld。

任务三　管理 SELinux

SELinux（security enhanced linux）是由美国国家安全部（national security agency，NSA）领导开发的 GPL 项目，拥有一个灵活而强制性的访问控制结构，目的是让 Linux 系统更为安全。本节将简要介绍 SELinux 的相关知识。

一、SELinux 起源

在 20 世纪 80 年代，人们开始致力于操作系统的安全研究，最终产生了一个分布式信任计算机的项目。NSA 组织参与了此项目，并付出了巨大的努力。NSA 的参与导致该项目产生了一个新的项目 Flask，从 1999 年起 NSA 开始研究在 Linux 内核中实现 Flask（flux advanced security 65kernel）安全架构。

2000 年 10 月 NSA 发布了 Flask 项目的第一个研究成果，这是一个公共的版本，取名为安全增强的 Linux（SELinux）。由于采用的是现有的主流操作系统，因此很快就得到了 Linux 社区的关注。最早的 SELinux 是以补丁的形式发布的，针对的内核版本为 2.2. x。

2001 年在加拿大渥太华召开的 Linux 内核高级会议上，新的 Linux 安全模型被确立，其安全模型采用了更为灵活的框架，允许将不同的安全扩展添加到 Linux 内核中。经过两年的努力，2003 年 8 月 SELinux 的代码最终被加入到了 Linux 内核的核心代码中。

2005 年在 Red Hat 发行的 Red Hat Enterprise Linux 4 中，SELinux 默认是完全开启的。这标志着 SELinux 进入主流操作系统中。

二、SELinux 概述及架构

在传统的 Linux 权限中，使用的是自由访问控制（discretionary access control，DAC）机制。在 DAC 机制中，使用所有者加权限的方式控制用户或进程对文件的访问，其带来的问题是自主性太强，即资源的安全性在很大程度上取决于所有者的意志。这并不是一个致命的问题，只要所有者或者说 root 用户足够小心还可以应付。DAC 机制中还有一些特殊的权限，如 SUID、SGID 和 Sticky，其中最危险的莫过于 SUID，其允许二进制文件运行时拥有与文件所有者相应的权限。如果黑客劫持了某个进程的会话并上传了一个带有 SUID 权限的二进制文件，那么黑客将可在系统上为所欲为。

由此可以看出 DAC 虽然可以控制文件的访问问题，但还无法解决因 SUID 等因素导致的 root 身份盗用的问题。于是又提出了强制访问控制（mandatory access control，MAC）机制，MAC 最早用于军事用途，可以大幅提高安全性。

在 MAC 机制中，系统将强制主体（主体通常是用户或由用户发起的进程等）服从访问控制策略。具体方法是为主体和客体（客体是信息的载体或从其他主体或客体接收到的信息实体，可以简单理解为要访问的资源）添加一个安全标记，且用户发起的进程无法修改自身和客体的安全标记。系统通过比较主体和客体的安全标记来判断主体是否能够访问其要操作的客体。

SELinux 实际上就是 MAC 理论最重要的实现之一，同时必须要指出的是 SELinux 从架构上允许 MAC 和 DAC 两种机制都可以发挥作用，因此，在 Linux 系统中，实际上 MAC 和 DAC 机制是共同使用的，通过两种机制共同过滤能达到更佳的访问控制效果。

提到 SELinux 架构，就不得不提 Linux 安全模块（linux security module，LSM）。LSM 是一种轻量级的访问控制框架，最大的特点是允许其他安全模型以内核模块的形式加载到内核中。SELinux 正是通过模块的方式加载到内核中的，如图 7-7 所示。

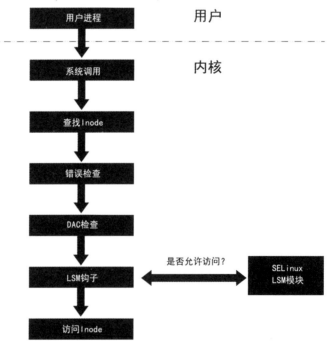

图 7-7　LSM 架构

在图7-7所示的 LSM 架构中，用户的访问通过一系列内核操作进行，SELinux 模块将在 LSM 钩子中加载。若返回的结果允许访问，则内核将返回数据；否则，将会被直接拒绝。

SELinux 架构实际上反映了 Flask 架构。Flask 架构是一个庞大而复杂的结构，包括三个主要组件：访问向量缓存、安全服务器和内核客体管理器，如图7-8所示。

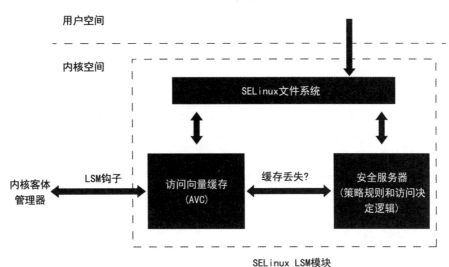

图 7-8　SELinux LSM 架构

在实际决策时，策略强制服务负责将要访问的主客体上下文发送给负责做出决策的安全服务器，接下来就进入权限检查流程。在权限检查过程中，首先会检查访问向量缓存（access vector cache，AVC），在 AVC 中通常会有主客体的权限缓存。若在 AVC 中存在策略决策，就会返回策略强制服务；若没有策略决策，则会转向安全服务器。安全服务器会根据预设的规则作出决策，并将决策返回策略强制服务，同时将决策放到 AVC 中缓存起来。

在最后的判断中，若最终决策允许访问，则主体可以完成对客体的操作；若拒绝访问，则会将记录写入日志中。

除以上介绍的 SELinux LSM 架构之外，SELinux 还有许多对安全访问的重要实现，如用户控件管理器、策略语言编辑器等，此处不再赘述，读者可以参考相关文档。

课内思考

简要描述 SELinux 的架构，它是如何增强 Linux 系统安全的？

_____

_____

三、与 SELinux 相关的文件和命令

虽然 SELinux 是一个非常复杂的系统，但是也不必为此过多担心，对于用户而言操作还是非常简便的。从本小节开始我们将从一个使用者的角度来展示如何通过简单的方法操作 SELinux 这个复杂的安全系统。

1. 与 SELinux 相关的文件

为了实现 SELinux 的各项功能，首先需要了解与 SELinux 相关的文件。这些文件主要集中在/etc/selinux 目录中：

/etc/selinux/config 和/etc/sysconfig/selinux：主要用于打开和关闭 SELinux。

/etc/selinux/targeted/contexts：主要用于对 contexts 的配置。contexts 是 SELinux 实现安全访问的

重要功能，将在后续章节中介绍。

/etc/selinux/targeted/policy：SELinux 策略文件。

对于大多数用户而言，只需要修改/etc/selinux/config 和/etc/sysconfig/selinux 文件来控制是否启用 SELinux 即可。事实上，/etc/sysconfig/selinux 是/etc/selinux/config 的链接文件，因此只需修改一个文件的内容，另一个文件也会发生变化。其文件内容如实例 7-1 所示。

【实例 7-1】

```
# This file controls the state ofSELinux on the system.
# SELINUX = can take one of these three values:
#    enforcing-SELinux security policy is enforced.
#    permissive -SELinux prints warnings instead of enforcing.
#    disabled - NoSELinux policy is loaded.
SELINUX=disabled
# SELINUXTYPE = can take one of three two values:
#    targeted-Targeted processes are protected,
#    minimum - Modification of targeted policy. Only selected processes are protected.
#mls - Multi Level Security protection.
SELINUXTYPE=targeted
```

配置文件只有两个配置内容。其一是 SELinux，它有 3 个值可用：enforcing 为强制模式，表示在 SELinux 中所有违反预设规则的操作都将被拒绝；permissive 为宽容模式，表示在 SELinux 中不会拒绝违反预设规则的操作，但会被记录到日志中；值为 disable 则表示关闭 SELinux。其二是 SELINUXTYPE，表示系统启动时应该载入的策略集。系统默认使用 targeted 集，所以本书也使用此集作为讲解内容。在实际应用中，通常无须修改 SELINUXTYPE 设置。需要特别说明的是，修改此文件后需要重新启动系统才能使修改的设置生效。

注意：对于大部分用户而言，宽容模式允许操作，记录日志的特点可以用于 SELinux 的故障排除，因此这是必须掌握的内容。

2. SELinux 相关的命令

SELinux 还附带了一些命令，利用这些命令可以了解和设置 SELinux 的状态。这些命令及其用法如实例 7-2 所示。

【实例 7-2】

```
#查看当前 SELinux 的运行状态。
 [root@ localhost ~]#getenforce
 Enforcing
#Enforcing 表示强制模式，Permissive 表示宽容模式。
#切换 SELinux 的状态。
 [root@ localhost ~]#setenforce 0
#参数 1 表示切换到强制模式，0 表示切换到宽容模式。
#需要注意 setenforce 只能在强制模式和宽容模式之间切换，不能关闭 SELinux。
#查看 SELinux 运行状态。
 [root@ localhost ~]#sestatus
SELinux status:              enabled
SELinuxfs mount:             /sys/fs/selinux
SELinux root directory:      /etc/selinux
 Loaded policy name:         targeted
 Current mode:               enforcing
```

```
Mode from config file:           disabled
Policy MLS status:               enabled
Policy deny_unknown status:      allowed
Max kernel policy version:       28
```

四、SELinux 安全上下文

如前所述，SELinux 是一个非常复杂的系统，限于篇幅，本书无法一一介绍。目前 SELinux 使用最多的莫过于 SELinuxcontexts 和管理布尔值（managing boolean），因此本书将这两部分作为重点介绍。

SELinuxcontexts 通常称为安全上下文，也经常简称为上下文。在运行 SELinux 的系统上，所有的进程和文件都被标记上与安全有关的信息，这就是安全上下文。查看用户、进程和文件的命令都带有一个选项"Z"，可以通过此选项查看安全上下文，如实例 7-3 所示。

【实例 7-3】

```
#查看当前用户的上下文
 [user@ localhost ~]$ id -Z
unconfined_u：unconfined_r：unconfined_t：s0-s0：c0.c1023
#查看文件的上下文；。
 [root@ localhost ~]#  1s -Z1
-rw-r--r--. root root unconfined_u：object_r：admin_home_t：s0 acc
-rw-------. root rootsystem_u：object_r：admin_home_t：s0 anaconda-ks.cfg
-rw-r--r--. root rootsystem_u：object_r：admin_home_t：s0 initial-setup-ks.cfg
……
#查看进程的上下文。
 [root@ localhost ~]#  ps -Z
LABEL                  PID TTY    TIME CMD
unconfined_u：unconfined_r：unconfined_t：s0-s0：c0.c1023 2694 pts/0 00：00：00 bash
unconfined_u：unconfined_r：unconfined_t：s0-s0：c0.c1023 3098 pts/0 00：00：00 ps
```

在实例 7-3 中列举了系统默认为用户、文件和进程分配的上下文值。上下文一共由五部分组成，中间以冒号分隔：

user：指示登录系统的用户类型，如 system_u 等。多数本地进程属于自由进程（unconfined），而系统配置文件、共享库等文件都属于系统用户（system）。

role：指定文件、进程和用户的用途，如 object_r、system_r 等。

type：表示主体、客体的类型，在 SELinux 中规定了进程域能访问的文件类型，大多数策略都是基于 type 实现的。

sensitivity：一个扩展选项，由组织定义的分层安全级别，由 0~15 组成，其中 s0 的级别最低。每个对象只能有一个级别，默认使用 s0。

category：对于特定组织划分不分层的分类，一个对象可以有多个 category，从 c0 到 c1023，共有 1024 个分类。

虽然安全上下文一共由五部分组成，但实际上有些版本中只标示了前三段，也有些版本只标示了前四段。无论其标示了多少段，只有第三部分起作用。第三部分在文件中称为类型，在进程中称为域。

系统安装时，SELinux 会为系统中的每个文件打上安全上下文。可以通过命令 semanage 查看系统中默认使用的上下文，如实例 7-4 所示。

【实例 7-4】

```
[root@ localhost ~]#semanage fcontext -1 | head -20
SELinux fcontext          type          Context
 /.*                        all filessystem_u: object_r: default_t: s0
 / [^/] +                   regular filesystem_u: object_r: etc runtime t: s0
 /a? quota \. (userlgroup) regular file    system_u: object_r: quota_db_t: s0
 /nsr (/.* )?        all files      system_u: object_r: var_t: s0
 /sys (/.* )?        all filessystem_u: object_r: sysfs_t: s0
 /xen (/.* )?        all files      system_u: object_r: xen_image_t: s0
 /mnt (/ [^/] * )?        directory      system_u: object_r: mnt_t: s0
 /mnt (/ [^/] * )?        symbolic link  system_u: object_r: mnt_t: s0
 /bin/.*                   all filessystem_u: object_r: bin_t: s0
 /dev/.*                   all filessystem u: object _r: device_t: s0
......
```

从上面的输出可以看到，RHEL 8 的安全上下文划分得很精细，类型非常多，定义也非常明确。对于普通用户而言，默认的安全上下文无须修改。

文件的上下文是可以修改的，通常可以使用 chcon 命令来改变。如果系统执行重新标记安全上下文或执行恢复上下文操作，那么 chcon 命令的改变将会失效。使用方法如实例 7-5 所示。

【实例 7-5】

```
#使用 chcon 命令修改文件 acc 的安全上下文类型。
 [root@ localhost ~]#  1s -Z1 acc
 -rw-r--r--. root root unconfined_u: object_r: admin_home_t: s0 acc
 [root@ localhost ~]#  chcon -t httpd_cache_tacc
 [root@ localhost ~]#  1s -Z1 acc
 -rw-r--r--. root root unconfined_u: object_r: httpd_cache_t: s0 acc
#使用 restorecon 命令恢复文件 acc 的安全上下文。
 [root@ localhost ~]#  restorecon -v acc
restorecon reset /root/acc context
 unconfined_u: object_r: httpd_cache_t: s0->unconfined_u: object_r: admin_home_t: s0
 [root@ localhost ~]#  1s -Z acc
 -rw-r--r--. root root unconfined_u: object_r: admin_home_t: s0 acc
```

使用 restorecon 命令时，会自动查询该文件应该具备的安全上下文，然后恢复文件的安全上下文。另一个容易忽视的问题是，由于 Linux 系统总是先执行 DAC 检查再执行 MAC 检查，因此如果在标准 Linux 访问控制检查环节被拒绝，就没有必要再进行 MAC 检查了。

五、SELinux 管理布尔值

SELinux 可以用来实现对文件的访问，也可以用来实现对各种网络服务的访问控制。SELinux 安全上下文主要用来控制进程对文件的访问，而管理布尔值将被用来实现对网络服务的访问控制。

管理布尔值是一个针对服务的访问策略。针对不同的网络服务，管理布尔值为其设置了一个开关，用于精确地对服务的某个选项进行保护。查看系统中的管理布尔值设置可以使用命令 getsebool 实现，如实例 7-6 所示。

【实例 7-6】

```
#查看系统中所有管理布尔值设置。
 [root@ localhost ~]#getsebool-a
abrt_anonwrite--> off
```

```
abrt_handle_event--> off
abrt_upload_watch_anon_write--> on
    antivirus_can_scan_system--> off
    antivirus_use_jit-->off
auditadm_exec_content--> on
authlogin_nsswitch_use_ldap--> off
authloginradius--> off
authlogin_yubikey--> off
awstats_purge_apache_log_files-->off
boinc_execmem-->on
    ......
```

#查看所有关于 ftp 的设置
```
    [root@ localhost ~]#getsebool -a | grep ftp
    ftpd_anon_write--> off
    ftpd_connect_all_unreserved--> off
    ftpd_connect_db--> off
    ftpd_full_access--> off
    ftpd_use_cifs--> off
    ftpd_use_fusefs--> off
    ftpd_use_nfs--> off
    ftpd_use_passive_mode--> off
    httpd_can_connect_ftp--> off
    httpd_enable_ftp_server--> off
    tftp_anon_write--> off
    tftp_home_dir--> off
```
#查看关于 httpd 的设置。
```
    [root@ localhost ~]#getsebool -a | grep http
    httpd_anon_write-->off
    httpd_builtin_scripting--> on
    httpd_can_check_spam--> off
    httpd_can_connect_ftp--> off
    httpd_can_connect_ldap--> off
    httpd_can_connect_mythtv--> off
    httpd_can_connect_zabbix--> off
    httpd_can_network_connect--> off
    ......
```

如果要修改某个管理布尔值的设置，可以使用 setsebool 命令来实现，如实例 7-7 所示。

【实例 7-7】
#设置 ftpd 匿名用户可以上传。
```
    [root@ localhost ~]#getsebool -a | grep ftpd_anon_write
    ftpd_anon_write--> off
```
#数字 1 表示开启，0 表示关闭。
```
    [root@ localhost ~]#setsebool ftpd_anon_write 1
    [root@ localhost ~]#getsebool -a | grep ftpd_anon_write
    ftpd_anon_write-->on
```
#以上设置将在重启后失效，要重启后也生效可使用 -P 选项。

```
[root@ localhost ~]#setsebool -P ftpd_anon_write 1
#也可使用等号
[root@ localhost ~]#setsebool -P ftpd_anon_write=1
```

六、SELinux 故障排除

对于普通用户而言，要完全掌握 SELinux 是一件非常困难的事。为了解决 SELinux 配置的问题，系统为 SELinux 准备了完善的日志机制，并且还安装了一些详尽的说明、故障排除工具。利用故障排除工具可以非常轻易地配置 SELinux。

1. 利用日志进行故障排除

在 SELinux 运行过程中，如果发生了拒绝事件，那么这个事件会被一个名叫 setroubleshoot 的工具捕获。setroubleshoot 工具会根据事件生成一条日志并保存到/var/log/messages，日志中包含有事件的说明、解决方法等内容。用户可以根据此日志查看详细说明和解决方法。这种利用日志进行故障排除的方法最为常用。

默认情况下，RHEL 8 已经安装了 setroubleshoot 工具集，无须额外安装。查看安装的 setroubleshoot 可以使用如下命令：

```
[root@ localhost ~]#  rpm -aq | grep setroubleshoot
setroubleshoot-server-3.3.19-1.el8.x86_64
setroubleshoot-3.3.19-1.el8.x86_64254
```

setroubleshoot-plugins-3.3.10-1.el8.noarch 可以根据 messages 文件中的日志来查找由 setroubleshoot 产生的日志，然后根据日志来进行判断：

```
#查找由 setroubleshoot 产生的日志。
[root@ localhost ~]#  grepsetroubleshoot /var/log/messages
Feb 13 22：10：53 localhost setroubleshoot：SELinux is preventing gdm-session-wor
fromcreate access on the directorygdm. For complete SELinuxmessages. runsealert-1
b34a9f0f-5e73-48eb-b4bf-7abd40a3c166
```

从上面的日志中可以看到，这条日志是因为 SELinux 阻止 gdm-session-wor 而产生的，具体信息可运行命令 sealert-1b34a9f0f-5e73-48eb-b4bf-7abd40a3c166 来了解。下一步运行提示的命令，从命令的输出中了解更多详细情况：

```
[root@ localhost ~]#  sealer -1 b34a9f0f-5e73-48eb-b4bf-7abd40a3c166
SELinux is preventing gdm-session-wor from create access on the directory gdm.
** ** * Plugincatchall_boolean (89.3confidence) suggests   ** ** ** ** ** ** ** ** **
If you want to allowpolyinstantiation to enabled
Then you must tellSELinux about this by enabling the ' polyinstantiation_enabled' boolean.
You can read ' None' man page for more details.
Do
setsebool -P polyinstantiation_enabled 1
** ** ** Plugincatchall (11.6confidence) suggests    ** ** ** ** ** ** ** ** ** ** ** ** **
**
If you believe thatgdm-session-wor should be allowed create access on the gdmdirectory by default.
Then you should report this as a bug.
You can generate a local policy module to allow this access.
Do
allow this access for now by executing:
```

```
#ausearch -c ' gdm-session-wor' -raw | audit2allow -M my-gdmsessionwor
#semodule -i my-gdmsessionwor.pp
Additional Information：
Source Contextsystem_u：system_r：xdm_t：s0-s0：c0.c1023
Target Contextsystem_u：object_r：admin_home_t：s0
Target Objectsgdm [ dir ]
Sourcegdm-session-wor
Source Pathgdm-session-wor
Port                       <Unknown>
Host                       localhost. localdomain
SourceRPM Packages
TargetRPM Packages
PolicyRPM                  selinux-policy-3.13.1-102.e17. noarch
Selinux Enabled            True
  Policy Type              targeted
  Enforcing Mode           Enforcing
  Host Name                localhost. localdomain
  Platform                 Linux localhost. localdomain3.10.0-514. e17. x86_64
                           #1 SMP Wed Oct 19 11：24：13 EDT 2016 x86_64x86_64
  Alert Count              3
  First Seen               2019-02-13  22：10：38 CST
  Last Seen                2019-06-04  20：53：23 CST
  Local ID                 b34a9f0f-5e73-48eb-b4bf-7abd40a3c166
  Raw Audit Messages
  type=AVC msg=audit (1496580803.877：176)：avc：denied { create } for pid=1841comm="gdm
-session-wor"name="gdm"scontext=system_u：system_r：xdm_t：s0-s0：c0.c1023 tcontext=system_
u：object_r：admin_home_t：s0tclass=dir
  Hash：gdm-session-wor, xdm_t, admin_home_t, dir, create
```

　　从上面这条命令中可以看到这条日志产生的详细原因、时间及解决方法等内容。此时如果用户充分了解此事件的危害性并决意让 SELinux 不再阻止此事件，可按命令输出中的提示执行命令"setsebool-Ppolyinstantiation_enabled1"。

　　除了上面的布尔值事件外，因安全上下文而拒绝的事件也可以使用此方法进行故障排除，例如下面这条事件消息：

```
[root@ localhost ~]# grepsetroubleshoot /var/log/messages
Jun 6 20：51：22 localhost setroubleshoot：SELinux is preventing httpd from getattr ac-
cess on the file /var/www/html/test. html. For complete SELinux messages. run sealer-1 bacb56f5-
9a2e-40bc-b84f-1ad89784d03f
[root@ localhost ~]# sealer -1 bacb56f5-9a2e-40bc-b84f-1ad89784d03f
SELinux is preventing httpd from getattr access on the file
/var/www/html/test. html.
** ** * Pluginrestorecon (99.5confidence) suggests   ** ** ** ** ** ** ** ** ** ** ** **
If you want to fix the label.
/var/www/html/test. html default label should be httpd_sys_content_t.
Then you can runrestorecon.
Do
# /sbin/restorecon -v /var/www/html/test. html
```

```
** ** *  Plugin catchall (1.49confidence) suggests  ** ** ** ** ** ** ** ** ** ** ** ** **
    If you believe that httpd should be allowedgetattr access on the test.html file by de-
fault.
    Then you should report this as a bug.
    You can generate a local policy module to allow this access.
    Do
    allow this access for now by executing:
    #ausearch -c ' httpd' -raw | audit2allow -M my-httpd
    #semodule -i my-httpd.pp
    Additional Information:
    Source Contextsystem_u: system_r: httpd_t: s0
    Target Context    unconfined_u: object_r: admin_home_t: s0
    Target Objects    /var/www/html/test.html [file]
    Source         httpd
    Source Path    httpd
    Port    <Unknown>
    Host    localhost.localdomain
    SourceRPM Packages
    TargetRPM Packages
    PolicyRPM    selinux-policy-3.13.1-102.e17.noarch
Selinux Enabled    True
    Policy Type    targeted
    Enforcing Mode    Enforcing
    Host Name    localhost.localdomain
    Platform    Linux localhost.localdomain3.10.0-514.e17.x86_64
    #1 SMP Wed Oct 19 11: 24: 13 EDT 2016 x86_64x86_64
    Alert Count    52
    First Seen    2019-06-04 21: 56: 24 CST
    Last Seen    2019-06-0620: 51: 08 CST
    Local IDbacb56f5-9a2e-40bc-b84f-1ad89784d03f
```

从上面的消息中可以看到/var/www/html/test.html 的安全上下文不正确，从而导致被 SELinux 拒绝访问，解决方法是执行命令/sbin/restorecon-v/var/www/html/test.html。

2. 用好宽容模式

SELinux 还有一种特殊的宽容模式。在宽容模式下，SELinux 不会拒绝主体的请求，但同样也会产生日志。宽容模式通常用在调试软件的过程中，调试过程可能因很多原因导致软件工作不正常，此时利用宽容模式就可以减少故障检查点，等软件正常后再来检查 SELinux 的问题。需要注意的是，调试时建议使用命令"setenforce1"切换到宽容模式而不是修改配置文件，如果调试完成后忘记修改配置文件，那么可能会带来严重的安全问题。

项目实训

教师评语	教师签字　　　　　　　　日期		成绩	
学生姓名		学号		
实训名称	理解和应用防火墙			
实训准备	1. 笔记本电脑：每位学生都需要有一台。 2. 软件：预装有 Linux 的虚拟机或其他提供防火墙配置功能的工具。 3. 教材：简洁明了的指导材料，列明防火墙的基础知识以及详细的配置步骤。			
实训目标	学习防火墙的基本知识，能够理解防火墙在网络安全中的重要性，学会亲手配置并管理一个基本的防火墙设置。			

实训步骤

1. 理论讲解（45 分钟）

由教师向学生解释防火墙的基本概念，包括其工作原理，常见种类，以及它们如何在网络安全中起作用。

2. 问题与答疑（15 分钟）

允许学生提出关于防火墙的问题，教师进行答疑并进一步深化理解。

3. 实际操作（60 分钟）

提供模拟环境（例如使用虚拟机或沙盒环境），指导学生配置和管理防火墙。可通过设置练习任务（例如配置一条规则来阻止特定类型的流量或开放特定端口）来进行实战训练。

4. 任务检查与反馈（30 分钟）

每一位学生展示自己的防火墙配置结果，讲师以及其他学生给予反馈。

5. 总结与反思（15 分钟）

讲师进行总结，强调在这次实训中学到的关键知识点。同时也鼓励学生表达他们在实践中的经验和收获。

实训总结	透过这个活动，学生应该能够理解与应用 RAID 技术，同时从实际操作中理解这种技术是如何增强数据安全性和性能的。

项目八　配置与管理代理服务器

项目概述

通过本项目的学习，学生能够熟练掌握 Squid 代理服务器的相关知识，包括其工作流程、不同类型的特点，以及 Squid 的安装和配置。此外，我们还期望学生对代理服务器的打理和配置有更深的理解和实践能力，以便在实际网络环境中进行有效的管理和应用。

学习目标

知识目标

①掌握代理服务器，特别是 Squid 代理服务器的基本概念和原理。

②理解 Squid 代理服务器的工作流程、各种类型以及它们的特点。

③学习并理解 Squid 服务器的安装步骤和配置参数。

能力目标

①熟练地进行 Squid 代理服务器的安装和初始化操作。

②能够灵活地配置各类 Squid 代理服务器，根据实际需求进行定制设置。

③通过扎实的理论学习和实践操作，能够独立地解决关于 Squid 代理服务器的实际问题。

思政目标

①培养细心、耐心和关注细节的习惯，确保服务器配置的准确无误。

②通过实践训练，强化解决问题和应对复杂情况的能力，提高自我挑战的勇气和自我解决问题的能力。

③提升学习的积极性和主动性，对新知识保持敢于探索和积极尝试的态度。

任务一　代理服务器概述

Squid 是基于 Unix 的代理服务器（proxy server），是一种用来缓存 Internet 数据的软件。接受并适当的处理来自人们需要下载的目标（object）的请求。也就是说，如果用户想下载某个 web 界面，他请求 Squid 为他取得这个页面。Squid 随之连接到远程服务器并向这个页面发出请求。然后，Squid 显示聚集数据到客户端并同时复制一份。当下一次再有其他用户需要同一页面时，Squid 可以简单地从磁盘中读到它，那样数据会立即传输到客户端。

代理服务器

知识之窗

> Squid 除了具有防火墙的代理、共享上网等功能外，还有以下特别的作用：加快访问速度，节约通信带宽；多因素限制用户访问，记录用户行为。

一、Squid 代理服务器的工作流程

当客户端通过代理来请求 Web 页面时，指定的代理服务器会先检查自己的缓存，如果缓存中已经有客户端需要的页面，则直接将缓存中的页面内容反馈给客户端；如果缓存中没有客户机要访问的页面，则由代理服务器向 Internet 中发送访问请求，当获得返回的 Web 页面以后，将网页数据保存到缓存中并发送给客户端。Squid 代理服务器的工作流程如图 8-1 所示。

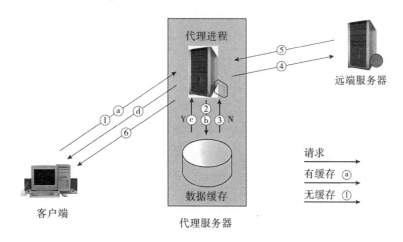

图 8-1　Squid 代理服务器的工作流程

课内思考

请简述 Squid 代理服务器的工作流程，其中包含哪些主要步骤？

_____

_____

二、Squid 代理服务器的分类及特点

Squid 代理服务器按照代理的设置方式可以分为以下三种：

①普通代理服务器：这种代理服务器需要在客户端的浏览器中设置代理服务器的地址和端口号。

②透明代理服务器：透明代理是 NAT 和代理的完美结合，之所以称为透明，是因为在这种方

式下用户感觉不到代理服务器的存在，不需要在浏览器或其他客户端工具（如 QQ、迅雷等）中做任何设置，客户机只需要将默认网关设置为代理服务器的 IP 地址便可。

③反向代理服务器：普通代理和透明代理是为局域网用户访问 Internet 中的 Web 站点提供缓存代理，而反向代理恰恰相反，是为 Internet 中的用户访问企业局域网内的 Web 站点提供缓存加速。

任务二　安装与配置 squid 服务器

一、Squid 服务器的安装

```
[root@ localhost~]#  rpm -qa | grep squid
```

安装 Squid 软件包，使用 yum 安装

```
[root@ localhost~]# yum install squid
```

课内思考

安装 Squid 服务器需要预先准备什么？它的安装过程是怎样进行的？

二、认识 Squid 配置参数与初始化

1. Squid 主要组成部分

服务名：squid

主程序：/usr/sbin/squid

配置目录：/etc/squid

主配置文件：/etc/squid/squid. conf

监听 tcp 端口号：3128

默认访问日志文件：/var/log/squid/access. log

2. 认识 Squid 配置参数

在主配置文件/etc/squid/squid. conf 中，各配置参数及含义如下：

设置监听的端口和 IP 地址：http_port 3128。

设置内存缓冲大小：cache_mem 512MB。

设置保存到缓存的最大文件的大小：maximum_object_size 4096 KB。

设置用户下载的文件的大小：reply_body_max_size 10240000 allow all。

设置运行 Squid 主机的名称：visible_hostname 10. 10. 1. 254。

设置硬盘缓存的大小：cache_dirufs /var/spool/squid 4096 16 256，该参数中，ufs 表示缓存数据的存储格式。

/var/spool/squid：指定缓存目录。4096 表示缓存目录占磁盘空间大小（M），16 表示缓存空间一级子目录个数，256 表示缓存空间二级子目录个数。

设置 DNS 服务器的地址：dns_nameservers 61. 144. 56. 101。

设置访问控制：acl 列表名称 列表类型 [-i] 列表值 1 列表值 2…

例如，定义如下的访问控制：

```
acl localnet src 192.168.1.0/24  //定义本地网段。
http_access allowlocalnet  //允许本地网段使用。
```

```
http_access deny all  //拒绝所有。
```
设置日志文件，在配置文件中有三项设置与日志有关：

①用户访问因特网的日志。

```
access_log /var/log/squid/access.log
```
access.log 文件中包含了对 Squid 发起的每个终端客户请求，每个请求有一行记录。假如因为某些原因，不想让 Squid 记录终端客户请求日志，则可以设定日志文件的路径为 "/dev/null"，或用 "cache_access_log none" 语句取消。

②缓存日志文件。

```
cache_log /var/log/squid/cache.log
```
cache.log 包含了状态性的和调试性的消息。

③缓存中网站传输情况的日志文件。

```
cache_store_log /var/log/squid/store.log
```
store.log 文件包含了进入和离开缓存的每个目标的记录，平均记录大小典型的为 175~200 字节。

Squid 最重要的日志文件是 "/var/log/squid/access.log"，该日志文件记录了客户使用代理服务器的许多有用信息，共包含 10 个字段，每个字段的含义如表 8-1 所示。

表 8-1　Squid 日志文件中的字段信息描述

字段	描述
time	记录客户访问代理服务器的时间，从 1970 年 1 月 1 日到访问时所经历的秒数，精确到毫秒
eclapsed	记录处理缓存所花费的时间，以毫秒计数
remotehost	记录访问客户端的 IP 地址或者域名
code/status	结果信息编码/状态信息编码，如 TCP_MISS/205
bytes	缓存字节数
method	HTTP 请求方法：GET 或者 POST
URL	访问的目的地址，如 www.sina.com.cn
rfc931	默认的，暂未使用
peerstatus/peerhost	缓存级别/目的 IP 地址，如 DIRECT/211.163.21.19
type	缓存对象类型，如 text/html

3. 初始化 Squid 缓存目录

成功安装并配置好 Squid 服务器后，为了使 Squid 能够在硬盘中缓存用户访问目标服务器的内容，在初次运行 Squid 之前，或者修改了 cache_dir 设置后，都必须对 Squid 初始化。初始化的实质就是按配置项 cache_dir ufs /var/spool/squid 4096 16 256 的要求，在指定目录下自动建立指定数量的一级和二级子目录。

Squid 初始化的命令格式为：

```
squid -zX
```
其中：-X 选项的作用是网管员可观察到初始化的过程。

初始化完成后，可以看到在/var/spool/squid/目录下建立了相应的两级子目录。

4. 启动服务

```
#systemctl start squid.service
```

三、普通代理服务器的配置

普通代理服务，即标准的传统的代理服务，需要客户机在浏览器中指定代理服务器的地址和端口。普通代理服务器工作流程如图 8-2 所示。

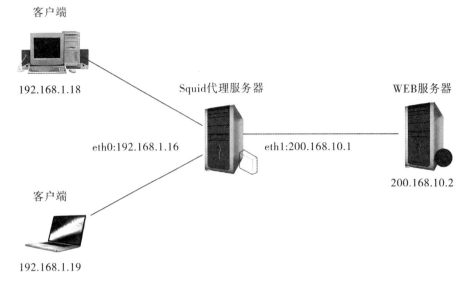

图 8-2　普通代理服务器的工作流程

普通代理服务器的配置过程如下：

1. 配置 Squid 代理服务器 IP 地址，修改 eth0 和 eth1 的 IP 地址

```
[root@ localhost~]#  ifconfifig eth1 200.168.10.1
[root@ localhost~]#  ifconfifig eth0 192.168.1.16
```

开启内核路由功能，编辑/etc/sysctl.conf 配置文件，修改 "net.ipv4.ip_forward = 0" 配置项为：net.ipv4.ip_forward=1。

```
[root@ localhost~]#  sysctl -p /etc/sysctl.conf
```

2. 编辑 squid 主配置文件/etc/squid/squid.conf

```
http_port 3128
cache_mem 64 MB
maximum_object_size 4 MB
cache_dirufs /var/spool/squid 100 16 256
access_log /var/log/squid/access.log
acl localnet src 192.168.1.0/24
http_access allowlocalnet
http_access deny all
visible_hostname squid.david.dev
cache_mgr abc@ qq.com
```

3. 初始化

```
[root@ localhost~]# squid -z
```

4. 启动 Squid

```
systemctl start squid.service
```

5. 配置 Web 服务器

①安装 Apache

```
[root@ localhost~]# rpm -qa | grep httpd
[root@ localhost~]# yum  -y install httpd
```

②启动 Apache 并加入开机启动。

```
[root@ localhost~]# systemctl enable httpd.service
```

```
[root@ localhost~]# systemctl start httpd.service
```

③创建 index.html。

```
[root@ localhost~]# echo "<h1>Squid-Web1/200.168.10.2</h1>" >/var/www/html/in-dex.html
```

④修改 Web 服务器 IP 地址。

将 web 服务器的 IP 地址修改为 200.168.10.2。

```
[root@ localhost~]# ifconfifig eth0 200.168.10.2
```

6. 配置客户端 IP 地址

客户端 IP 配置如图 8-3 所示。

7. 配置浏览器代理

打开浏览器（以 IE 为例），菜单栏→工具→Internet 选项→连接→局域网设置→代理服务器，按照图 8-4 格式进行设置。

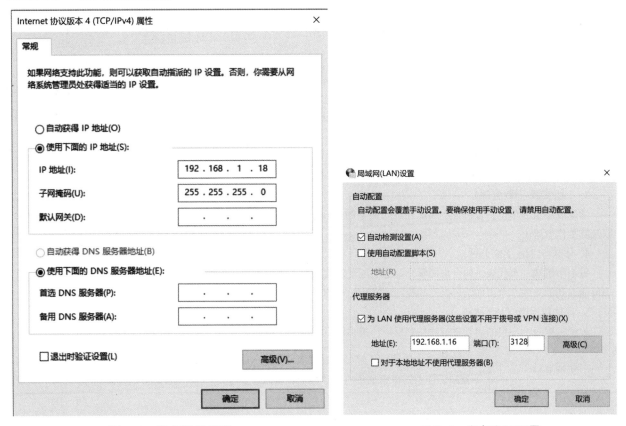

图 8-3　客户端 IP 配置　　　　　　　　图 8-4　客户端 IP 配置

8. 测试

在客户机浏览器地址栏输入 http：//200.168.10.2/，查看测试页面，如图 8-5 所示。

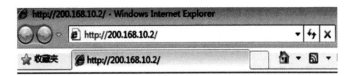

Squid-Web1/200.168.10.2

图 8-5　测试页

项目实训

教师评语			成绩	
	教师签字	日期		
学生姓名		学号		
实训名称	了解、设置并演示各类 SQUID 代理服务器			
实训准备	1. 一台或多台可以安装和配置 Squid 的计算机（数量依小组数而定） 2. 网络连接 3. 展示设备（如投影仪）			
实训目标	理解不同类型 Squid 代理服务器的分类和特点，能够实操配置和设置不同类型的 Squid 代理服务器，可以演示各类型代理服务器的工作和效果			

实训步骤

1. 理论学习（15 分钟）

教师讲解 Squid 代理服务器分类的理论知识，包含透明代理、反向代理、缓存代理等，并讲解各自的特点与应用场景。

2. 实训演示（30 分钟）

教师演示如何配置和设置各类型 Squid 代理服务器，在真实环境中展示其工作方式，以及各自之间的比较。

3. 小组实践（60 分钟）

学生以小组为单位，每组设定和配置不同类型的 Squid 代理服务器。然后在小组内演示各自的设置和配置过程，以及其工作效果。

4. 分享与讨论（30 分钟）

每个小组选一个代表，向全班同学介绍他们配置的代理服务器的类型，配置过程，以及该类型代理服务器的优点和可能遇到的挑战。全班同学可以互相提问，进行讨论和分享。

5. 评估与反馈（15 分钟）

教师根据每个小组的表现进行评估和反馈，指出优点和需要改进的地方。

实训总结	本次实训活动以了解、设置并演示各类 Squid 代理服务器为主题，既激发学生对代理服务器知识体系的探索欲望，又让他们在实践中更好地理解和应用这项技术。

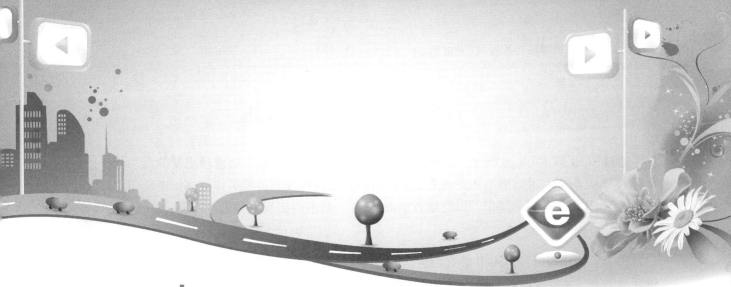

项目九 编写 shell 脚本

项目概述

本项目的主要目标是通过深入掌握 Shell 脚本的编写来强化学生对命令行工具使用的熟练程度和执行自动化任务的能力。通过这个项目，学生应能理解 shell 脚本的基本工作原理，并能够编写出实用的脚本来自动化常见的任务，以提高工作效率。

学习目标

知识目标

①掌握 shell 脚本的概念和基础知识。

②理解并掌握运行 shell 脚本的不同方法。

③学习如何使用条件测试及 if 语句进行条件判断。

④掌握 for 语句、while 语句和 until 语句的使用方法和场景。

能力目标

①能根据需求编写简单的 shell 脚本。

②能熟练使用各种运行 shell 脚本的方式。

③能利用条件测试和 if 语句制作出合理的流程控制。

④能利用 for 语句、while 语句及 until 语句操作循环结构，解决实际问题。

思政目标

①提升逻辑思维和编程思维，通过编写 shell 脚本来锻炼逻辑思维能力和问题解决能力。

②增强自我学习和独立解决问题的能力。

③提升责任心和耐心。

④提升团队协作精神，进行多人协作开发和问题解决。

任务一 创建 Shell 脚本

通过 Shell 脚本可以实现 Linux 操作系统管理和维护的自动化。把繁琐重复的命令写入 Shell 脚本，可减少不必要的重复工作时间，提高运维人员的工作效率。本章将介绍 Shell 编程的相关知识，以使读者掌握 Shell 的基本语法规则和进阶技能。

shell 脚本

一、Shell 脚本概述

作为一种编程语言，Shell 语言与包括 C 语言在内的许多语言存在显著不同。Shell 语言是一种解释型语言，不需要经过编译、汇编等过程。Shell 语言有自己的语法规则。依照 Shell 语言的语法规则编写的源文件称为 Shell 脚本（Shell script）。Shell 脚本与 Windows 系统下的批处理文件较为相似，这样便于管理员或者用户进行系统设置和管理。Shell 脚本支持对 Linux/Unix 下的命令进行调用，这使其非常适合用于对 Linux/UNDC 操作系统进行管理。

在前面章节的各个实例中，我们学习了大量的命令。如果将一条或者多条命令保存到一个扩展名为 ".sh" 的文本文件中，我们就可以得到一个最简单的 Shell 脚本。通过执行该脚本，我们可以达成执行该脚本中多条命令的目的。事实上，Linux/UNIX 操作系统的管理人员会将一些常用的任务写入不同的脚本中，方便重复调用。

Shell 脚本本身文本文件扩展名通常为 ".sh"。我们可以使用任意文本编辑器编写 Shell 脚本。常用的命令行编辑器有 Vi/Vim，图形界面程序有 gedit、Emacs 等。Shell 脚本的执行需要 Shell 解释程序的支持，Bash 是最常用的 Shell 解释程序。

知识之窗

> Shell 脚本可以包含各种命令和语句，包括条件语句、循环语句、变量和函数等。这些命令和语句可以根据需要组合和嵌套，以实现更复杂的操作和逻辑。

除了自动化常见任务和系统管理，Shell 脚本还可以用于数据处理。例如，用户可以使用 Shell 脚本从文本文件或 CSV 文件中读取数据，对数据进行处理和分析，并将结果输出到另一个文件或数据库中。

总之，Shell 脚本是一种强大的工具，可以帮助用户自动化常见任务、系统管理和数据处理等。通过学习 Shell 脚本的语法和命令，用户可以编写出高效、可维护的脚本，提高工作效率和数据处理能力。

下面编写一个简单的 Shell 脚本，以展示其编写与使用的基本流程。

【实例 9-1】Shell 入门实例。

打开文本编辑器，新建一个文本文件，并命名为 test001.sh。读者可以使用 Vi/Vim、gedit 等工具来创建脚本文件。本章后续内容，将不再明确给出编辑工具名称。在文件 test001.sh 中输入如下代码：

```
#! /bin/bash

echo "No sweet without sweat."    #没有汗水，哪来幸福。
```

第 1 行的 "#!" 是一个约定的标记，它告诉系统，这个脚本需要什么解释程序来执行，即使用哪一种 Shell；后面的/bin/bash 指明了解释程序的具体位置。这一行并不是必需的，如果省略，系统将调用默认的 Shell 解释器。

第 2 行的 echo 命令用于向标准输出文件（stdout，即 standardoutput，意为标准输出设备，一般就是指显示器）输出文本。第 2 行中"#"及其后面的内容是注释。Shell 脚本中以"#"开头的内容是注释。

完整命令如下：

```
[zp@ localhost ~]$ mkdir shell
[zp@ localhost ~]$ cd shell/
[zp@ localhost shell]$ vi test001.sh
[zp@ localhost shell]$ cat test001.sh
```

执行效果如图 9-1 所示。首先，创建并切换到 shell 目录，本章案例默认放在 shell 目录中。接下来创建并查看源程序文件 test001.sh。

```
[zp@localhost ~]$ mkdir shell
[zp@localhost ~]$ cd shell/
[zp@localhost  shell]$  vi test001.sh
[zp@localhost  shell]$  cat test001.sh
#!/bin/bash
echo "NO sweet without sweat." #没有汗水，哪来幸福
```

图 9-1　Shell 入门实例

二、运行 Shell 脚本的几种方法

上一任务中，我们编写了一个简单的 Shell 脚本。本小节我们就让它运行起来。运行 Shell 脚本主要有下面三种方法。

①为 Shell 脚本添加可执行权限。

通过将 Shell 脚本的可执行权限赋予当前用户，可以实现 Shell 脚本的解释执行。使用 chmod 命令可以给 Shell 脚本添加可执行权限。

【实例 9-2】添加可执行权限以执行 Shell 脚本。

执行如下命令：

```
[zp@ localhost shell]$ chmod +x test001.sh
[zp@ localhost shell]$ ./test001.sh
[zp@ localhost shell]$ /home/zp/shell/test001.sh
```

执行效果如图 9-2 所示。第 1 条命令给脚本添加可执行权限。第 2 条命令执行脚本文件，注意"./"不能省略。第 3 条命令直接通过绝对路径的方式去执行 Shell 脚本。

```
[zp@localhost  shell]$  chmod +x test001.sh
[zp@localhost  shell]$  ./test01.sh
No sweet without sweat.
[zp@localhost  shell]$  /home/zp/shell/test001.sh
No sweet without sweat.
```

图 9-2　添加可执行权限以运行 Shell 脚本

注意，使用此方法，需要指定脚本的路径，该路径可以是相对路径，也可以是绝对路径。其中"./'表示当前目录。整条命令的含义是执行当前目录下的 test001.sh 脚本。如果缺少"./"，Linux 会到系统路径（由环境变量 PATH 指定）下查找 test001.sh，而系统路径下不存在这个脚本，所以会执行失败。

②直接使用 bash 或 sh 来执行 Shell 脚本。

读者也可以直接使用 bash 或 sh 来执行 Shell 脚本。bash 或 sh 是常见的 Shell 解释程序。读者可以将脚本文件的名字作为参数传递给 bash 或者 sh，以执行该 Shell 脚本。

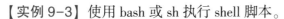

【实例 9-3】使用 bash 或 sh 执行 shell 脚本。

执行如下命令：

```
[zp@ localhost shell]$ bash test001.sh
[zp@ localhost shell]$ sh test001.sh
```

执行效果如图 9-3 所示。使用 bash 和 sh 大多数情况下执行效果类似。但由于两者并不完全相同，因此也存在 bash 执行通过，而 sh 执行不通过的情形。

```
[zp@localhost  shell]$  bash test001.sh
No sweet without sweat.
[zp@localhost  shell]$  sh test001.sh
No sweet without sweat.
```

图 9-3　使用 bash 或 sh 执行 Shell 脚本

③source 命令执行 Shell 脚本。

读者还可以使用 source 命令执行 Shell 脚本。source 是 Shell 内置命令的一种，它会读取脚本文件中的代码，并依次执行所有语句。source 命令会强制执行脚本文件中的全部命令，并不需要事先修改脚本文件的权限。

source 命令的语法为：

```
Source filename
```

也可以简写为：

```
. filename
```

需要注意的是，点号（.）和文件名之间有一个空格。两种写法的效果相同。

【实例 9-4】使用 source 命令执行 Shell 脚本。

执行如下命令。

```
[zp@ localhost shell]$ source test001.sh

[zp@ localhost shell]$ source ./test001.sh

[zp@ localhost shell]$ . test001.sh
```

执行效果如图 9-4 所示。注意，使用 source 命令执行 Shell 脚本时，不需要给脚本增加可执行权限，并且写不写 "./" 都可以。

```
[zp@localhost  shell]$  source test001.sh
No sweet without sweat.
[zp@localhost  shell]$  source ./test001.sh
No sweet without sweat.
[zp@localhost  shell]$  . test001.sh
No sweet without sweat.
```

图 9-4　使用 source 命令执行 Shell 脚本

上述三种 Shell 脚本运行方法存在一定的区别。前两种方法是在新进程中运行 Shell 脚本；而最后一种方法是在当前进程中运行 Shell 脚本。

课内思考

描述一个 Shell 脚本在 linux 命令行上运行的过程。

任务二　条件测试与分支结构

一、条件测试：if 语句

在 Shell 脚本中，条件测试是非常重要的，它可以帮助我们根据条件来执行不同的操作。条件测试可以通过 if 语句来实现。if 语句的基本语法如下：

```bash
if condition
then
    command1
    command2
    ...
    commandN
fi
```

这里的"condition"是一个条件表达式，如果该表达式的结果为真（true），则会执行"command1""command2"等命令；否则，这些命令将被跳过。if 语句的执行结果将受到条件表达式的控制。

【实例 9-5】条件测试示例。

假设我们有一个变量 num，它的值为 10，现在我们要判断 num 的值是否大于 5。如果是，则输出"num 大于 5"；否则输出"num 不大于 5"。

代码如下：

```bash
#! /bin/bash
num=10
if [ $num -gt 5 ]
then
    echo "num 大于 5"
else
    echo "num 不大于 5"
fi
```

在这个例子中，我们使用了"-gt"运算符来判断变量 num 的值是否大于 5。如果条件成立，则输出"num 大于 5"，否则输出"num 不大于 5"。

> **课内思考**
>
> 什么是条件测试？请编写一个 if 语句的例子并解释其工作机制。

二、分支结构：if 语句

Shell 的分支结构有两种形式，分别是 if else 语句和 case in 语句。本小节我们只介绍 if else 语句。最简单的用法是只使用 if 语句，它的语法格式为：

```
if condition
then
    语句
fi
```

注意，if 语句最后必须以 fi 来闭合。

Shell 的 if 语句中的 condition 部分，与其他语言存在较大区别。condition 中需要包含逻辑表达式指定运算命令。实践中，一般可以使用"（（））"或者"［］"来计算逻辑表达式的值。如前所述，"［］"对初学者并不友好，因此我们主要采用"（（））"。

读者也可以将 if 和 then 写在一行：

```
if condition; then
    语句
fi
```

请注意 condition 后面的分号（;）。当 if 和 then 位于同一行的时候，这个分号是必需的，否则会有语法错误。对于较为简单的例子，所有代码都可以写在同一行中。例如：

```
if ( ( $X == $Y ) ) ; then echo "equal"; else echo "no"; fi
```

Shell 支持多分支 if 语句，读者可以结合下面的例子理解。多分支结构也可以使用 case 语句实现，限于篇幅，这里不做展开，读者可以根据配套代码包中的相关实例自行理解。

【实例 9-6】多分支 if 语句实例。

输入成绩（百分制），输出 A、B、C、D、E 五等制的成绩。新建脚本 testIf05.sh，在其中输入如下内容。注意，if 和 elif 的后面都有 then 关键字。

```
#! /bin/bash
read score
if ( ( $score >= 0 && $score < 60) ) ; then
    echo "E"
elif ( ( $score >= 60 && $score < 70) ) ; then
    echo "D"
elif ( ( $score >= 70 && $score < 80) ) ; then
    echo "C"
elif ( ( $score >= 80 && $score < 90) ) ; then
    echo "B"
elif ( ( $score >= 90 && $score <= 100) ) ; then
    echo "A"
else
    echo "成绩有误"
fi
```

脚本代码的执行效果如图 9-5 所示。

```
[zp@localhost  shell]$  bash testIf05.sh
75
C
[zp@localhost  shell]$  bash testIf05.sh
85
B
[zp@localhost  shell]$  bash testIf05.sh
150
成绩有误
```

图 9-5　多分支 if 语句实例

任务三　循环结构

一、循环结构：for 语句

Shell 提供了 for 循环语句。for 语句通常用于明确知道重复执行次数的情况，它将循环次数通过变量预先定义好，实现使用计数方式控制循环。Shell for 循环语句有两种使用形式：C 语言风格的 for 循环和 Python 语言风格的 for 循环。

1. C 语言风格的 for 循环

C 语言风格的 for 循环，语法格式如下：

```
for ( (exp1; exp2; exp3) )
do
    语句
done
```

exp1 仅在第 1 次循环时执行，以后都不会再执行，可以被认为初始化语句。exp2 一般是一个关系表达式，决定了是否还要继续下次循环，它被称为"循环条件"。exp3 很多情况下是一个带有自增或自减运算的表达式，以使循环条件逐渐变得"不成立"。exp1（初始化语句）、exp2（循环条件）和 exp3（自增或自减）都是可选项，可以省略（但分号";"必须保留），这一点与 C 语言基本类似。do 和 done 是 Shell 中的关键字。

【实例 9-7】C 语言风格的 for 循环实例。

本实例将计算从 1 到 20 的整数之和。新建脚本 testFor01.sh，在其中输入如下内容：

```
#! /bin/bash
sum=0
for ( (i=1; i<=20; i++) )
do
    ( (sum += i) )
done
echo "结果为: $ sum"
```

脚本代码的执行效果如图 9-6 所示。

```
[zp@localhost  shell]$  bash testFor02.sh
结果为：210
```

图 9-6　C 语言风格的 for 循环实例

2. Python 语言风格的 for 循环

Python 语言风格的 for 循环，语法格式如下：

```
for variable in value_list
do
    语句
done
```

variable 表示变量，value_list 表示取值列表，in 是 Shell 中的关键字，每次循环都会从 value_list 中取出一个值赋予变量 variable，然后执行循环体中的语句。直到取完 value_list 中的所有值，循环才结束。

【实例 9-8】Python 语言风格的 for 循环实例 1。

本实例将输出 a 到 z 之间的所有字符。新建脚本 testFor02.sh，在其中输入如下内容：

```
#! /bin/bash
for cin {a..z}
do
printf"% c"$c
done
printf "\n"
```

脚本代码的执行效果如图 9-7 所示。

```
[zp@localhost  shell]$  bash testFor02.sh
abcdefghijklmnopqrstuvwxyz
```

图 9-7　输出字符列表

【实例 9-9】Python 语言风格的 for 循环实例 2。

新建脚本 testFor03.sh，在其中输入如下内容：

```
#! /bin/bash
for i in 'ls/boot'
do
echo "$i"
done
```

脚本代码的执行效果如图 9-8 所示。

```
[zp@localhost  shell]$  bash testFor03.sh
config-5.14.0-71.el9.x86_64
efi
grub2
initranfs-0-rescue-e783c151aeb294e9697c54bf3d7605b2e.img
initramfs-5.14.0-71.el9.x86_64.img
initramfs-5.14.0-71.el9.x86_64kdump.img
loader
symvers-5.14.0-71.el9.x86_64.gz
System.map-5.14.0-71.el9.x86_64
vmlinuz-0-rescue-e783d51aeb294e9697c54bf3d7605b2e
vmlinuz-5.14.0-71.el9.x86_64
```

图 9-8　输出/boot 目录下的文件列表

课内思考

编写一个使用 for 循环的 Shell 脚本，让其能够输出 1 到 10 的数字。

二、循环结构：while 语句和 until 语句

while 语句用于不断执行一系列命令，直到判断条件为假（false）时终止循环。until 语句用来执行一系列命令，直到判断条件为真时才终止循环。

Shell while 循环语句的语法规则如下：

```
while condition
do
语句
```

```
done
```

Shell until 循环语句的语法规则如下：

```
until condition
do
    语句
done
```

condition 表示判断条件。while 循环中，当条件满足时，重复执行循环语句，当条件不满足时，退出循环。until 循环和 while 循环恰好相反，一旦判断条件满足，就终止循环。注意，在循环中必须有语句修改 condition 的值，以保证最终退出循环。

【实例 9-10】while 循环实例。

本实例利用 while 循环计算 1 到 50 的整数之和。新建脚本 testWhile01.sh，在其中输入如下内容：

```
#! /bin/bash
sum=0
i=1
while ( (i <= 50) )
do
    ( (sum+=i) )
    ( (i++) )
done
echo "结果为：$ sum"
```

脚本代码的执行效果如图 9-9 所示。

```
[zp@localhost  shell]$  bash testWhile01.sh
结果为 :1275
```

图 9-9　while 循环实例

【实例 9-11】until 循环实例。

本实例将利用 until 循环计算 1 到 50 的整数之和。新建脚本 testUntil01.sh，内容如下：

```
#! /bin/bash
sum=0
i=1
until ( (i > 50) )
do
    ( (sum+=i) )
    ( (i++) )
done
echo "结果为：$ sum"
```

脚本代码的执行效果如图 9-10 所示。

```
[zp@localhost  shell]$  bash testUntil01.sh
结果为 :1275
```

图 9-10　until 循环实例

项目实训

教师评语			成绩	
	教师签字	日期		
学生姓名		学号		
实训名称	For 循环实践			
实训准备	学生每人需要一台计算机，已经安装有 Linux 操作系统，并且可以访问互联网。			
实训目标	使学生熟练掌握 For 循环的使用，并进一步理解整数序列的生成和循环体的编写以及变量累加的过程。			

实训步骤

1. 指导学生新建一个 Shell 脚本文件，例如命名为 sum. sh。可以使用命令 touch sum. sh。

2. 学生使用文本编辑器打开创建的文件，例如 can 使用 vi sum. sh 命令。

3. 在打开的文件中输入以下代码：

```bash
#! /bin/bash

sum=0

for i in {1..100}
do
    sum=$ ( (sum + i) )
done

echo "The sum from 1 to 100 is: $sum"
```

4. 保存并关闭文件。

5. 通过 chmod +x sum. sh 命令给脚本添加可执行权限。

6. 使用 ./sum. sh 命令运行脚本，并观察结果。结果应为"The sum from 1 to 100 is：5050"。

7. 讨论与分享。

当学生完成编写并运行脚本后，进行小组内讨论分享，包括编写过程中的问题，解决的办法，以及他们对 for 循环结构的理解等。

实训总结	在这个实训过程中，学生将实际操作 for 循环，加深对 for 循环结构的理解和熟悉度。同时，通过编写小脚本，实现实际任务，感受编程带来的乐趣和成就。

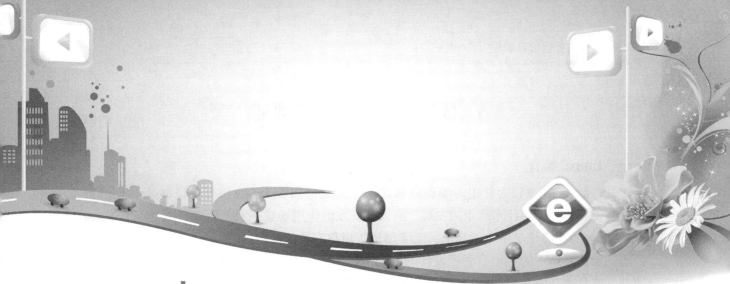

项目十 使用 gcc 和 make 调试程序

项目概述

在这个项目中，我们将探索 Linux 环境下的 C 编程，侧重于 gcc 和 make 工具链的使用和实践。我们将从配置开发环境开始，然后深入理解 gcc 工具链的使用方法，包括 gcc 命令的基本用法和操作实例。接着，我们将学习使用 make 和 Makefile 进行宏编译，了解其基础语法并通过实例加深理解。最后，我们将梳理出使用 make 进行编译的基本步骤，结合之前的知识点，使学生能有效地进行程序编译和调试。

学习目标

知识目标

①理解 C 编程在 Linux 环境下的情况。

②理解并能够配置开发环境。

③掌握 gcc 工具链的使用，包括 gcc 命令的基本用法以及相关应用实例。

④理解 make 和 Makefile 的概念，掌握 Makefile 基本语法及其使用实例。

⑤理解 Make 编译的基本步骤。

能力目标

①能够使用 Linux 进行基础的 C 编程。

②能够配置自己的开发环境。

③能利用 gcc 工具链进行程序编译。

④能编写 Makefile 文件并使用 make 进行宏编译。

⑤能按照正确的步骤进行 Make 编译。

思政目标

①通过编程和调试的实践，提升对问题的敏锐度，发展解决问题的能力，培养独立思考和批判性思维的能力。

②培养团队合作精神和交流技巧，通过分享和讨论代码解决问题，发展社会交往能力。

③提升保持学习态度和习惯的能力，在面对新的编程工具和编程语言时，有持续学习和自我提升的动力。

任务一　程序调试概述

一、LinuxC 编程

C 语言是 Linux 下较为常用的编程语言之一，大量面向 Linux 的开源项目都基于 C 语言实现。随着物联网、机器人等技术产业的发展，嵌入式开发的应用场景扩大。而在资源受限的嵌入式开发领域，Linux 的开源与 C 语言的高效，二者形成了堪称完美的组合。

不同操作系统下的 C 语言程序设计的区别主要在于常用开发环境的不同，而其语法规则本身是一致的。本章将介绍在 Linux 系统下进行 C 语言编程的常用工具和流程。本章内容将不涉及 C 语言语法规则的介绍。与其他平台下的 C 语言程序设计类似，Linux 下的 C 语言程序设计也涉及编辑器、编译器、调试器及项目管理器等内容。

①编辑器：编辑器主要用于文本形式的源码的录入。Linux 下 C 语言编程常用的编辑器是 Vi、Vim 和 Emacs，初学者可以使用 gedit 作为自己的编辑器，也可以直接使用 Linux 版本的集成开发环境编辑代码。

②编译器：编译是指源码转换生成可执行代码的过程。编译过程本身非常复杂，包括词法分析、语法分析、语义分析、中间代码生成和优化、符号表的管理和出错处理等。这些细节都被封装在编译器中。Linux 中最常用的编译器是 gcc。它是 GNU 推出的功能强大、性能优越的多平台编译器，其平均执行效率比一般的编译器要高。

③调试器：调试器是专为程序员设计的，用于跟踪调试。对于比较复杂的项目，调试过程所消耗的时间通常远远大于编写代码的时间。因此，一款功能强大、使用方便的调试器是必不可少的。Linux 中最常用的调试器是 GDB，它可以方便地完成断点设置、单步跟踪等调试功能。

④项目管理器：对于进阶用户和较为大型的项目，一般使用 Makefile 进行项目管理，使用 make 实现自动编译链接。Makefile 本质上是一个脚本，通过与 make 进行组合使用，可以方便地进行编译控制。它还能自动管理软件编译的内容、方式和时机，使程序员把精力集中在代码的编写上而不是源码的组织上。

知识之窗

Linux 内核 C 语言版本将升级至 C11

2022 年年初，Linux 开源社区宣布，未来会把内核 C 语言版本升级至 C11，预计 5.18 版本之后生效。这也意味着用了 30 年的 Linux 内核 C 语言版本（C89）终于将升级至 C11。

二、开发环境配置

CentOS Stream 9 在默认情况下，并没有提供 C/C++的编译环境，需要自行安装。本章主要涉及 gcc、GDB、make、Autotools 等工具的使用。读者可以使用 YUM 或 DNF 等工具逐一安装所需要的各类工具。但编者不建议大家这么做，这是因为逐项安装并配置 LinuxC/C++开发环境比较麻烦。建议读者按照如下的方式配置开发环境。

执行如下命令：

```
[zp@ localhost ~]$ sudo dnf groupinstall "Development Tools" -y
```

执行效果如图 10-1 所示。DNF 是 YUM 的升级版本。早期版本的用户系统可能并没有配置

DNF，此时可以使用如下命令代替：

```
[zp@ localhost ~]$ sudo yum groupinstall "Development Tools" -y
```

```
[zp@localhost ~]$ sudo dnf groupinstall "Development Tools"-y
[sudo] zp 的密码：
Centos Stream 9 - BaseOS    7.2 kB/s | 4.0 kB          00:00
```

图 10-1　开发环境配置

在安装过程中，系统提示界面显示，安装过程总共涉及 110 个软件包，需要下载 182 MB 内容。读者如果忘记在命令中添加"-y"选项，则安装过程中途会暂停。此时，读者需要明确输入"-y"，才开始下载或者安装。

安装完成后，读者可以通过检查 gcc 编译器的版本，间接验证安装是否成功。执行如下命令：

```
[zp@ localhost ~]$ gcc-v
```

执行效果如图 10-2 所示。

```
[zp@localhost ~]$ gcc - v
使用内建 specs.
COLLECT_GCC=gcc
COLLECT_LTO_WRAPPER=/usr/libexec/gcc/x86_64-redhat-linux/11/lto-w
```

图 10-2　查看 GCC 编译器版本

任务二　使用传统程序语言进行编译

一、gcc 工具链

GNU/Linux 操作系统上常用的编译工具是 gcc（GNU compiler collection，GNU 编译器套件）。gcc 是多个程序的集合，通常被称为工具链。gcc 编译器是其重要组成部分。gcc 最初含义为 GNUC 语言编译器（GNUCCompiler），只能处理 C 语言，很快被扩展，可处理 C++、FORTRAN、Pascal、Objective-C、Java、Ada、Go 等不同编程语言。

gcc 是依据 GPL 许可证发行的自由软件，也是 GNU 计划的关键部分。开发 gcc 的初衷是为 GNU 操作系统专门编写一款编译器，现已被大多数类 Unix 操作系统（如 Linux、BSD、Mac OS X 等）采纳为标准的编译器，甚至在 Windows 上也可以使用 gcc。gcc 支持多种机体系结构芯片，如 X86、ARM、MIPS 等，并已被移植到其他多种硬件平台。

二、gcc 命令基本用法

程序员通过 gcc 命令，可以实现对整个编译过程的精细控制。gcc 命令语法格式如下：

```
Gcc [选项] [文件名]
```

gcc 编译器的选项众多，编者仅介绍常用选项。

C 语言编译过程，一般可以分为预处理（pre-processing）、编译（compiling）、汇编（assembling）、链接（linking）四个阶段。Linux 程序员可以根据自己的需要让 gcc 在编译的任何阶段结束，及时检查或使用编译器在该阶段的输出信息，从而更好地控制整个编译过程。以 C 语言源文件 zp.c 为例，通过相关选项，读者可以控制 gcc 在图 10-3 所示的编译过程四个阶段的任一阶段结束并输出相应结果。

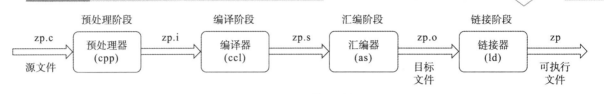

图 10-3 gcc 编译过程

1. 预处理阶段

预处理阶段主要处理宏定义和 include 并做语法检查，最终生成预处理文件。例如，预处理阶段将根据#ifdef、#if 等语句的条件是否成立取舍相应的代码，并进行#include 语句对应文件内容的替换等。选项"-E"可以使 GCC 编译器在预处理结束时停止编译。执行如下命令：

```
gcc -E -o zp.i zp.c
```

gcc 通过"-E"选项调用 cpp 命令，完成预处理工作。"-o"用于指定输出文件。

2. 编译阶段

在编译阶段，编译器将对源码进行词法分析，语法分析，优化等操作，最后生成汇编程序。这是整个过程中最重要的一个阶段，因此也常把整个过程称为编译。

通过选项"-S"可以使 GCC 在编译完成后停止，生成扩展名为 .s 的汇编程序。执行如下命令：

```
gcc -S -o zp.s zp.c
```

gcc 通过"-S"选项调用 ccl 命令，完成编译工作。

3. 汇编阶段

汇编阶段使用汇编器对汇编代码进行处理，生成机器语言代码，保存在扩展名为 .o 的目标文件中。当程序由多个代码文件构成时，每个文件都要先完成汇编工作，生成扩展名为 .o 的目标文件后，才能进入下一步的链接工作。目标文件已经是最终程序的某一部分了，只是在链接工作完成之前还不能执行。通过"-c"选项可以生成目标文件。执行如下命令：

```
gcc -c -o zp.o zp.c
```

gcc 通过"-c"选项调用 as 命令，完成汇编工作。

4. 链接阶段

链接阶段将所有的 *.o 文件和需要的库文件链接成一个可执行文件。经过汇编以后的机器代码还不能直接运行。为了使操作系统能够正确加载可执行文件，文件中必须包含固定格式的信息头，还必须与系统提供的启动代码链接起来才能正常运行，这些工作都是由链接器来完成的。执行如下命令。

```
gcc -o zp zp.c
```

gcc 通过调用 ld 命令，完成链接工作。

5. 运行程序

链接阶段结束后，将生成可执行代码，我们可以通过如下方式运行该可执行文件：

```
./zp
```

课内思考

gcc 是目前最流行的编译器之一。那么，你能不能列举出 gcc 的主要特点？为什么开发者常使用 gcc 进行编程？

三、gcc 使用实例

【实例 10-1】最简单的 gcc 用法。

最简单的 gcc 用法是直接将源程序作为 gcc 的参数，不添加其他任何参数。这样，gcc 编译器会生成一个名为 a.out 的可执行文件，然后执行 ./a.out 可以得到输出结果。

首先，创建一个名为 zp01.c 的文件，文件内容如下：

```
#include "stdio.h"
void main ()
{
printf ("There is no royal road to learning. \n");
}
```

然后，在 zp01.c 文件所在目录中执行如下命令：

```
[zp@ localhost c]$ gcc zp01.c
[zp@ localhost c]$ ls -1
[zp@ localhost c]$ ./a.out
```

执行效果如图 10-4 所示。第 1 条命令使用 gcc 默认项对 zp01.c 进行编译，此时将自动生成一个名为 a.out 的可执行文件。第 2 条命令查看生成的结果，注意到文件 a.out 具备可执行属性。第 3 条命令执行 a.out 文件。注意，第 3 条命令的 "./" 不能省略。

```
[zp@localhost c]$ gcc zp01.c
[zp@localhost c]$ ls -l
总用量 32
-rwxr-xr-x. 1 zp zp 25792  7月 19 08:48 a.out
-rw-r--r--. 1 zp zp     86  7月 19 08:48 zp01.c
[zp@localhost c]$ ./a.out
There is no royal road to learning.
```

图 10-4　最简单的 gcc 用法

从程序员的角度来看，本实例通过一条简单的 gcc 命令就可以生成可执行文件 a.out；但从编译器的角度来看，却需要完成一系列非常繁杂的工作。首先，gcc 需要调用预处理程序 cpp，由它负责展开在源文件中定义的宏，并向其中插入#include 语句所包含的内容；然后，gcc 会调用 ccl 和 as 将处理后的源码编译成目标代码；最后，gcc 会调用链接程序 1d，把生成的目标代码链接成一个可执行文件。

【实例 10-2】gcc 完整编译过程演示。

下面通过一个实例，完整地演示编译过程的四个阶段。实例代码仍然使用 zp01.c。开始演示之前，建议读者删除【实例 10-2】中除 zp01.c 之外的所有其他文件。

①预处理阶段演示。执行如下命令：

```
[zp@ localhost c]$ gcc -E zp01.c -o zp01.i        #预处理。
[zp@ localhost c]$ ls                             #确认已生成预处理后的源文件 zp01.i。
[zp@ localhost c]$ wc -1 zp01.i                   #该文件的尺寸较大。
[zp@ localhost c]$ tail zp01.i                    #只查看该文件结束位置的几行代码。
```

执行效果如图 10-5 所示。

```
[zp@localhost c]$ gcc -E zp01.c -o zp01.i
[zp@localhost c]$ ls
zp01.c zp01.i
[zp@localhost c]$ wc -l zp01.i
739 zp01.i
[zp@localhost c]$ tail zp01.i
extern int __overflow (FILE *,int);
# 896 "/usr/include/stdio.h" 3 4
# 2 "zp01.c" 2

# 2 "zp01.c"
void main()
{
printf("There is no royal road to learning.\n");
}
```

图 10-5　预处理阶段演示

②编译阶段演示。执行如下命令：

```
[zp@ localhost c]$ gcc -S zp01.i -o zp01.s        #编译。
[zp@ localhost c]$ ls                             #确认已生成汇编文件 zp01.s。
[zp@ localhost c]$ wc -l zp01.s                   #查看该文件的尺寸。
[zp@ localhost c]$ tail zp01.s                    #仅查看该文件结束位置的几行代码。
```

执行效果如图 10-6 所示。

```
[zp@localhost c]$ gcc -S zp01.i -o zp01.s
[zp@localhost c]$ ls
zp01.c zp01.i zp01.s
[zp@localhost c]$ wc -l zp01.s
28 zp01.s
[zp@localhost c]$ tail zp01.s

     call     puts
     nop
     popq     %rbp
```

图 10-6　编译阶段演示

③汇编阶段演示。执行如下命令：

```
[zp@ localhost c]$ gcc -c zp01.s -o zp01.o        #汇编
[zp@ localhost c]$ ls                             #确认已生成二进制文件 zp01.o
[zp@ localhost c]$ file zp01.o                    #查看生成文件信息
[zp@ localhost c]$ ./zp01.o                       #该文件并不是可执行文件
[zp@ localhost c]$ ll | grep zp01.o               #确认该文件不具备可执行属性
[zp@ localhost c]$ file zp01.i                    #作为对比，查看前两个阶段的输出结果
[zp@ localhost c]$ file zp01.s
```

执行效果如图 10-7 所示。

```
[zp@localhost c]$ gcc -c zp01.s -o zp01.o
[zp@localhost c]$ ls
zp01.c zp01.i zp01.o zp01.s
[zp@localhost c]$ file zp01.o

zp01.o:ELF 6u-bit LSB relocatable,x86-64, version 1 (SYSV),nostripped
[zp@localhost c]$ ./zp01.o
-bash: ./zp01.o: 权限不够
[zp@localhost c]$ ll |grep zp01.o
-rw-r--r--. 1 zp zp    1528   7月 19  08:55 zp01.o
[zp@localhost c]$ file zp01.i
zp01.i:C sourle, UTF-8 Unicode text
[zp@localhost c]$ file zp01.s
zp01.s:assembler source,ASCII text
```

图 10-7 汇编阶段演示

④链接阶段演示。执行如下命令：

```
[zp@ localhost c]$ gcc zp01.o -o zp01      #链接。
[zp@ localhost c]$ ls
[zp@ localhost c]$ file zp01               #查看生成文件信息。
[zp@ localhost c]$ ./zp01                  #执行该程序。
```

执行效果如图 10-8 所示。第 3 条命令的输出信息中包含 executable 字样，表示该文件是可以执行的。

```
[zp@localhost c]$ gcc zp01.c -o zp01
[zp@localhost c]$ ls
zp01 zp01.c
[zp@localhost c]$ file zp01
zp01:ELF 6u-bit LSB executable, x86-64, version 1 (SYSV), dynamx
cally linkde, interpreter/lib64/ld-linux-x86-64.so.2, BuildID[sh
a1]=e432ce7671359ab8f7557527696b855d4965e5ee, for GNU/Linux 3.2.6
, not stripped
[zp@localhost c]$ ./zp01
There is no royal road to learning.
```

图 10-8 链接阶段演示

【实例 10-3】最常用的 gcc 用法。

该实例代码仍然使用 zp01.c。建议读者先删除或者移走【实例 10-3】中产生的各类中间文件，只保留 zp01.c 文件。执行如下命令：

```
[zp@ localhost c]$ gcc zp01.c -o zp01
[zp@ localhost c]$ ls                      #确认输出结果。
[zp@ localhost c]$ file zp01
[zp@ localhost c]$ ./zp01                  #运行程序。
```

执行效果如图 10-9 所示。本实例直接通过 gcc 输出可执行文件，并通过 "-o" 选项指定输出文件的名称为 zp01。

```
[zp@localhost c]$ gcc zp01.c -o zp01
[zp@localhost c]$ ls
zp01 zp01.c
[zp@localhost c]$ file zp01
zp01:ELF 6u-bit LSB executable, x86-64, version 1 (SYSV), dynam
cally linkde, interpreter/lib64/ld-linux-x86-64.so.2, BuildID[sh
a1]=e432ce7671359ab8f7557527696b855d4965e5ee, for GNU/Linux 3.2.
, not stripped
[zp@localhost c]$ ./zp01
There is no royal road to learning.
```

图 10-9　最常用的 gcc 用法

【实例 10-4】其他 gcc 选项举例。

由于 gcc 选项众多，这里列举作为示范。实例代码仍然使用 zp01.c。开始实践之前，请删除或者移走除 zp01.c 之外的所有其他文件。

使用"-Wall"选项查看是否有警告信息。执行如下命令：

```
[zp@ localhost c]$ gcc zp01.c -o OutWall -Wall
[zp@ localhost c]$ ./OutWall
```

执行效果如图 10-10 所示。本实例编译过程显示了与 main（）函数返回值相关的警告："zp01.c：2：6：警告：'main'的返回类型不是'int'[-Wmain]"。注意，在之前的编译过程中，并没有显示该警告信息。与此同时，读者应该注意到，该警告信息并不影响文件的执行。

```
[zp@localhost c]$ gcc zp01.c -o OutWall -Wall
zp01.c:2:6 警告：'main'的返回类型不是'int' [-Wmain]
    2 | void main()
      |      ^~~~
[zp@localhost c]$ ./OutWall
There is no royal road to learning.
```

图 10-10　其他 gcc 选项举例

任务三　使用 make 进行宏编译

一、make 和 Makefile 概述

在 Linux 环境下进行 C/C++开发，当源文件数量较少时，我们可以使用 gcc 或 g++手动编译和链接。但是当源文件数量较多，且具有复杂依赖时，就需要 make 工具来帮助我们进行管理。在 Linux（Unix）环境下使用 GNU 的 make 工具能够比较容易地构建一个属于自己的工程，整个工程的编译只需要一个命令就可以完成编译链接。本章的所有示例均基于 C 语言的源程序，make 工具也可以管理其他语言构建的工程。make 工具简化了编译工作，实现了自动化编译，极大地提高了软件开发的效率。

执行 make 命令时，需要提供 Makefile。make 命令基于 Makefile，实现了一种自动化的编译机制。make 命令通过解释 Makefile 中的规则，编译所需要的文件和链接目标文件，自动维护编译工作。Makefile 需要按照其语法规则编写，定义源文件之间的依赖关系，说明如何编译各个源文件并链接生成可执行文件。Makefile 中描述了整个工程所有文件的编译顺序、编译规则。工程中源文件按类型、功能、模块分别放在若干个目录中。Makefile 定义了一系列的规则，描述了哪些文件需要

先编译，哪些文件需要后编译，不同编译目标可以通过哪些文件得到，不同文件之间存在怎样的依赖关系等信息。许多集成开发环境（integrated development environment，IDE）都支持 Makefile。make 和 Makefile 的组合实现了自动化编译。一旦 Makefile 编写完成，只需要一个 make 命令，整个工程即可完全自动编译，极大地提高了软件开发的效率。make 命令根据不同的情况，采取不同的编译规则。

①如果工程还没有被编译过，那么所有的 C 语言源文件都要被编译并链接。

②如果对工程的某些 C 语言源文件进行了修改，那么 make 将只编译被修改的 C 文件，并链接目标文件。

③如果工程的头文件被改变了，那么我们需要编译引用这几个头文件的 C 文件，并链接目标文件。

课内思考

make 命令能帮助我们自动化编译任务，它常常与 Makefile 文件配合使用。简述一下 Makefile 文件的作用是什么，并给出一个简单的示例。

_____

_____

二、Makefile 语法基础

Makefile 主要包含五类元素：显式规则、隐式规则、变量定义、文件指示和注释。

①显式规则。显式规则描述如何生成一个或多个目标文件。显示规则定义了要生成的文件、文件的依赖文件，以及生成的命令。

②隐式规则。make 具有自动推导的功能。借助隐式规则可以让我们比较简略地书写 Makefile。

③变量定义。变量的定义类似于 C 语言中的宏定义。变量一般都是字符串。当 Makefile 被执行时，其中的变量都会被扩展到相应的引用位置上。

④文件指示。文件指示主要包括三个方面：一是在一个 Makefile 中引用另一个 Makefile，就像 C 语言中的 include一样；二是指根据某些情况指定 Makefile 中的有效部分，就像 C 语言中的#if 一样；三是定义一个多行的命令。

⑤注释。Makefile 中只有行注释。以 "#" 字符开头的内容将被视为注释，这一点与 Shell 中类似。如果要在 Makefile 中使用 "#" 字符，可以用斜杠进行转义，如 " \ #"。

Makefile 规则由 Target（目标）、Prerequisites（先决条件）、Command（命令）三个部分组成。Makefile 通过一系列的规则来定义文件的依赖关系。Makefile 规则的基本语法如下：

```
Target... : Prerequisites...
Command
...
...
```

Target 包含一个或多个目标文件，这些文件通常是最后需要生成的文件或者为了实现这个目的而必需的中间过程文件。例如，这些文件可以是 *.o 文件，也可以是最后的可执行文件等。Target 也可以是一个动作名称，如 "clean"，我们称这样的 Target 是 "伪目标"（Phony Target）。

Prerequisites 包含要生成 Target 所需要的所有源文件或目标文件。

Command 包含将 Prerequisites 转换成 Target 所需要执行的命令或者命令集合，即 make 执行这条规则时所需要执行的动作。一个规则可以有多条命令，每一条命令占一行。

知识之窗

> Makefile 中的命令（Command）必须以"Tab"字符开始，而不是以空格字符开始。这一点也是初学者最容易疏忽的，而且此类错误比较隐蔽。
>
> Makefile 定义了达成目标时应该满足的文件依赖关系和具体的目标生成规则。Target 中的一个或多个目标文件依赖于 Prerequisites 中的文件，其生成规则定义在 Command 中。如果 Prerequisites 中有一个以上的文件的内容比 Target 中的文件内容要新，Command 中的文件就会被执行。

三、Makefile 实例

下面通过两个 Makefile 实例（基础版和进阶版），详细讲解 Makefile 的语法规则。

【实例 10-5】Makefile 基础版实例。

该实例项目由 3 个头文件和 8 个 C 文件组成。图 10-11 所示是与该项目对应的 Makefile 基础版实例。该 Makefile 描述了如何创建最终的可执行文件"edit"。

①该 Makefile 共包括 10 条规则。每条规则的目标（Target）都位于该条规则中冒号":"的左侧，通常是可执行文件（如"edit"）或 *.o 文件（如 main.o、kbd.o）。每条规则的先决条件就是冒号后面的那些文件（如 *.o 文件、*.c 文件和 *.h 文件）。命令一般由 cc 开头，如 cc-cma-ic.c。在 Unix 环境下，cc 通常代表 CC 编译器。在 Linux 环境下，实际调用时，cc 通常指向的是 gcc 编译器。

②我们可以将一个较长行使用反斜线"\"来分解为多行，这样可以使 Makefile 书写清晰、容易阅读和理解。例如本实例中，有 3 处使用了反斜线。但需要注意的是，反斜线之后不能有空格。该类错误也是初学者最容易犯的错误之一，而且错误比较隐蔽。

③默认的情况下，make 执行的是 Makefile 中的第 1 条规则，此规则的第 1 个目标被称为"终极目标"（就是一个 Makefile 最终需要更新或者创建的目标）。本实例中，目标"edit"在 Makefile 中是第 1 个目标，因此它就是 make 的"终极目标"。当修改了任何 C 源文件或者头文件后，执行 make 将会重建终极目标"edit"。

```
edit :main.o kbd.o command.o display.o \
     insert.o search.o files.o utils.o
     cc -o deit main.o kbd.o command.o display.o \
          insert.o search.o files.o utils.o
main.o: main.c defs.h
     cc -c main.c
kbd.o : kbd.c defs.h command.h
     cc -c kbd.c
command.o : command.c defs.h command.h
          cc -c command.c
display.o : display.c defs.h buffer.h
          cc-c display.c
insert.o : insert.c defs.h buffer.h
          cc-c insert.c
search.o : search.c defs.h buffer.h
          cc -c search.c
files.o : files.c defs.h buffer.h command.h
          cc-c  files.c
utils.o : utils.c defs.h
          cc -c utils.c
clean :
          rm edit main.o kbd.o command.o display.o \
          insert.o search.o files.o utils.o
```

图 10-11　Makefile 基础版实例

④所有的 ∗.o 文件既是依赖（相对于第 1 条规则中的可执行文件 edit）又是目标（相对于其他规则中的 ∗.c 和 ∗.h 文件）。在这个例子中，"edit"的依赖为 8 个 .o 文件；而"main.o"的依赖文件为"main.c"和"defs.h"。

⑤当规则的目标是一个文件时，它的任何一个依赖文件被修改以后，在执行 make 时，这个目标文件将会被重新编译或者重新链接。当然，此目标的任何一个依赖文件如果有必要则首先会被重新编译。当"main.c"或"defs.h"被修改以后，再次执行 make，"main.o"就会被更新（其他的 ∗.o 文件不会被更新），同时"main.o"的更新将会导致"edit"被更新。

⑥目标"clean"不是一个文件，它仅仅是一个动作标识。正常情况下，不需要执行这条规则所定义的动作，因此目标"clean"没有出现在其他任何规则的依赖列表中。目标"clean"也没有任何依赖文件，它只有一个目的，就是通过这个目标名来执行它所定义的命令。Makefile 中把那些没有任何依赖只有执行动作的目标称为"伪目标"。在执行 make 时，目标"clean"所指定的动作不会被执行。如果需要执行目标"clean"所定义的命令，此时可在 Shell 下输入"makeclean"。

【实例 10-6】Makefile 进阶版实例。

我们通过基础版实例，完整展示了 Makefile 的基本结构和用法。该 Makefile 非常规范，很容易被初学者理解。然而，该 Makefile 并没有展示出 GNU make 的完整特征和优势。例如，该文件篇幅过大，存在大量重复的内容。以第 1 条规则为例，该规则的前 2 行和后 2 行有超过 80% 的内容是重复的。与此同时，最后 1 条规则的命令部分也存在与第 1 条规则高度相似的代码片段。再如，该文件中第 2 条至第 9 条规则所完成的动作基本类似，我们完全可以设置一种自动处理机制来简化 Makefile 的书写。

图 10-12 所示是一个改进的 Makefile 实例。其功能与【实例 10-6】的功能相同，但更为简洁。

```
objects = main.o kbd.o command.o display.o \
          insert.o search.o files.o utils.o
edit : $(objects)
        cc -o edit $(objects)
$(objects) : defs.h
kbd.o command.o files.o : comand.h
display.o insert.o search.o files.o : buffer.h
clean:
        rm edit $(objects)
```

图 10-12　Makefile 进阶版实例

该 Makefile 主要应用了变量定义和隐式规则这两个 GNU make 的高级特征。

①变量定义。文件的第 1 行和第 2 行进行了一个 objects 的变量定义。该文件中共 4 个位置使用了该变量，使用形式为"$（objects）"。

②隐式规则。进阶版的 Makefile 中，所有生成目标"∗.o"文件的规则中，其命令部分都已经被删除。各条规则中，与模板文件同名的"∗.c"文件也都已经被删除。此外，在简化后的规则中，具有相同依赖（先决条件）的目标都已经合并成同一条规则。make 编译过程中，将会自动根据目标中的文件，找到对应的同名"∗.c"文件，并将其添加到先决条件列表中。而用于生成该"∗.o"目标文件的命令也将被自动推导出来。

GNU make 功能强大，内容也非常多，其官方提供的文档篇幅超过 200 页。有关 GNU make 完整语法规则的介绍已经超出本书的知识范围，这里不做进一步展开。

四、Make 编译的基本步骤

编写完 Makefile 后，将其放置于工程目录。然后，从命令行界面切换到该工程目录。执行 make 命令，将自动开启编译过程，具体过程如下。

①make 命令执行后，首先在当前目录下查找名称为 makefile（或者 Makefile）的文件。如果目录下没有这个文件，将提示"make：＊＊＊没有指明目标并且找不到 makefile"，并停止后续处理。

②查找 Makefile 中的第 1 条规则的第 1 个目标，并将其作为最终目标文件。

③如果 edit 文件不存在，或者它依赖的文件的修改时间要比 edit 文件的修改时间"新"，就会执行命令部分来生成 edit 文件。

④如果 edit 文件所依赖的目标代码不存在，则 make 会在 Makefile 中查找以该目标代码为目标的规则。如果找到该规则，make 将根据规则中指定的依赖文件，通过规则中定义的命令生成目标代码。当所有 edit 文件所依赖的目标代码都最终存在时，make 再用这些目标代码，由第 1 条规则所定义的命令生成可执行文件 edit。

项目实训

教师评语			成绩	
	教师签字	日期		
学生姓名		学号		
实训名称	gcc 工具链的探索与使用			
实训准备	确保每个学生的计算机上都已经安装了 gcc 以及相关工具，也就是 gcc 工具链。			
实训目标	熟悉 gcc 工具链的各个组成部分，了解它们各自的功能和作用，了解 C 程序从源代码到可执行文件的全过程，并亲手实践。			
实训步骤				

1. 编写简单的 C 程序
首先，让我们编写一个非常简单的 C 程序。这个程序仅包含一个主函数，它将打印出"Hello, GCC!"。
创建一个名为 hello.c 的文件，输入以下内容：

```
#include <stdio.h>

int main () {
    printf ("Hello, GCC! \n") ;
    return 0;
}
```

2. 执行预处理
运行以下命令，生成预处理后的代码。这会帮助我们查看#include 和#define 等预处理指令处理后的效果。

```
cpp hello.c -o hello.i
```

这个命令将生成一个 hello.i 文件，这是我们程序的预处理版本。可以打开它看看里面的内容。

3. 编译代码
接下来，我们将预处理之后的程序转换为汇编代码。运行以下命令：

```
gcc -S hello.i -o hello.s
```

这个命令会生成一个 hello.s 文件，这是我们程序的汇编版本。可以打开它看看里面的内容。

4. 执行汇编

现在，我们需要将汇编代码转换为机器代码。运行以下命令：

```
as hello.s -o hello.o
```

这个命令将生成一个 hello.o 文件，这是我们程序的目标版本。

5. 执行链接

最后一步是链接我们的目标文件，并生成一个可执行文件。运行以下命令：

```
gcc hello.o -o hello
```

此命令将产生一个可执行文件 hello。

6. 运行程序

现在我们有了一个可执行文件，我们可以运行它来看看我们的程序是否按预期工作：

```
./hello
```

如果一切顺利，你应该在控制台上看到"Hello, GCC! "。

注意：运行这些命令需要在命令行环境下，并确保你有 gcc 工具链。为了检查你的系统是否安装了 gcc，你可以在命令行环境输入 gcc--version 来确认。

实训总结	在本次实训中，我们实际操作并深入浸入了解了 gcc 工具链的各个环节。我们从写一个简单的 C 代码开始，了解了预编译、编译、汇编以及链接等步骤。我们了解并亲身实践了这些步骤如何将我们的源代码转化为计算机可以理解和执行的语言，并掌握了在这个过程中可能遇到的问题如何解决。

参考文献

［1］何晓龙．完美应用 RHEL 8［M］．北京：电子工业出版社，2021.

［2］杨云，王春身，魏尧．Linux 系统管理（RHEL8/CentOS8）［M］．北京：清华大学出版社，2022.

［3］曹江华，郝自强．Red Hat Enterprise Linux 8.0 系统运维管理［M］．北京：电子工业出版社，2020

［4］滕子畅．RHEL8 系统管理与性能优化（微课版）［M］．北京：电子工业出版社，2021

［5］张同光，张涛，刘春红，等．Linux 操作系统：RHEL 8/CentOS 8［M］．北京：清华大学出版社，2020

［6］喻衣鑫．Linux 网络服务器配置与管理［M］．北京：北京邮电大学出版社，2020

［7］贺学剑．Linux 操作系统与应用技术 RHEL 8［M］．北京：航空工业出版社，2022

［8］宁方明，李长忠，任清华．Linux 系统管理［M］.3 版．北京：人民邮电出版社，2022

［9］杨云，吴敏，郑丛．Linux 系统管理项目教程（RHEL 8 CentOS 8）（微课版）［M］．北京：人民邮电出版社，2022.

［10］杨云，魏尧，王雪蓉．CentOS 8 Linux 系统管理与一线运维实战［M］．北京：机械工业出版社，2022

［11］刘遄．Linux 就该这么学［M］.2 版．北京：人民邮电出版社，2023

［12］夏笠芹．Linux 网络操作系统配置与管理［M］．大连：大连理工大学出版社，2022

［13］廖建飞．Linux 操作项目化教程［M］．北京：电子工业出版社，2022

［14］夏栋梁，宁菲菲．Red Hat Enterprise Linux 8.0 系统管理实战［M］．北京：清华大学出版社，2020

［15］张平．Linux 操作系统案例教程 CentOS Stream 9/RHEL9［M］．北京：人民邮电出版社，2023